商管 全華圖書
叢書 BUSINESS MANAGEMENT

# 會計學

## 基礎篇 第4版

# Accounting

鄭凱文、陳昭靜　編著

# 作者序

　　會計學基礎篇一書自出版以來，承蒙許多先進與同學的喜愛，採納作為會計學入門的教材，在此致上十二萬分的謝意。在第一版問世之後，接獲一些讀者的指教與建議，因此於再版時作了部分的修正，修正的部分主要有：

1. 國際財務報導準則（IFRS）的修正：

　　臺灣之上市櫃、興櫃公司及金管會主管之金融業已自 2013 年起，開始依照國際財務報導準則（IFRS）來編製財務報告，因此再版時針對國際財務報導準則（IFRS）作了相關修正。

2. 各章節釋例的修正與更新：

　　各章節的釋例亦配合教材內容的修正而有所調整。

3. 公報或法規的持續更新：

　　臺灣相關法規及財務會計準則的增修與變動，均於再版中持續更新。

4. 會計事務丙級學科題庫的調整：

　　根據讀者的需求，調整會計事務丙級學科的題庫內容及呈現方式，方便讀者進行模擬練習。

　　本書能夠順利出版，要感謝全華科技圖書同仁們的大力協助與幫忙，沒有他們協助蒐集資料與進行反覆校對，出版過程不會如此順利；此外，也要感謝我們摯愛的家人、同事與學生，沒有他們的支持，我們絕對無法如此全心的投入。千言萬語無法道盡，只能夠感謝再感謝！

鄭凱文
陳昭靜　謹識
2020 年 11 月

# 目錄

# 03 會計交易之入門

# 04 會計交易之作業程序

# 05 財務報表之深入解析

# A 附錄

# 1
## Chapter

# 會計之基本概念

## 學習目標

- 會計之意義
- 會計之程序
- 會計資訊之使用者
- 會計人從業之相關領域

# 一、會計之意義

## (一) 會計之起源

遠在西元前 3600 年的巴比倫時代，便遺留有關於支付工資的泥版。而到了義大利文藝復興時代，有一位著名的數學家－ Fra Luca Pacioli 於西元 1494 年印行「數學大全」（summa de Arithmatic, Geomertria, Proportioni et Proportionalita）此一書籍，開始以具體文獻來敘述會計，在書中的第九篇第三十六章都在討論簿記問題，他提到了會計是一個確保財務資訊被有效且正確記錄的系統。

## (二) 會計之意義

在探討會計之意義之前，我們先來思考一個實際的問題－企業設立的目標究竟為何呢？相信大家的看法都是一樣的，認為企業設立的目標就是為了賺錢，所以接下來我們要探討的是－怎麼樣才能使企業賺錢呢？那就是做對的決策；而要做對的決策，則端賴於多瞭解與決策攸關且可靠的資訊；這個時候，會計之意義就不言而喻了－會計就是負責提供與決策攸關且可靠的一個資訊系統。

# 二、會計之程序

會計既然是一門研究如何提供與決策相關之財務資訊系統，那麼可想而知，必具有一定的程序。此一定之程序共計包括七個步驟：辨認、衡量、記錄、分類、彙總、分析與溝通。分別說明如下：

## (一) 辨認

辨認是指決定企業每天發生的活動中，哪些應該且能夠列入會計記錄。所謂應該係指凡是有關企業經濟活動之事項，均「應該」列入會計記錄；而所謂能夠係指可以用金額表達之經濟事項，方「能夠」列入會計記錄。簡單舉個例子來說：大興公司在民國 109 年 5 月 18 日共計發生了三大事件：分別

為總經理因員工績效不佳而大發脾氣、銷貨$5,000,000給下游廠商以及解雇了5名員工；由辨認兩要訣：「應該」與「能夠」，我們可以輕鬆的得知：僅有「銷貨$5,000,000給下游廠商」此事件應列入會計記錄中。

## (二) 衡量

衡量是指給予「應該」且「能夠」列入會計記錄之事項適當的價值（金額）。

會計程序之步驟包括七個步驟：辨認、衡量、記錄、分類、彙總、分析、溝通。

## (三) 記錄

記錄是指將會計事項，按照時間發生之先後有系統地加以記載。

## (四) 分類

分類是指將已記錄之會計事項按性質之不同（會計項目之不同）予以區分。

## (五) 彙總

彙總是指將已分類之會計項目彙總為財務報表。

## (六) 分析

分析是指針對所編製之財務報表，利用某些比率與圖表等工具來顯示企業的財務狀況與經營成果。

## (七) 溝通

溝通是指將經彙總與分析之會計資訊傳遞給相關之會計資訊使用者。

圖 1-1　會計程序

換言之，會計是以一套有系統的理論與方式，將企業個體的經濟活動，用貨幣單位衡量後，編製成財務報表，來報導企業的財務狀況及經營成果，以提供需要會計資訊的人做為制定決策的依據。為順應潮流，臺灣目前已規定企業要分階段實施國際會計準則。

# 三、會計資訊之使用者

如前所述，在會計之程序中，需將會計資訊傳遞給相關之會計資訊使用者。那麼，到底會計資訊使用者有哪些呢？依照不同的決策，可將會計資訊使用者分為兩大類：外部使用者與內部使用者。

## (一) 外部使用者

外部使用者又分為兩大類：直接使用者及間接使用者。分別敘述如下：

1. **直接使用者**

係指目前及潛在的投資人與債權人。目前的投資人會依據會計資訊來判斷是否應該繼續持有或是出售該企業的股份；目前的債權人（例如銀行）則會依據會計資訊來判斷放款政策與風險；潛在的投資人會依據會計資訊來判斷是否應該購買該企業之股份；潛在的債權人則會依據會計資訊來判斷未來是否能夠放款與該企業。

2. **間接使用者**

係指稅務機關、證期會及工會等。稅務機構所關切的是：企業是否有遵守相關稅法之規定；主管機關，如證期會，係欲瞭解企業之營運是否有遵守公司法、證交法或其他相關之法令；至於工會，則是想瞭解該企業是否有能力替員工調薪、提撥退休金或增加其福利措施。

企業獲利情況是否令人滿意

企業是否有能力償付到期債務

企業的規模與競爭者相較下誰獲利較豐

圖 1-2　外部使用者

## (二) 內部使用者

　　內部使用者係指企業之管理當局。企業之管理當局常會需要考慮：企業今年是否有能力替員工來調薪？哪一條產品線的獲利最多？哪一條產品線是必須要刪除的？現金儲存量是否充足？……等問題。為了解答這些問題，會計需要提供內部報表給相關的企業管理當局。

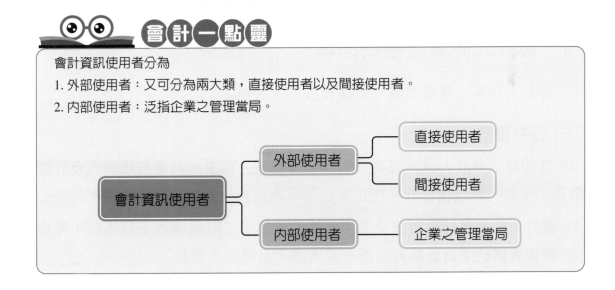

會計資訊使用者分為
1. 外部使用者：又可分為兩大類，直接使用者以及間接使用者。
2. 內部使用者：泛指企業之管理當局。

產品的生產成本是多少

現金是否夠支付帳單

是否能替員工調薪

哪個產品線獲利最好

圖 1-3　內部使用者

# 四、會計人從業之相關領域

會計人從業之專業領域大體區分為以下三類：

## (一) 公共會計

此領域之會計人員以服務公眾（非特定人）為主，其業務統稱為會計師業務。主要內容包括審計、稅務服務及管理諮詢等三類業務。

1. 審計：是指會計師對於企業提供給外界使用之財務報表予以查核，然後根據查核結果對於報表是否允當表達表示專業之意見。
2. 稅務服務：是指協助客戶申報所得稅，從事稅務規劃或者擔任稅務代理人等工作。
3. 管理諮詢：包括從事會計制度之設計、財務預測與投資諮詢等多項工作。

目前臺灣從事會計師業務之國際型會計師事務所共計有四家，分別爲勤業眾信聯合會計師事務所、安侯建業聯合會計師事務所、資誠聯合會計師事務所以及安永聯合會計師事務所。茲將其歷史背景與業務分述於下：

1. **勤業眾信聯合會計師事務所**

    勤業眾信聯合會計師事務所是勤業會計師事務所與眾信會計師事務所在民國 92 年 6 月 1 日所結合新設的，英文名稱爲 Deloitte ＆ Touche。勤業眾信係指勤業眾信聯合會計師事務所（Deloitte ＆ Touche）及其關係機構，爲德勤有限公司（Deloitte Touche Tohmatsu Limited）之會員。勤業眾信集團尚包括勤業眾信聯合會計師事務所、勤業眾信管理顧問股份有限公司、勤業眾信財稅顧問股份有限公司、勤業眾信財務諮詢顧問股份有限公司，及德勤商務法律事務所。透過德勤有限公司之資源，提供客戶全球化的服務，包括赴海外上市或籌集資金、海外企業回台掛牌、IFRS導入服務、中國大陸投資等。德勤在全球擁有逾29萬名專業人員，且其專業服務亦被Emerson會計專業雜誌評鑑爲業界之領導者，並數度榮獲Fortune雜誌全美前100名最佳雇主。Deloitte（德勤）泛指Deloitte Touche Tohmatsu Limited（德勤有限公司）及其會員所之一或多者）。德勤有限公司各會員所之組織形態係各自根據其所在國家之法律、法規、慣例及其他因素而制定，並可在其經營所在地透過從屬機構、關聯機構或其他實體提供專業服務。勤業眾信聯合會計師事務所在臺灣的服務據點則涵蓋臺北、新竹、臺中、臺南以及高雄（資料來源：勤業眾信聯合會計師事務所官網 https://www2.deloitte.com/tw/tc.html）。

2. **安侯建業聯合會計師事務所**

    安侯建業聯合會計師事務所係張安侯會計師於民國四十一年創設，並於民國六十年起加盟 Peat Marwick Mitchell ＆ Co.,成爲臺灣歷史最悠久的國際性會計師及專業諮詢服務組織之一。安侯建業會計師事務所是安侯會計師事務所與建業會計師事務所在民國 88 年 1 月 1 日所結合新設的，英文名稱爲（KPMG Klynveld Peat Marwick Goerdeler）。KPMG

是一個全球性的專業諮詢服務組織，爲客戶提供最專業的審計、稅務投資及顧問諮詢服務。事務所擁有超過20萬名專業人員，在全球147個國家爲客戶提供最專業的服務。在日益全球化的市場中，企業必須面對新經濟中的諸多新挑戰，KPMG能隨時隨地提供客戶需要的專業服務，並爲客戶量身打造，提供包括審計服務、稅務諮詢服務、管理顧問服務與財務顧問服務，以協助跨國客戶面對複雜的商業挑戰。安侯建業臺灣歷經多年不斷的發展與成長，服務據點遍及臺北、新竹、臺中、臺南、高雄及屏東（資料來源：安侯建業聯合會計師事務所官網　https://home.kpmg/tw/zh/home.html）。

3. **資誠聯合會計師事務所**

資誠聯合會計師事務所（PricewateouseCoopers Taiwan）係由朱國璋及陳振銑會計師於民國59年所創立，近50年來業務不斷蓬勃成長，合夥人及員工人數已逾兩千多人。資誠聯合會計師事務所整合各項專業服務，並在各大城市設有服務據點，透過密切的互動與合作，提供全面與完整的服務。PwC Taiwan共享PwC的全球資源，結合PwC全球逾27萬名專業人士的智慧與服務，針對不同國籍與不同產業的客戶需求，專業服務項目也益趨完整，共整合爲審計服務、稅務法律服務、財務顧問服務、管理顧問服務、人才與組織變革諮詢服務、法律暨智財管理服務、不動產代理與顧問服務此七大服務網，且在全省有六個服務據點，分別爲臺北、桃園、新竹、臺中、臺南、高雄（資料來源：資誠聯合會計師事務所官網 https://www.pwc.tw/）。

4. **安永聯合會計師事務所**

安永聯合會計師事務所（Ernst & Young）是國際四大著名會計師事務所之一，與勤業眾信（Deloitte Touche Tohmatsu），安侯建業（KPMG）及資誠（Pricewaterhouse Coopers）並列四大。「安永」是 Ernst & Young 的音譯，臺灣於2007年改名爲「安永」，這是該所爲強化全球一致的識別體系跟英文的品牌而採此一措施。安永聯合會計師事務所是

1969 年成立的本土會計師事務所，在 1987 年成爲安永（Ernst & Young）全球機構的會員，當時中文名稱仍爲致遠會計師事務所，但在區域化、國際化的大潮流下，事務所於 2007 年正式更名爲安永，用行動來執行區域化與國際化的政策，安永在全球 150 多個國家共計有 700 多個據點，超過 28 萬名的員工。臺灣安永主要提供四大專業領域的服務，包括審計、諮詢、稅務和策略、以及交易諮詢等。目前在臺灣有六個服務據點，分別是臺北、桃園、新竹、臺中、臺南、高雄，營業重心主要是在臺北（資料來源：安永聯合會計師事務所官網 https://www.ey.com/zh_tw）。

## (二) 私人會計

此領域之會計人員以服務特定營利事業，其工作包括普通會計、成本會計、預算編制、稅務會計及內部稽核等項。分述如下：

1. **普通會計**：記錄每天之交易與編製財務報表等相關資訊。
2. **成本會計**：計算所生產產品之成本。
3. **預算編制**：幫助管理當局預測各項營運計畫之收支。
4. **稅務會計**：幫助企業報稅與執行稅務規劃。
5. **內部稽核**：審核企業是否依照既定的政策與規章來運作。

此外，私人會計職業人員於營利事業之晉升時間表，大體整理於下：

| 年資 | 對應之職位 |
|---|---|
| 初進入－2 年 | 初級會計專員 |
| 3－5 年 | 資深會計專員、會計管理師、主辦會計、主任、課長 |
| 6－8 年 | 會計長 |
| 8 年以上 | 財務副總或財務主管 |

## (三) 非營利會計

此領域之會計人員以服務特定非營利機關團體，如政府機關與非政府機關（醫院、學校、工會、基金會與慈善機構等）爲主。

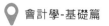 

 **重點彙總**

**Q1** ：會計為何？

**Ans** ：會計就是負責提供與決策攸關且可靠的一個資訊系統。

**Q2** ：會計之程序包括哪些？

**Ans** ：會計之程序共計包括七個步驟：辨認、衡量、記錄、分類、彙總、分析與溝通。分別說明如下：

1. 辨認：辨認是指決定企業每天發生的活動中，哪些應該且能夠列入會計記錄。

2. 衡量：衡量是指給予應該且能夠列入會計記錄之事項適當的價值（金額）。

3. 記錄：記錄是指將會計事項，按照時間發生之先後有系統地加以記載。

4. 分類：分類是指將已記錄之會計事項按性質之不同（會計項目之不同）予以區分。

5. 彙總：彙總是指將已分類之會計事項彙總為財務報表。

6. 分析：分析是指針對所編製之財務報表，利用某些比率與圖表等工具來顯示企業的財務狀況與經營成果。

7. 溝通：溝通是指將經彙總與分析之會計資訊傳遞給相關之會計資訊使用者。

**Q3** ：會計資訊之使用者為何？

**Ans** ：會計資訊使用者分為兩大類：外部使用者與內部使用者。

（一）外部使用者：外部使用者又分為兩大類：直接使用者及間接使用者。分別敘述如下：

1. 直接使用者：係指目前及潛在的投資人與債權人。

2. 間接使用者：係指稅務機關、證期會及工會等。

（二）內部使用者：內部使用者係指企業之管理當局。

**Q4** ：會計人從業之相關領域有哪些？

**Ans** ：會計人從業之專業領域大體區分為以下三類：

㈠ 公共會計：此領域之會計人員以服務公眾（非特定人）為主，其業務統稱為會計師業務。主要內容包括審計、稅務服務及管理諮詢等三類。

1. 審計：是指會計師對於企業提供給外界使用之財務報表予以查核，然後根據查核結果對於報表是否允當表達表示專業之意見。

2. 稅務服務：是指幫助客戶申報所得稅，從事稅務規劃或者擔任稅務代理人等工作。

3. 管理諮詢：包括從事會計制度之設計、財務預測與投資諮詢等多項工作。

㈡ 私人會計：此領域之會計人員以服務特定營利事業，其工作包括普通會計、成本會計、預算編製、稅務會計及內部稽核等項。分述如下：

1. 普通會計：記錄每天之交易與編製財務報表等相關資訊。

2. 成本會計：計算所生產產品之成本。

3. 預算編製：幫助管理當局預測各項營運計畫之收支。

4. 稅務會計：幫助企業報稅與執行稅務規劃。

5. 內部稽核：審核企業是否依照既定的政策與規章來運作。

㈢ 非營利會計

此領域之會計人員以服務特定非營利機關團體，如政府機關與非政府機關（醫院、學校、工會、基金會與慈善機構等）為主。

**本章習題**

## 一、選擇題

( )1. 下列何者非會計資訊系統基本的執行功能　(A)蒐集並處理有關商業活動的資料　(B)提供決策資訊　(C)提供系統足夠的控管　(D)預算編列。

( )2. 在企業的管理上，下列何者並非會計資訊的功能　(A)財務報導　(B)管理控制　(C)決策規劃　(D)心理控制。

( )3. 將交易處理系統輸入的資料，經過處理後產生參考資訊，以供高階管理階層作為管理決策之依據，是下列何種資訊系統的功能　(A)管理資訊系統　(B)庫存管理系統　(C)交易處理系統　(D)使用者自建系統。

( )4. 下列何者能分辨資料和資訊　(A)資料是會計資訊系統的最主要產物　(B)資訊是會計資訊系統的重要輸出　(C)資料比資訊對決策者更有用　(D)資料和資訊是一樣的。

( )5. 企業導入電腦化作業前，應先從事系統開發的可行性研究，其中可行性研究不包括下列何者　(A)經濟可行性　(B)技術可行性　(C)服務可行性　(D)作業可行性。

( )6. 下列何者為會計人員可從事之行為　(A)以明知為不實之事項，而填製會計憑證或記入帳冊　(B)故意使應保存之會計憑證、會計帳簿報表滅失毀損　(C)偽造或變造會計憑證、會計帳簿報表內容或毀損其頁數　(D)依會計事項之經過，造具記帳憑證。

( )7. 以對決策活動有用之形式呈現的事實或數據稱為　(A)資料　(B)資訊　(C)系統　(D)回饋。

( )8. 下列何者為會計人員可從事之行為　(A)不取得原始憑證或給予他人憑證　(B)不按時記帳　(C)依規定裝訂或保管會計憑證　(D)不編製報表。

( )9. 商業會計的主要功用是　(A)僅記收入與費用　(B)僅記現金收付　(C)僅記債權與債務　(D)提供財務資訊給有關人員作決策參考。

( )10. 商業會計是　(A)收支會計　(B)財團會計　(C)非營利會計　(D)營利會計。

( )11. 下列何者之會計不屬於營利會計　(A)中華航空　(B)臺灣大學　(C)臺中客運　(D)土地銀行。

( )12. 利用比率及各式圖表方式來表達企業的財務資訊，其主要目的在使該項資訊具有　(A)時效性　(B)完整性　(C)可瞭解性　(D)攸關性。

( )13. 下列何者著重於計算損益　(A)收支會計　(B)營利會計　(C)政府會計　(D)非營利會計。

( )14. 下列何者之會計不屬於營利會計　(A)土地銀行　(B)中華航空　(C)臺中客運　(D)臺灣大學。

( )15. 下列對會計之敘述何者錯誤　(A)是企業經營的一種程序或手段　(B)目的在協助資料使用者從事經濟性的決策　(C)具理論，但不具一致性　(D)是企業的語言，並將資料予以數量化。

( )16. 當公司的會計帳務處理由人工作業改為電腦作業時，下列哪項最能確保帳務資料皆正確地移轉至新系統　(A)交由非資料處理單位的使用者控制　(B)在轉換期間逐筆輸入資料　(C)在轉換期間採用批次加總控制　(D)檢視新舊系統所列印出的會計帳務資料。

( )17. 一般會計人員在企業導入資訊系統時所扮演的角色為　(A)程式設計人員　(B)系統評估者　(C)系統規劃者　(D)系統開發人員。

( )18. 商業使用電子方式處理會計資料後，下列敘述何者錯誤　(A)應編定會計資料處理作業手冊　(B)傳票經入帳複核後，如發現錯誤可以直接更改，不必經過審核　(C)資料應備份儲存　(D)資料儲存媒體內所儲存之各項會計憑證至少保存五年。

(　)19. 財務會計最主要目的是　(A)提供稅捐機關核定課稅所得之資料
(B)提供公司管理當局財務資訊，以制訂決策　(C)強化公司內部
控制與防止舞弊　(D)提供投資人、債權人決策所需的參考資訊。

(　)20. 道德行為與工作倫理規範適用之事業體為何　(A)限於製造業
(B)限於金融業　(C)限於政府機關單位　(D)各種事業體均適用。

二、問答題

1. 試說明會計程序之步驟為何？

2. 試寫出會計人從業之相關領域有哪些？

# 2 Chapter

# 會計之基本假設與原則

## 學習目標

- 會計之基本假設
- 會計之原則
- 會計基礎之介紹
- 會計資訊的品質特性
- 會計執行上之限制
- 臺灣會計專業團體

　　為了方便會計資訊使用者作分析與比較，會計業界及學界共同發展出一套規則體系，這一套體系通稱為一般公認會計原則（Generally Accepted Accounting Principles, GAAP）。狹義的一般公認會計原則係指由權威團體所訂定發布，且為企業所遵守的會計處理方式，包括認列、衡量、表達以及揭露方式之規定；至於廣義的一般公認會計原則係包括一套觀念、假設、原則與程序，使財務報表所包含的資訊符合攸關性與可靠性。

# 一、會計之基本假設

　　由於會計為一套提供與決策攸關且可靠的資訊系統，因此會計乃普遍存在於周遭的經濟環境當中，理所當然地；也會受到某些先天環境的規範與限制。為了解決這些先天環境的規範與限制，以使會計人員有所依循，一套與會計實務運作有關的假設便由此發展。此套假設又稱為慣例，主要包括下列五項：

## (一) 經濟個體假設

　　經濟個體假設係指在會計上將企業視為獨立之經濟個體；亦即在會計上將企業與業主本身視為兩個不同的經濟個體。企業本身可獨立擁有資產、負債與相關損益之計算。

　　在此要特別注意的是：經濟個體可能是社會中任何的單位或組織；例如一間補習班、一個政府單位、一個地方政府等，均可視為是一個經濟個體。經濟個體假設係指經濟個體之活動與業主之活動是分開的。例如：大興公司之老闆朱木炎為自己買了一輛賓士320，此輛轎車係歸朱先生自己所有，而非大興公司的財產；相反的，若大興公司購買一輛汽車供公務使用，則此輛轎車便是屬於大興公司的財產，而非老闆朱木炎先生所有，此即為經濟個體假設。

　　另外，在此假設下，我們所討論之企業，通常包括獨資、合夥或是公司組織等三種型態。

1. **獨資**：係指由一人出資所組成之企業。
2. **合夥**：係指由兩人或兩人以上的個人共同出資所組成的企業。
3. **公司**：係指由股東依照公司法之規定共同出資所組成的企業。

　　上述三項組織型態，其企業與業主、合夥人以及股東分別在法律上與會計上的關係整理於下：

| 組織型態 | 法律上 | 會計上 |
|---|---|---|
| 獨資 | 業主與企業為密不可分的同一個體。 | 依據經濟個體假設，業主與企業為兩獨立之個體。 |
| 合夥 | 合夥人與企業為密不可分的同一個體。 | 依據經濟個體假設，合夥人與企業為兩獨立之個體。 |
| 公司 | 股東與企業是兩個獨立的個體。 | 依據經濟個體假設，股東與企業為兩獨立之個體。 |

## (二) 繼續經營假設

　　繼續經營假設係指在會計上假設企業將永續經營，而不會在可預見的未來解散，以實現企業之各項營運目標。

　　在此假設下，企業資產之評價不以清算價值（清算價值係指企業結束營業時，資產所反應的價值）表示，而負債亦依到期之先後予以分類表達。

## (三) 會計期間假設

　　根據上述的繼續經營假設，企業必須到了結束經營、變賣資產與償清負債的時候，方能得知正確的損益。但因會計資訊使用者需要及時之資訊作為決策參考之依據，若會計資訊等到企業結束經營時方能提供，便已失去其意義。會計期間假設便是為了解決此問題而提出的。

　　會計期間假設係指以人為的方式，將企業存在的期間劃分為許多相等的時段，此便稱為會計期間，以便計算損益，編製各項財務報表，定期提供予資訊使用者。

　　會計期間若以一年為一時段者，稱為會計年度。會計年度依起迄日期之不同可分為：

1. **商業會計年度**：臺灣商業會計法第六條規定：商業以每年 1 月 1 日至 12 月 31 日爲止之會計年度。但法律另有規定，或因營業上有特殊需要者，不在此限。商業會計年度又稱曆年制。

2. **政府會計年度**：預算法第 12 條規定，政府會計年度係以每年之 1 月 1 日開始，至同年之 12 月 31 日終了。例如：臺灣政府 109 年之會計年度，是從 109 年 1 月 1 日至 109 年 12 月 31 日。

3. **自然會計年度**：係以企業營業之淡季做爲結束日，以便辦理結算損益之工作。

## (四) 貨幣單位假設

這個假設係指會計上是以貨幣做爲經濟事項衡量的單位。依照這個假設，企業所有交易的結果均可以按貨幣單位衡量，不論所交易標的物之單位爲何，均可將之轉換爲貨幣金額，而彙整成單一的衡量標準。根據臺灣商業會計法第七條的規定：商業應以國幣爲記帳本位，其由法令規定，以當地通用貨幣爲記帳單位者，從其規定，至因業務實際需要，而以外國貨幣記帳者，仍應在其決算表中，將外國貨幣折合國幣或當地通用之貨幣。

## (五) 幣值不變假設

此一假設乃是自貨幣單位假設衡量衍生而來的，既然會計上係以「貨幣」作爲衡量之標準，其價值必須是固定不變的，否則會計處理要隨時依照物價變動程度重新衡量資產與負債，以及因其所引起的收益或費損。因此，雖然實務上確有通貨膨脹之情形，然因會計上之幣值不變假設，便假設貨幣幣值不變或變動甚少而不予考慮。當然，幣值不變假設有點不切實際，因此，當物價變化較大時，補充揭露其影響，方可彌補這方面限制。

# 二、會計之原則

　　本節所欲介紹之會計原則，係指會計上所使用之普通性原則，而非針對個別事項加以規範者。會計原則意欲給予會計人具體之指導原則；主要包括成本原則、收入認列原則、配合原則與充分揭露原則等四項。

　　本節所介紹的會計基本原則，國際財務報導準則（International Financial Reporting Standards, IFRS）雖未提及，但其相關內容仍引自於「會計基本原則」，例如：IFRS 並無提及「收入認列原則」，而是定義收入認列的五個條件，雖然兩者看似不一樣，但是邏輯思考方向卻是一致的，只是強調重點有所不同而已；又例如：IFRS 雖沒有提及「成本原則」，但是不動產、廠房及設備的會計處理程序仍舊是以「成本原則」為主要的基礎。

## (一) 成本原則

　　成本原則係指企業之資產、負債與權益均應以交易發生時之交換價格為最初入帳之依據。在此處之「成本」意指「歷史成本」；以歷史成本做為最初入帳之依據，係因歷史成本在取得資產之交易過程中，經由買賣雙方所共同決定，有相關憑證可供查驗，具有一定程度的可靠性。

　　到目前為止，歷史成本仍為IFRS「觀念架構」下，會計入帳與編製財務報表時最常採用的衡量基礎。其他的衡量基礎主要有下列三種：

1. 現時成本（重置成本）

　　資產係以目前所得相同或約當資產所需支付之現金或約當現金的金額列帳，負債則以目前清償負債所需之現金或約當現金的未折現金額來列帳。

2. 淨變現價值

　　資產係以於正常情況下處分資產所能獲得現金或約當現金之金額列帳，負債則以正常營業中為清償負債而預期支付之現金或約當現金的未折現金額列帳。

3. 現值

　　資產係以於正常營業下，該項目預期產生之未來淨現金流入的折現值列帳，負債則以於正常營業下，預期清償負債所需之未來淨現金流出的折現值列帳。

　　個體編製財務報表時，最常採用之衡量基礎為成本原則。此基礎通常與其他衡量基礎相結合，例如：存貨通常以成本與淨變現價值孰低者列帳，具市場性證券則以市場價值列帳，而退休金負債便以其現值列帳。此外，有部分企業個體會使用現時成本基礎，以因應歷史成本會計模式無法處理的非貨幣性資產價格變動之影響。

## (二) 收入認列原則

　　收入通常於符合「已實現或可實現」並且「已賺得」時認列。依據臺灣財務會計準則公報第32號：「收入認列之會計處理準則」，「已實現」係指「有實際交易發生或已有交易事實」；而「可實現」則指「商品或勞務具有公開市場並有明確價格，隨時可出售變現」；至於「已賺得」係指「已提供商品或勞務，帳款未來收現性可合理確定」，也就是下列四項條件均已符合時，方可認為收入已實現或可實現，並且已賺得。

收入認列原則對照表

| 項目 | 公報內容 | 收入認列原則 |
|:---:|:---|:---|
| 1 | 具有說服力之證據證明雙方交易存在 | 已實現 |
| 2 | 商品已交付且風險及報酬已轉移、勞務已提供或資產已供他人使用 | 已實現、已賺得 |
| 3 | 價款係屬固定或可確定 | 可實現、已賺得 |
| 4 | 價款收現性可合理確定 | 可實現、已賺得 |

 **補充說明**

根據國際會計準則，收入認列的原則已經不再是「已實現或可實現」且「已賺得」，IAS18 已經將原則更改為五項「條件」如下：

1. 企業已將商品所有權之重大風險及報酬移轉予買方。
2. 企業對於已經出售之商品既不持續參與管理，亦不維持有效控制。
3. 收入金額能可靠衡量。
4. 與交易有關之經濟效益很有可能流入企業。
5. 與交易相關之已發生或將發生之成本能夠可靠衡量。

---

**【釋例】** 家新公司 109 年 12 月 21 日收到台大公司所開出的年息 6％，二
個月期的票據$40,000，試計算年底應認列之利息收入為何？

**解** 40,000×6％×10/365＝$66

您答對了嗎？

---

## (三) 配合原則

配合原則係指費損應與收益相配合；更詳細地說；配合原則係指為賺取收
益所發生之費損應與收入在同一會計期間認列，以計算出各會計期間精確的損益。

費損與收益配合之方式有四種：

### 1. 成本與收入具有直接因果關係者

在此配合方式下，費損與收益之關係極易認定，在收益認列後即可辨別
出相關之成本與費損。例如：銷貨成本與銷貨運費即屬於此。

### 2. 無直接因果關係，且效益期間長

不動產、廠房及設備成本難以直接歸屬收益，若一次性認列費損，將造
成當期損益鉅額虧損，為了正確的衡量每期損益，不動產、廠房及設備
成本應以某種合理而有系統的分攤方法，計算每期應分攤的折舊費用，
例如：機器設備耐用年限 15 年，企業可使用機器生產 15 年，但是機器
設備很難以認定其效益所產生的收益為何，故通常假設機器設備的效益
於 15 年間平均發生，換算成每年應平均分攤的折舊費用。

### 3. 無直接因果關係，但效益期間僅及於當期

當期費損的發生與收益並無直接因果關係，且效益僅及於當期，例如：
每期支付的租金費用，由於租金費用效益僅及於當期，故應於支付或發
生時全數認列為費損即可。

4. 成本不具未來經濟效益者

在此配合方式下，成本之發生並不能為當期或未來帶來任何利益，亦即其發生與收益無關，故此類成本應於發生時立即認列為損失，例如：火災損失、水災損失即屬此類。

由上可知，欲精確衡量企業之損益，必須先依收入認列原則認列收益，再依照配合原則認列費損。

配合原則及認列時點對照表

| 費損與收益<br>配合的方式 | 舉例 |
| --- | --- |
| 直接因果關係 | 認列銷貨收入後，便立即認列銷貨成本及售後服務費用。 |
| 合理而有系統的分攤 | (1)不動產、廠房及設備的成本分攤於各期而產生折舊費用。<br>(2)無形資產各期轉銷的攤銷費用。 |
| 立即認列 | (1)支出的效益僅及於當期：例如：薪資費用、租金費用、廣告費用、水電費用等。<br>(2)支出不具有經濟效益，應立即認列為損失：例如：水災損失、火災損失等。 |

| 時間 | 費用項目 |
| --- | --- |
| 期中 | 各項費用之承認（例如：保險費、廣告費、文具用品等）。 |
| 期末 | (1)折舊、預期信用減損損失（呆帳）、攤銷之調整。<br>(2)應付及預付費用之調整。<br>(3)估計負債之承認：如產品售後服務保證、估計預付贈品費、估計應付所得稅等。 |

## (四) 充分揭露原則

充分揭露原則係指財務報表應充分揭露對企業之財務狀況與經營成果有重要影響之事項，以供報表使用者執行正確之決策。所謂「重要影響」係指漏列了該事項的資訊將導致報表使用者對報表產生誤解而致影響其決策。

值得注意的是，應充分揭露之重要事項不應以數量化（貨幣）的資訊為限，尚應包括不能以貨幣表達之事項。對於不能在財務報表主體充分揭露之事項，可另以補充報表、括弧說明、或是相互索引說明之；這些說明、附表或附註亦屬於財務報表整體的一部份，其目的是在補充財務報表數字之不足。其充分揭露的方法主要有下：

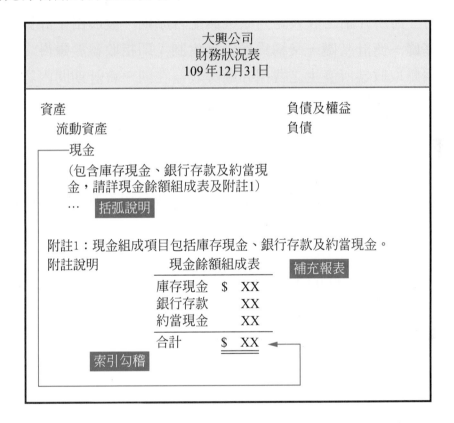

(1) 補充報表：利用附表補充主要報表資訊的不足，例如：財務狀況表中只有列示期末現金餘額，可另外附表列示期末現金餘額的組成，包括庫存現金、銀行存款或約當現金等。

(2) 括弧說明：資訊不足處，可利用括弧來說明補充資訊。

(3) 相互索引：不同地方的資訊相互索引勾稽，讓投資者能夠更充分的掌握資訊加以運用。

(4) 附註說明：若括弧說明難以說明要補充的資訊，改以附註一段文字說明，更能讓會計資訊使用者瞭解。

# 三、會計基礎之介紹

目前企業結算各期損益之基礎有兩種：應計基礎與現金基礎。茲分別介紹於下：

## (一) 應計基礎

依據前一節所介紹之收入認列原則與配合原則，發展出了計算各會計期間損益之基礎－應計基礎，又稱為權責發生制；即指收益於賺得之會計期間認列，而為賺取收益所發生之費損亦應與收益在同一會計期間內認列。因此應計基礎為符合一般公認會計原則之基礎。

## (二) 現金基礎

現金基礎又稱為現金收付制，即指收到現金時方認列收益，而支付現金時方認列費損。因現金基礎下認列損益之方式並不符合收入認列原則與配合原則，因此並不為一般公認會計原則之基礎。

---

【釋例】　宜家公司109年為客戶提供服務，可得$100,000之收入，而其相關之費用共計花費$60,000；此筆收入與費用於 110 年方收款與支付。試分別求算在現金基礎與應計基礎下，109 年與 110 年之損益各為何？

【解】　1. 現金基礎下：

109 年：均無收現與付現之情形，故 109 年之損益為$0。

110 年：$100,000－$60,000=$40,000 。

2. 應計基礎下：

109 年：依據收入認列原則與配合原則，$100,000 之收入與$60,000 之費用均應於此年度認列，故本年度損益為$40,000。

110 年：$0 。

道理很簡單，您一定答對了吧！！

除了應計基礎與現金基礎外，另還有一聯合基礎，又稱「記虛轉實法」，指平常使用現金基礎入帳，等到期末時再做調整分錄轉成應計基礎，一般會計實務上會增加額外的成本，故大多不建議採用此法，但是文具用品的會計處理為一例外。

【釋例】　大興公司於 109 年 10 月 1 日一次預付 2 年 10,000 元的廠房火險，試依三種會計基礎執行分錄。

| | 109 年 10 月 1 日 | | 109 年 12 月 31 日 | |
|---|---|---|---|---|
| 現金基礎： | | | 無分錄 | |
| | 保險費 | 10,000 | | |
| | 　現　　金 | 10,000 | | |
| 應計基礎： | | | | |
| | 預付保險費 | 10,000 | 保險費 | 1,250 |
| | 　現　　金 | 10,000 | 　預付保險費 | 1,250 |
| 聯合基礎： | | | | |
| | 保險費 | 10,000 | 預付保險費 | 8,750 |
| | 　現　　金 | 10,000 | 　保險費 | 8,750 |

**補充說明**

現金基礎轉換為應計基礎的公式：

應計基礎下之收入或費用

＝現金基礎下之收入或費用＋$\begin{cases} 預收收入或預付費用（期初－期末） \\ 應收收入或應付費用（期末－期初） \end{cases}$

# 四、會計資訊的品質特性

　　在本書第一章就開宗名義的闡明：會計就是負責提供與決策攸關且可靠的一個資訊系統。在此簡潔的定義下，我們就可以得知會計資訊之最高品質特性與主要品質特性為何。茲分別介紹如下：

## (一) 最高品質特性

　　會計資訊主要是提供給會計資訊使用者執行決策用的。因此會計資訊之最高品質特性為「決策有用性」。對於決策無用之會計資訊，便根本沒有提供之價值。

## (二) 主要品質特性

　　攸關性與忠實表達係為會計資訊之主要品質特性。茲分別介紹於下：

### 1. 攸關性

攸關之財務資訊能讓會計資訊使用者所作之決策有所不同。即使某些使用者選擇不運用該資訊或已從其他來源獲知該資訊，資訊仍可能使所作之決策變得有所不同。攸關性具有預測價值及回饋價值兩種涵義。

(1)　預測價值：係指資訊可以幫助資訊使用者對企業之未來作合理的預測。

(2)　回饋價值：係指資訊可以幫助資訊使用者確認或修正以前之預測。

### 2. 忠實表達

財務資訊不僅需表達攸關之資訊，更需忠實表達其欲表述之現象才有用。為完美忠實表達，應具備下列三特性，即完整表達、中立性及免於錯誤，主要介紹如下：

(1)　完整表達：係指會計資訊與其所表達之經濟事項相符。

(2)　中立性：係指會計資訊並不會為了達到某一特定結果而刻意扭曲或篩選。

(3)　免於錯誤：免於錯誤並非意指所有方面皆完全正確。例如，價值之估計，便無法決定其為正確或不正確。惟若該金額能夠被清楚地表達為一估計數，對估計程序之性質與限制亦能夠加以解釋、並選擇一適當程序以評量該估計並未發生錯誤，則此估計之表達便可稱為忠實，但若事後估計因狀況不同而有所改變，亦不能說它失去忠實表達的品質特性。

### (三) 次要品質特性

「可比性」、「可驗證性」、「時效性」及「可了解性」均為輔助攸關性與忠實表達資訊之次要品質特性。

1. **可比性**

可比性包含了「比較性」以及「一致性」。

(1) 比較性：係指不同企業間同類之會計資訊可以互相比較。

(2) 一致性：係指同一企業不同期間之會計資訊可以互相比較。

2. **可驗證性**

係指不同的會計人員採用相同的會計方法後，均會得到一致的結果。

3. **時效性**

時效性意指及時提供決策者資訊才能影響其決策。

4. **可了解性**

對資訊清楚且簡潔地分類及表達，能使其具有可了解性。某些會計資訊相當複雜且無法使其易於了解，將該等資訊排除於財務報告之外，便可能使該財務報告中之資訊較易於了解，惟該等報告將會不完整，並有可能誤導資訊使用者。

**會計資訊的品質特性**

1. 最高品質特性：決策有用性。
2. 主要品質特性：(1)攸關性；(2)忠實表達。
3. 次要品質特性：(1)可比性；(2)可驗證性；(3)時效性；(4)可了解性。

## 五、會計執行上之限制

在會計處理上有時會允許企業對一般公認會計原則稍作修飾，但並不影響所報導資訊的有用性，此時便是所謂執行一般公認會計原則的限制，會計

執行上之限制主要有重要性原則、穩健原則、成本效益之考量及行業特性之考量等四項。茲分別介紹如下：

## (一) 重要性原則

**簡單來說**，重要性原則係指對決策不重要之事項，在執行會計處理時可以不用完全依照會計準則之規定。若資訊之遺漏誤述可能影響會計資訊使用者作不一樣的決策，則該資訊便稱為重大。

例如，A 企業用$80購買一個釘書機，這一個釘書機可為 A 企業帶來 4 年的經濟效益，按照一般公認會計原則，應將這個釘書機認列為資產，分 4 年來提列折舊，但實務作法卻通常把它當做一筆費用，因為沒有將其列為資產所造成的決策後果並不大。值得注意的是：要判斷該事項是否重要，需將該企業之規模大小與該事項之金額一併考量。舉例來說：$50,000 之收入對於資本額$100,000,000 之企業可能微不足道；但對於資本額$100,000 之企業可能就有影響了。

## (二) 穩健原則（審慎性）

穩健原則係指會計人員在不確定採用何種會計處理方法較為妥當下，應採用最穩健的會計處理方法，亦即最不可能高估當期損益之方法。值得注意的是：穩健原則指的是「適度穩健」而非「過度穩健」。

## (三) 成本效益之考量

成本效益之考量係指提供資訊之效益應大於提供資訊所花費之成本，成本與效益之比較往往是主觀的判斷。報導財務資訊會產生成本，而該成本能夠被報導資訊所產生之效益所吸收，是非常重要的概念。

## (四) 行業特性之考量

本章所介紹之會計原則係屬普遍性之規定，但對於一些特殊行業，如：金融業、石油業等，便不適用。所以會計人員在處理會計事務時，若發現某些會計原則並不適用時，可參酌實際狀況予以適當之調整。

# 六、臺灣會計專業團體

臺灣與會計相關之專業團體主要有以下三者，分述於下：

## (一) 證券期貨局

證券期貨局係成立於民國 49 年，成立當時稱為證券管理委員會，原來隸屬於經濟部，自民國 70 年 7 月改隸屬於財政部。證券管理委員會主要掌管證券發行及交易事項，在政府成立期貨市場後，有關期貨的管理也由這個單位負責，並更改為證券暨期貨管理委員會，後來金融監督管理委員會（金管會）成立，再自財政部改隸金管會，名稱改為證券期貨局，簡稱證期局，證期局對於財務報告的編製方法等均有詳細的規定。

## (二) 會計師公會

臺灣省、臺北市、臺中市以及高雄市會計師公會為臺灣專業會計師分別組成的地方性團體，四個公會於民國 70 年 4 月成立了財務會計委員會，並公布財務會計準則公報 1 號。民國 71 年 12 月，原來的省、市公會合組的財務會計委員會改隸屬於中華民國會計師公會全國聯合會，到民國 73 年 10 月起，財務會計委員會之業務便移轉至財團法人中華民國會計研究發展基金會下之財務會計準則委員會。公會之成立宗旨，主要為闡揚審計學術、發揮會計師功能、促進會計師制度、並協助國家社會財政建設，增進國際間會計審計學術之交流，共謀會計師事業之發展。

## (三) 財團法人中華民國會計研究發展基金會

財團法人中華民國會計研究發展基金會係於民國 73 年成立。目前基金會內設立 5 個委員會，旗下之一為財務會計準則委員會。自 73 年 10 月起，這個委員會接辦會計師公會財務會計委員會的工作，財務會計準則委員會的成員來自學術機構、政府單位、會計師界及工商團體等方面，均無給職，負責會計準則的訂定及實務問題的研究，發佈「財務會計準則公報」與「財務會計準則解釋公報」，以作為實務界處理會計事務之依據。

在美國，財務會計準則委員會（Financial Accounting Standards Board, FASB）所發表的公報、會計原則委員會（Accounting Priniples Board, APB）的意見書、及會計程序委員會（Committee on Accounting procedure, CAP）的公報均屬於權威性的一般公認會計原則（Generally Accepted Accounting Principles, GAAP）。但在國際上，是採原則性規範，並不訂定細部的規定，國際會計準則理事會所發佈的準則稱為「國際財務報導準則」（International Financial Reporting Standards, IFRS），其前身所發佈之準則稱為「國際會計準則」（International Accounting Standards, IAS），均是屬於國際會計準則。臺灣過去主要是參考美國會計準則，再透過中華民國會計研究發展基金會下的財務會計準則委員會發佈「財務會計準則」，即成為一般公認會計原則（GAAP）的主要來源，所以對於會計處理的規範較為詳細。目前臺灣已採用「國際會計準則」，從西元 2013 年時由上市、上櫃及興櫃公司開始施行。

因應全球化時代之來臨，直接採用國際會計準則亦成為國際資本市場之趨勢，為加強臺灣企業及國際企業間財務報告之比較性，提升臺灣資本市場之國際競爭力並吸引外資投資，截至目前為止，全球已有一百多個國家要求或規劃當地企業直接採用國際會計準則編製財務報告，而臺灣財團法人中華民國會計研究發展基金會也已陸續翻譯國際會計準則相關的財務會計準則公報，相關的資訊亦可由金管會網站下載 IFRS 的中文版。

國際會計準則理事會（International Accounting Standards Board , IASB）是由國際會計準則委員會（International Accounting Standards Committee, IASC）改組，共 14 個委員（12 個全職委員及 2 個兼職委員）所組成的一個組織；這些委員都有豐富的專業背景及素養，有些委員同時負責與各國之會計準則訂定者互相聯繫，以便促進各國會計準則間的融合。各委員之選任，不一定以各地區的代表為原則，可是理事必須確認 IASB 不會被任何特定的地區性利益團體所控制與左右，委員之任期以 5 年為主。由國際會計準則委員會所制定發布的會計準則，即稱為國際財務報導準則（IFRS）。

許多現行 IFRS 體系中的準則以其舊稱 "國際會計準則（International Accounting Standards, IAS）" 而廣為人知。IAS 由國際會計準則委員會（International Accounting Standards Committee, IASC）於 1973 至 2001 年間頒佈。2001 年 4 月，改組後的 IASB 決定保留並繼續修訂此前頒布的 IAS，以後新制定頒佈的準則便統稱為 IFRS。

　　國際財務報導準則（IFRS）包括廣義和狹義兩方面的含義。狹義的國際財務報告準則係指國際會計準則理事會以新編號所發布的一系列公告；廣義的國際財務報告準則包括了「財務報表編制及表達之架構、國際財務報導準則（IFRS）、國際會計準則（IAS）、國際財務報導解釋（International Financial Reporting Interpretations Committee, IFRIC）及解釋公告（Standing Interpretations Committee, SIC）等」。

會計準則及會計組織之簡稱：
1. 一般公認會計原則（GAAP）。
2. 國際會計準則理事會（IASB）。
3. 國際會計準則委員會（IASC）。
4. 國際會計準則（IAS）。
5. 國際會計準則委員會（IASC）。
6. 國際財務報導準則（IFRS）。
7. 國際財務報導解釋（IFRIC）。
8. 解釋公告（SIC）。

**重點彙總**

**Q1** ：會計之基本假設爲何？

**Ans** ：會計之基本假設主要有下列五項：

(一) 經濟個體假設：經濟個體假設係指在會計上將企業視爲獨立之經濟個體；亦即在會計上將企業與業主本身視爲兩個不同的經濟個體。企業本身可獨立擁有資產、負債與相關損益之計算。

(二) 繼續經營假設：繼續經營假設係指在會計上假設企業將永續經營，而不會在可預見的未來解散，以實現企業之各項營運目標。

(三) 會計期間假設：會計期間假設係指以人爲的方式，將企業存在的期間劃分爲許多相等的時段，此便稱爲會計期間，以便計算損益，編製各項財務報表，定期提供資訊予使用者。

(四) 貨幣單位假設：這個假設係指會計上是以貨幣做爲經濟事項衡量的單位。

(五) 幣值不變假設：此一假設乃是自貨幣單位假設衡量衍生而來的，既然會計上係以「貨幣」作爲衡量之標準，其價值必須是固定不變的，否則會計處理要隨時依照物價變動程度重新衡量資產與負債，以及因其所引起的收益或費損。因此，雖然實務上確有通貨膨脹之情形，然因會計上之幣值不變假設，便假設貨幣幣值不變或變動甚少而不予考慮。

**Q2** ：會計之原則爲何？

**Ans** ：會計原則主要包括成本原則、收入認列原則、配合原則與充分揭露原則等四項。

(一) 成本原則：成本原則係指企業之資產、負債與權益均應以交易發生時之交換價格爲最初入帳之依據。在此處之「成本」意指「歷史成本」；以歷史成本做爲最初入帳之依據，係因歷史成本在取得資產之交易過程中，經由買賣雙方所共同決定，有相關憑證可供查驗，具有一定程度的可靠性。

個體編製財務報表時，最常採用之衡量基礎為成本原則。此基礎通常與其他衡量基礎相結合，例如：存貨通常以成本與淨變現價值孰低者列帳，具市場性證券則以市場價值列帳，而退休金負債便以其現值列帳。此外，有部分企業個體會使用現時成本基礎，以因應歷史成本會計模式無法處理的非貨幣性資產價格變動之影響。

(二) 收入認列原則：收入通常於符合「已實現或可實現」並且「已賺得」時認列。依據臺灣財務會計準則公報第 32 號：「收入認列之會計處理準則」，「已實現」係指「有實際交易發生或已有交易事實」；而「可實現」則指「商品或勞務具有公開市場並有明確價格，隨時可出售變現」；至於「已賺得」係指「已提供商品或勞務，帳款未來收現性可合理確定」，也就是下列四項條件均已符合時，方可認為收入已實現或可實現，並且已賺得。

收入認列原則對照表

| 項目 | 公報內容 | 收入認列原則 |
|---|---|---|
| 1 | 具有說服力之證據證明雙方交易存在 | 已實現 |
| 2 | 商品已交付且風險及報酬已轉移、勞務已提供或資產已供他人使用 | 已實現、已賺得 |
| 3 | 價款係屬固定或可確定 | 可實現、已賺得 |
| 4 | 價款收現性可合理確定 | 可實現、已賺得 |

另根據國際會計準則，收入認列的原則已經不再是「已實現或可實現」且「已賺得」，IAS18 已經將原則更改為五項「條件」如下：

1. 企業已將商品所有權之重大風險及報酬移轉予買方。
2. 企業對於已經出售之商品既不持續參與管理，亦不維持有效控制。
3. 收入金額能可靠衡量。

4. 與交易有關之經濟效益很有可能流入企業。

5. 與交易相關之已發生或將發生之成本能夠可靠衡量。

(三) 配合原則：配合原則係指費損應與收益相配合；更詳細地說；配合原則係指為賺取收益所發生之費損應與收益在同一會計期間認列，以計算出各會計期間精確的損益。

(四) 充分揭露原則：充分揭露原則係指財務報表應充分揭露對企業之財務狀況與經營成果有重要影響之事項，以供報表使用者執行正確之決策。所謂「重要影響」係指漏列了該事項的資訊將導致報表使用者對報表產生誤解而致影響其決策。

**Q3** ：會計基礎之概念為何？

**Ans** ：目前企業結算各期損益之基礎有兩種：應計基礎與現金基礎。

(一) 應計基礎：應計基礎，又稱權責發生制；即指收益於賺得之會計期間認列，而為賺取收益所發生之費損亦應與收益在同一會計期間內認列。應計基礎為符合一般公認會計原則之基礎。

(二) 現金基礎：現金基礎又稱為現金收付制，即指收到現金時方認列收益，而支付現金時方認列費損。因現金基礎下認列損益之方式並不符合收入認列原則與配合原則，因此並不為一般公認會計原則之基礎。

除了應計基礎與現金基礎外，另還有一聯合基礎，又稱「記虛轉實法」，指平常使用現金基礎入帳，等到期末時再做調整分錄轉成應計基礎，一般會計實務上會增加額外的成本，故大多不建議採用此法，但是文具用品的會計處理為一例外。

**Q4** ：會計資訊的品質特性為何？

**Ans** ：會計資訊的各項品質特性說明於下：

(一) 最高品質特性：會計資訊主要是提供給會計資訊使用者執行決策用的。因此會計資訊之最高品質特性為「決策有用性」。對於決策無用之會計資訊，便根本沒有提供之價值。

(二) 主要品質特性

1. 攸關性

攸關之財務資訊能讓會計資訊使用者所作之決策有所不同。即使某些使用者選擇不運用該資訊或已從其他來源獲知該資訊，資訊仍可能使所作之決策變得有所不同。攸關性具有預測價值及回饋價值兩種涵義。

(1)預測價值：係指資訊可以幫助資訊使用者對企業之未來作合理的預測。

(2)回饋價值：係指資訊可以幫助資訊使用者確認或修正以前之預測。

2. 忠實表達

財務資訊不僅需表達攸關之資訊，更需忠實表達其欲表述之現象才有用。為完美忠實表達，應具備下列三特性，即完整表達、中立性及免於錯誤，主要介紹如下：

(1)完整表達：係指會計資訊與其所表達之經濟事項相符。

(2)中立性：係指會計資訊並不會為了達到某一特定結果而刻意扭曲或篩選。

(3)免於錯誤：免於錯誤並非意指所有方面皆完全正確。例如，價值之估計，便無法決定其為正確或不正確。惟若該金額能夠被清楚地表達為一估計數，對估計程序之性質與限制亦能夠加以解釋、並選擇一適當程序以評量該估計並未發生錯誤，則此估計之表達便可稱為忠實，但若事後估計因狀況不同而有所改變，亦不能說它失去忠實表達的品質特性。

(三) 次要品質特性

1. 可比性

可比性包含了「比較性」以及「一致性」。

(1)比較性：係指不同企業間同類之會計資訊可以互相比較。

(2) 一致性：係指同一企業不同期間之會計資訊可以互相比較。

2. 可驗證性

　　係指不同的會計人員採用相同的會計方法後，均會得到一致的結果。

3. 時效性

　　時效性意指及時提供決策者資訊才能影響其決策。

4. 可了解性

　　對資訊清楚且簡潔地分類及表達，能使其具有可了解性。某些會計資訊相當複雜且無法使其易於了解，將該等資訊排除於財務報告之外，便可能使該財務報告中之資訊較易於了解，惟該等報告將會不完整，並有可能誤導資訊使用者。

Q5　：會計執行之限制有哪些？

Ans　：會計執行上之限制主要有重要性原則、穩健原則、成本效益之考量與行業特性之考量等四項。茲分別介紹如下：

　　㈠ 重要性原則：簡單來說，重要性原則係指對決策不重要之事項，在執行會計處理時可以不用完全依照會計準則之規定。

　　㈡ 穩健原則（審慎性）：穩健原則係指會計人員在不確定採用何種會計處理方法較為妥當下，應採用最穩健的會計處理方法，亦即最不可能高估當期損益之方法。

　　㈢ 成本效益之考量：成本效益之考量係指提供資訊之效益應大於提供資訊所花費之成本，成本與效益之比較往往是主觀的判斷。報導財務資訊會產生成本，而該成本能夠被報導資訊所產生之效益所吸收，是非常重要的概念。

　　㈣ 行業特性之考量：會計原則係屬普遍性之規定，但對於一些特殊行業，如：金融業、石油業等，便不適用，所以會計人員可參酌實際狀況予以適當之調整。

本章習題

## 一、是非題

( )1. 企業應該以貨幣作為記帳之單位，不能用數據表達者即可忽略。

( )2. 財務報導之目標是幫助企業評估公司未來之現金流量。

( )3. 交易發生時應按一般公認之會計原理原則入帳，期末不需作調整。

## 二、選擇題

( )1. 會計資訊認定及報導的門檻，乃指　(A)時效性　(B)中立性　(C)可比較性　(D)重大性。

( )2. 曆年制又稱為　(A)非曆年制　(B)十月制　(C)半年制　(D)一月制。

( )3. 買進萬能工具$2,100，估計可用 7 年，買進時列為當期費用，是基於　(A)可比性　(B)時效性　(C)重大性　(D)忠實表述。

( )4. 無論現金已否收付，只要有交易事實存在，而有責任或權利的發生，就要記帳的是　(A)現金收付基礎　(B)混合基礎　(C)權責發生基礎　(D)修正現金基礎。

( )5. 現金基礎下之淨利大於應計基礎下之淨利，可能原因為　(A)現購辦公大樓　(B)償還賒欠貨款　(C)賒購文具用品　(D)提供服務尚未收款。

( )6. 企業管理當局為了避免顯示出獲利不佳，決定改變固定資產折舊提列方法，改變之後，公司的財務報表顯示獲利逐年增加，試問上述事項違反何種品質特性的要求　(A)攸關性　(B)可瞭解性　(C)中立性　(D)忠實表達。

( )7. 何種會計基礎無法正確表達當年損益　(A)聯合基礎　(B)現金收付制　(C)應計基礎　(D)權責基礎。

( )8. 何種會計基礎最能表現收益與費損配合原則　(A)現金收付制　(B)權責發生制　(C)混合制　(D)聯合制。

（　）9. 將不動產、廠房及設備（除土地成本外）按合理方法計提折舊是依據　(A)穩健原則　(B)配合原則　(C)成本原則　(D)重要性原則。

（　）10. 企業應將負債作長、短期之區分，其根據之基本假設為　(A)重大性　(B)繼續經營個體　(C)可驗證性　(D)時效性。

（　）11. 運輸設備成本之續後評價未採用清算價值，主要係基於下列那一個假設？　(A)企業個體假設　(B)繼續經營假設　(C)會計期間假設　(D)幣值不變假設（會計之概念）。

（　）12. 依據商業會計法第四十條內容規定電子方式有關「內部控制、輸入資料之授權與簽章方式、會計資料之儲存、保管、更正及其他相關事項」之辦法，須由下列何機關定之　(A)直轄市政府定之　(B)鄉（鎮）公所定之　(C)公司自行定之　(D)中央主管機關定之。

（　）13. 利用比率及各式圖表方式來表達企業的財務資訊，其主要目的在使該項資訊具有　(A)完整性　(B)可瞭解性　(C)時效性　(D)攸關性。

（　）14. 交易事項對財務報表之精確性無重大影響者　(A)不予登帳　(B)可權宜處理　(C)可登帳亦可不登　(D)仍應精確處理。

（　）15. 配合原則是指　(A)企業與客戶的配合　(B)企業與債權人的配合　(C)費損與收益的配合　(D)資產與負債的配合。

（　）16. 收入應該何時認列　(A)當收到現金時　(B)當賺得收入時　(C)於每月底時　(D)於支付所得稅時。

（　）17. 劃分會計期間之目的為　(A)反應幣值漲跌　(B)防止內部舞弊　(C)便於計算損益　(D)有助於分工合作。

三、填充題

1. 大興公司之前後會計期間採用相同的會計政策，是指符合會計資訊品質特性的哪一項？_____。

2. 資產在取得時不得用清算價值入帳，是依據_____假設。

3. 會計上所認為之獨資企業與業主是各自獨立之個體，係基於＿＿＿＿＿＿假設。

4. 估計可使用 5 年之打孔機於購入之年度以費用來入帳，係根據＿＿＿＿＿＿＿＿原則。

5. 存貨評價是採用成本與淨變現價值孰低法是基於＿＿＿＿＿＿＿＿原則。（答案非成本原則）

6. 記錄建築物價值的增加是違反＿＿＿＿＿＿＿＿原則。

## 四、簡答及計算題

1. 試指出下列各項敘述是否違反會計基本假設或原則。如有違反，試說明其違反何項假設或原則。

(1)生達公司之短期投資（公允價值變動列入損益之金融資產）依市價 $180,000 評價，其成本為$210,000。

(2)台塑公司存貨之成本為$280,000，但以淨變現價值$370,000 列在財務狀況表上。

(3)旺宏公司於產品製造完成後即承認收入，但產品能否以帳列價格出售則不確定。

(4)大立公司之財務報表及附註中未說明存貨計價之方式。

2. 試指出下列各事項所符合的假設或原則，以確保所有的重要資訊都被揭露。

(1)存貨評價按成本與淨變現價值孰低法。

(2)分攤費用於適當期間的收入。

(3)進貨以後，市價更改卻不予入帳。

3. 下列之事項是違反了哪一項會計原則或假設：

(1)改變會計方法，使淨利之金額達到既定目標。

(2)為了降低淨利金額，高估其折舊費用。

(3)土地按市價$8,000,000 評價（超過其成本$2,500,000）。

(4)存貨有永久性下跌的情況發生，但在帳上仍按成本$45,000 評價。

4. 試述其會計實務所依據之會計原則或假設？

(1)公司替業主償還私人欠款。

(2)會計之記錄是根據實際之成交價格來入帳。

(3)佣金於銷貨時認列。

(4)售後之服務成本於銷貨時預估入帳。

(5)銷貨發生之當時認列為收益。

(6)預計可能發生之損失而不預計未實現之利益。

(7)按年或按季來編製財務報表。

(8)金融業有價證券的投資按市價評價。

(9)所有的交易均以貨幣金額來入帳。

(10)存貨採用成本與淨變現價值孰低法評價。

(11)外購的商譽才可入帳，自行發展的商譽不能認列。

(12)所有重要到足以影響會計資訊使用者決策的資訊都列示在財務報表當中。

(13)股東幫公司償還其欠款，公司認列為股東往來。

(14)折耗性的資產應計提折耗。

(15)財團法人為一經濟個體。

5. 下列為丹比公司最近 3 年的營運資料：

|  | 第 1 年 | 第 2 年 | 第 3 年 |
|---|---|---|---|
| 現　銷 | $32,000 | $28,000 | $24,000 |
| 賒　銷 | 40,000 | 48,000 | 58,000 |
| 現金費用 | 28,000 | 34,000 | 22,000 |
| 應計費用 | 34,000 | 38,000 | 50,000 |

試作：

(1)計算在現金基礎下每年的淨利。

(2)計算在應計基礎下每年的淨利。

6. 小南商店 109 年度帳列資料如下：

|  | 期初餘額 | 現金收（付）數 | 期末餘額 |
| --- | --- | --- | --- |
| 應收帳款 | $15,000 | $200,000 | $28,000 |
| 應付帳款 | 9,500 | (90,000) | 12,000 |
| 預付營業費用 | 1,500 | (5,000) | 800 |
| 預收利息 | 160 | 120 | 200 |
| 存　　貨 | 24,000 | — | 20,000 |
| 應付營業費用 | 2,500 | (39,000) | 6,000 |

試作：現金基礎與應計基礎下的淨利。（詳列計算過程）

# 3 Chapter

# 會計交易之入門

# 一、會計交易之意義

　　會計交易係指一企業可被記錄之經濟事項。企業一天中會發生許許多多的活動，例如：買賣商品、雇用員工、電梯維修、接待往來客戶等，但並不是每一項活動皆可稱做會計交易。唯有應該且能夠被記錄之活動方可稱為會計交易；這也就是本書第一章中所介紹過會計程序中之辨認。

　　會計交易包括了外部交易與內部交易此兩大類。外部交易係指企業與其他外部企業間所發生之交易；而內部交易則為一企業個體內所發生之交易。

# 二、會計恆等式之介紹

　　要分析會計交易，便需要借助本章節所欲介紹的會計恆等式。會計恆等式係以下列方程式表示：

$$資產＝負債＋權益$$

由上列之方程式，我們不難理解其意義：企業資產之來源有二，不是向他人借貸而來（負債）；便是由業主或股東所投資的（權益）。又因企業所發生之會計交易無論如何變化，等號兩邊之金額必定相等，所以此方程式又稱為會計恆等式。

　　舉一個簡單的例子來說明會計交易之發生與其對會計恆等式之影響：

【釋例】　1. 民國 109 年 1 月 1 日老王投資$800,000成立老王牛肉麵小館。

　　　　資產　＝　負債　＋　權益
　　　　$800,000　　　　　　$800,000

2. 民國 109 年 3 月 1 日，因為生意興隆，洗碗不及，所以老王刷卡$18,000向全國電子買了一台洗碗機。

　　　　資產　＝　負債　＋　權益
　　　　$18,000　　$18,000

3. 民國 109 年 4 月 15 日，老王牛肉麵小館清償老王代購之洗碗
機款項。

資產　　　=　　負債　+　權益
($18,000)　　　($18,000)

# 三、會計要素與會計項目

## (一) 會計要素

從前述之會計恆等式可知，會計三大要素分別爲資產、負債與權益，而
權益則又包含收益與費損，所以統稱會計五大要素爲資產、負債、權益、收
益與費損等五項。會計要素主要透過「財務狀況表」（原稱「資產負債表」）
與「綜合損益表」（原稱「損益表」）來表達，且兩者關係密切，可互相勾
稽連結，會計要素又可稱爲「財務報表要素」。茲分別說明於下：

1. 資產

係指企業之經濟資源，能以貨幣衡量，且能對企業未來提供經濟效益者。
舉凡現金、應收帳款、應收票據、存貨、不動產、廠房及設備等，這些
項目都是企業之經濟資源，能以貨幣衡量，且未來可透過營業使用或交
易等行爲，換取其他經濟效益。

2. 負債

係指企業之經濟義務，能以貨幣衡量，且企業將於未來提供經濟資源以
償還者。簡單來講，就是企業之債務或是未來應履行的義務，例如：短
期借款、應付帳款、應付票據、應付費用、預收收入等。

3. 權益（淨值）

係指業主或是股東對企業資產之權益，權益的定義來自於「會計恆等式」
的運用，簡單來說，權益就是「淨資產」。淨資產意指一家企業所有資
產扣除銀行借款、應付的債務等所有負債後，如果還有剩餘的部分，那

剩餘數便屬於投資人（業主或股東）的權利，其中權益尚包括企業每年發生的收入、利益、與費用及損失之差額，但必須注意的是，權益的增加或減少，並非完全只有收益（收入及利益的簡稱）或費損（費用及損失的簡稱）之影響，其他關於股東增加投資使得權益增加、企業發放股利給投資者使得權益減少等，亦會影響權益的變動。

4. **收益**

係指企業由主要或非主要營業活動中，所產生之收入及利益，簡稱收益。

也就是以資產的增加、或負債的減少等方式，於會計期間內增加經濟效益，所造成的權益增加，但不包含投資人（業主或股東）所增加的投資。例如：銷售商品所產生的「銷貨收入」、償還負債所產生的「債務清償利益」等。

5. **費損**

係指企業因主要或非主要營業活動中，而支出之費用及損失，簡稱費損。

也就是以資產的減少、或負債之增加等方式，於會計期間內減少經濟效益，所造成的權益減少，但不包含分配予投資人（業主或股東）所產生的權益減少。例如：銷售商品所產生的「銷貨成本」、支付辦公室租金所產生的「租金費用」等。

## (二) 會計項目

瞭解會計恆等式及會計要素後，在進入 T 字帳及借貸法則前，必須先熟悉「會計項目」，會計項目是指對會計要素的具體內容進行分類核算的項目，為了滿足會計辨認、衡量以及報告之需求，根據企業內部和外部的需要，對會計要素進行再分類的動作。

會計五要素－資產、負債、權益、收益與費損，先按照性質別予以區分後；再將每一性質別予以分類，便構成許多會計項目。

會計要素是「逐層」累積而成的，有點類似樹狀圖般的形狀，茲分述如下：

1. **第一層分類**

   類別，即構成財務報表最原始的資產、負債、權益、收益、以及費損等五大類。

2. **第二層分類**

   性質別，依照第一層性質的不同再予以區分，例如：資產類可再區分為流動資產及非流動資產，非流動資產可再依性質區分為長期投資、不動產、廠房及設備、遞耗資產、無形資產或其他資產等。

3. **第三層分類**

   項目別，即本節重點「會計項目」，也是構成財務報表的個別項目，例如：流動資產再區分為現金、銀行存款、應收帳款、存貨、預付費用及其他流動資產等會計項目。

4. **第四層分類**

   子目別，即構成會計項目的明細項目，例如：應收帳款針對大客戶分為A、B兩大客戶，其餘皆是小客戶，那麼會計項目可能會變成「應收帳款－ A」、「應收帳款－ B」及「應收帳款－其他」等；又例如：銀行存款依據不同銀行別可記錄為「銀行存款－XX銀行」。

5. **第五層分類**

   細目別，針對子目別資訊尚須更細的分類層級，例如：存在中國信託銀行的銀行存款，又可區分為活存、定存，便可記錄為「銀行存款－中國信託銀行－活存」及「銀行存款－中國信託銀行－定存」。

   現將會計要素、會計性質與會計項目之名稱與內容大致說明於下：

商業會計項目表

| 會計要素 | 會計性質 | 會計項目 | 會計項目名稱 | 項目說明 |
|---|---|---|---|---|
| 1 資產 | | | | 指因過去事項所產生之資源，該資源由商業控制，並預期帶來經濟效益之流入。 |
| | 11-12 流動資產 | | | 指商業預期於其正常營業週期中實現、意圖出售或消耗之資產、主要為交易目的而持有之資產、預期於資產負債表日後十二個月內實現之資產、現金或約當現金，但不包括於資產負債表日後逾十二個月用以交換、清償負債或受有其他限制者。 |
| | | 111 | 現金及約當現金 | 指庫存現金、活期存款及可隨時轉換成定額現金且價值變動風險甚小之短期並具高度流動性之定期存款或投資。 |
| | | 112 | 透過損益按公允價值衡量之金融資產－流動 | 包括指定為透過損益按公允價值衡量之金融資產－流動、持有供交易之金融資產－流動、備供出售金融資產－流動、避險之衍生金融資產－流動、以成本衡量之金融資產－流動、無活絡市場之債券投資－流動及持有至到期日金融資產－流動。 |
| | | 113 | 備供出售金融資產－流動 | |
| | | 114 | 以成本衡量之金融資產－流動 | |
| | | 115 | 無活絡市場之債券投資－流動 | |
| | | 116 | 持有至到期日金融資產－流動 | |
| | | 117 | 避險之衍生金融資產－流動 | |
| | | 118 | 應收票據淨額 | 指商業應收之各種票據。 |
| | | 119 | 應收帳款淨額 | 指商業因出售商品或勞務等而發生之債權。 |
| | | 121 | 其他應收款 | 指不屬於應收票據、應收帳款及應收建造合約款之應收款項。 |

（續前表）

| 會計要素 | 會計性質 | 會計項目 | 會計項目名稱 | 項目說明 |
|---|---|---|---|---|
| | | 122 | 本期所得稅資產 | 指已支付所得稅金額超過本期及前期應付金額之部分。 |
| | | 123-124 | 存貨 | 指持有供正常營業過程出售者；或正在製造過程中以供正常營業過程出售者；或將於製造過程或勞務提供過程中消耗之原料或物料。 |
| | | 126-127 | 預付款項 | 指預為支付之各項成本或費用，包括預付費用及預付購料款等。 |
| | | 128 | 其他流動資產 | 指不能歸屬於前述各類之流動資產。 |
| | 13-15 非流動資產 | | | 指不能歸屬於流動資產之各類資產。 |
| | | 131 | 透過損益按公允價值衡量之金融資產－非流動 | 包括指定為透過損益按公允價值衡量之金融資產－非流動、持有供交易之金融資產－非流動、備供出售金融資產－非流動、避險之衍生金融資產－非流動、以成本衡量之金融資產－非流動、無活絡市場之債券投資－非流動、持有至到期日金融資產－非流動及採用權益法之投資。 |
| | | 132 | 備供出售金融資產－非流動 | |
| | | 133 | 以成本衡量之金融資產－非流動 | |
| | | 134 | 無活絡市場之債務工具投資－非流動 | |
| | | 135 | 持有至到期日金融資產－非流動 | |
| | | 136 | 避險之衍生金融資產－非流動 | |
| | | 137 | 採用權益法之投資 | 指持有具重大影響力或控制能力之權益工具投資。 |
| | | 138 | 投資性不動產 | 指為賺取租金或資本增值或兩者兼具，而由所有者或融資租賃之承租人所持有之不動產。 |

（續前表）

| 會計要素 | 會計性質 | 會計項目 | 會計項目名稱 | 項目說明 |
|---|---|---|---|---|
| | | 139-146 | 不動產、廠房及設備 | 指用於商品、農業產品或勞務之生產或提供、出租予他人或供管理目的而持有，且預期使用期間超過一年之有形資產，包括土地、建築物、機器設備、運輸設備及辦公設備等會計項目。 |
| | | 147 | 礦產資源淨額 | 指蘊藏量將隨開採或其他使用方法而耗竭之天然礦產。 |
| | | 149-155 | 無形資產 | 指無實體形式之可辨認非貨幣性資產及商譽，包括商標權、專利權、特許權、著作權、電腦軟體成本、商譽等會計項目。其中商譽係指自企業合併取得之不可辨認及未單獨認列未來經濟效益之無形資產。 |
| | | 156 | 遞延所得稅資產 | 指與可減除暫時性差異、未使用課稅損失遞轉後期及未使用所得稅抵減遞轉後期有關之未來期間可回收所得稅金額。 |
| | | 157-158 | 其他非流動資產 | 指不能歸屬於前述各類之非流動資產。 |
| 2 負債 | | | | 指因過去事項所產生之現時義務，預期該義務之清償，將導致經濟效益之資源流出。 |
| | 21-22 流動負債 | | | 指商業預期於其正常營業週期中清償之負債；主要為交易目的而持有之負債；預期於資產負債表日後十二個月內到期清償之負債，即使該負債於資產負債表日後至通過財務報表前已完成長期性之再融資或重新安排付款協議；商業不能無條件將清償期限遞延至資產負債表日後至少十二個月之負債。 |
| | | 211 | 短期借款 | 指向金融機構或他人借入或透支之款項。 |
| | | 212 | 應付短期票券 | 指為自貨幣市場獲取資金，而委託金融機構發行之短期票券，包括應付商業本票及銀行承兌匯票等。 |
| | | 213 | 透過損益按公允價值衡量之金融負債－流動 | 指持有供交易或原始認列時被指定為透過損益按公允價值衡量之金融負債。 |

（續前表）

| 會計要素 | 會計性質 | 會計項目 | 會計項目名稱 | 項目說明 |
|---|---|---|---|---|
| | | 214 | 避險之衍生金融負債－流動 | 指依避險會計指定且爲有效避險工具之衍生金融負債。 |
| | | 215 | 以成本衡量之金融負債－流動 | 指與無活絡市場公開報價之權益工具連結，並以交付該等權益工具交割之衍生工具，其公允價值無法可靠衡量之金融負債。 |
| | | 216 | 應付票據 | 指商業應付之各種票據。 |
| | | 217 | 應付帳款 | 指因賒購原物料、商品或勞務所發生之債務。 |
| | | 219-220 | 其他應付款 | 指不屬於應付票據、應付帳款及應付建造合約款之應付款項，如應付薪資、應付稅捐、應付股息紅利等。 |
| | | 221 | 本期所得稅負債 | 指尚未支付之本期及前期所得稅。 |
| | | 222 | 預收款項 | 指預爲收納之各種款項。 |
| | | 223 | 一年內到期長期負債 | 指將於一年內到期之長期負債。 |
| | | 224 | 負債準備－流動 | 指不確定時點或金額之流動負債。 |
| | | 225 | 其他流動負債 | 指不能歸屬於前述各類之流動負債。 |
| | 23 非流動負債 | | | 指不能歸屬於流動負債之各類負債。 |
| | | 231 | 透過損益按公允價值衡量之金融負債－非流動 | 指各項非流動性質之金融負債。 |
| | | 232 | 避險之衍生金融負債－非流動 | |
| | | 233 | 以成本衡量之金融負債－非流動 | |
| | | 234 | 應付公司債 | 指商業發行之債券。 |

（續前表）

| 會計要素 | 會計性質 | 會計項目 | 會計項目名稱 | 項目說明 |
|---|---|---|---|---|
| | | 235 | 長期借款 | 指到期日在一年以上之借款。 |
| | | 236 | 長期應付票據及款項 | 指付款期間在一年以上之應付票據、應付帳款。 |
| | | 237 | 負債準備－非流動 | 指不確定時點或金額之非流動負債。 |
| | | 238 | 遞延所得稅負債 | 指與應課稅暫時性差異有關之未來期間應付所得稅。 |
| | | 239 | 其他非流動負債 | 指不能歸屬於前述各類之其他非流動負債。 |
| 3 權益 | | | | 指資產減去負債之剩餘權利。 |
| | 31 資本（股本） | | | 指業主對商業投入之資本額，並向主管機關登記者，但不包括符合負債性質之特別股。 |
| | | 311 | 資本（股本） | |
| | 32 資本公積 | | | 指公司因股本交易所產生之權益。 |
| | | 321 | 資本公積 | |
| | 33 保留盈餘（累積虧損） | | | 指由營業結果所產生之權益。 |
| | | 331 | 法定盈餘公積 | 指依公司法或其他相關法律規定，自盈餘中指撥之公積。 |
| | | 332 | 特別盈餘公積 | 指依法令或盈餘分派之議案，自盈餘中指撥之公積，以限制股息及紅利之分派者。 |
| | | 335 | 未分配盈餘（待彌補虧損） | 指未經指撥之盈餘（或未經彌補之虧損）。 |
| | 34 其他權益 | | | 指其他造成權益增加或減少之項目，包括備供出售金融資產未實現損益、現金流量避險中屬有效避險部分之避險工具損益、國外營運機構財務報表換算之兌換差額及未實現重估增值等。 |
| | | 341 | 其他權益 | |

（續前表）

| 會計要素 | 會計性質 | 會計項目 | 會計項目名稱 | 項目說明 |
|---|---|---|---|---|
| | 35<br>庫藏股票 | | | 指公司收回已發行股票，尚未再出售或註銷者。 |
| | | 351 | 庫藏股票 | |
| 4<br>營業收入 | | | | 指本期內因銷售商品或提供勞務等所獲得之收入。 |
| | 41<br>營業收入 | | | |
| | | 411 | 銷貨收入 | |
| | | 412 | 勞務收入 | |
| | | 414 | 其他營業收入 | 指非因銷售商品或提供勞務所獲得之收入。 |
| 5<br>營業成本 | | | | 指本期內因銷售商品或提供勞務等而應負擔之成本。 |
| | 51<br>銷貨成本 | | | |
| | | 511 | 銷貨成本 | |
| | | 512 | 進貨 | |
| | | 513 | 進料 | |
| | | 514 | 直接人工 | |
| | | 515-516 | 製造費用 | |
| | | 561 | 勞務成本 | |
| | | 591 | 其他營業成本 | 指非因銷售商品或提供勞務所應負擔之成本。 |
| 6<br>營業費用 | | | | 指本期內因銷售商品或提供勞務應負擔之費用，包括有：薪資支出、租金支出、文具用品、旅費、運費、郵電費、修繕費、廣告費、水電瓦斯費、保險費、交際費、捐贈、稅捐、呆帳損失、折舊、各項耗竭及攤提、外銷損失、伙食費、職工福利、研究發展費用、佣金支出、訓練費、勞務費等（採費用功能法者，應依費用之功能分類為推銷費用、管理費用及研發費用等）。 |
| | 61<br>營業費用 | | | |
| | | 611-613 | 營業費用 | |

（續前表）

| 會計要素 | 會計性質 | 會計項目 | 會計項目名稱 | 項目說明 |
|---|---|---|---|---|
| 7<br>營業外收益及費損 | | | | 指本期內非因經常營業活動所發生之收益及費損。 |
| | 71-72<br>營業外收益及費損 | | | |
| | | 711 | 利息收入 | |
| | | 712 | 租金收入 | |
| | | 713 | 權利金收入 | |
| | | 714 | 股利收入 | |
| | | 715 | 利息費用 | |
| | | 716 | 透過損益按公允價值衡量之金融資產（負債）淨損益 | |
| | | 717 | 採權益法認列之投資損益 | |
| | | 718 | 兌換損益 | |
| | | 719 | 處分投資損益 | |
| | | 720 | 處分不動產、廠房及設備損益 | |
| | | 723-724 | 其他營業外收益及費損 | 凡不屬於前述各類之營業外收益及費損皆屬之。 |
| 8<br>綜合損益總額 | | | | |
| | 81<br>繼續營業單位稅前淨利（淨損） | | | 指繼續營業單位稅前淨利（淨損）。 |
| | | 811 | 繼續營業單位稅前淨利（淨損） | |

（續前表）

| 會計要素 | 會計性質 | 會計項目 | 會計項目名稱 | 項目說明 |
|---|---|---|---|---|
| | 82<br>所得稅費用<br>（利益） | | | 指包含於決定本期損益中，與當期所得稅及遞延所得稅有關之彙總數。 |
| | | 821 | 所得稅費用（利益） | |
| | 83<br>繼續營業單位稅後淨利（淨損） | | | 指繼續營業單位稅後淨利（淨損）。 |
| | | 831 | 繼續營業單位稅後淨利（淨損） | |
| | 84<br>停業單位損益<br>（稅後） | | | 指包括停業單位之稅後損益，及構成停業單位之資產或處分群組於按公允價值減出售成本衡量時或於處分時所認列之稅後利益或損失。 |
| | | 841 | 停業單位損益（稅後） | |
| | 86<br>本期稅後淨利<br>（淨損） | | | 指本期之稅後盈餘（或虧損）。 |
| | 87<br>本期其他<br>綜合損益 | | | 指本期變動之其他權益，例如備供出售金融資產未實現損益、現金流量避險中屬有效避險部分之避險工具損益、國外營運機構財務報表換算之兌換差額、未實現重估增值及採用權益法認列之其他綜合損益等。 |
| | | 871 | 備供出售金融資產未實現損益 | |
| | | 872 | 現金流量避險中屬有效避險部分之避險工具損益 | |
| | | 873 | 國外營運機構財務報表換算之兌換差額 | |
| | | 874 | 未實現重估增值 | |
| | | 875 | 採用權益法認列之其他綜合損益份額 | |
| | | 876 | 與本期其他綜合損益相關之所得稅 | |
| | 88<br>本期綜合<br>損益總額 | | | 指本期稅後淨利（淨損）及本期其他綜合損益之合計數。 |

（資料取自：經濟部商業司 https://gcis.nat.gov.tw/mainNew/subclassNAction.do? method＝get-File&pk＝907）

針對以上會計項目較常使用者，再分別詳細說明於下列各小節。

## (三) 資產類會計項目

指企業透過交易或其他事項所獲得之經濟資源，能以貨幣衡量並預期未來能提供經濟效益者。

1. **流動資產**：指現金、短期投資及其他預期能於一年內變現或耗用之資產。
   (1) 現金：包括庫存現金、銀行存款、零用金，及隨時可轉換成定額現金，且即將到期而其利率變動對其價值影響甚少之短期投資，但不包括已指定用途或因法律、合約受有限制者。
   (2) 短期投資：指短期性之投資，包括透過損益按公允價值衡量之金融資產、備供出售金融資產、以成本衡量之金融資產、無活絡市場之債券投資、持有至到期日金融資產、以及避險之衍生金融資產。
   (3) 應收票據：商業應收之各種票據。
   (4) 應收帳款：凡因出售產品、商品或提供勞務等而發生之債權。
   (5) 備抵損失：應收帳款、應收票據的抵銷項目，亦即應收帳款及票據此二項債權無法收回的部分。
   (6) 其他應收款：指不能歸屬於應收帳款之款項。
   (7) 存貨：指備供正常營業出售之商品、製成品、副產品、正在生產中之在製品；或將直接、間接用於生產供出售商品（或勞務）之材料或物料。
   (8) 用品盤存：指購入供辦公使用的文具用品。
   (9) 預付款項：預付款項包括預付薪資、預付租金、預付保險費、預付所得稅及其他能在一年內耗用之預期費用。
2. **長期投資**：指企業因為營業目的而持有之長期性投資。長期性投資主要有下：
   (1) 透過損益按公允價值衡量之金融資產：持有供交易之金融資產，且其取得之主要目的非為短期內出售並按公允價值衡量者。
   (2) 備供出售金融資產：凡備供出售證券投資，且不預期在財務狀況表日後一年內出售者。

(3) 以成本衡量之金融資產：持有未於證券交易所上市或未於櫃檯買賣中心買賣之股票或興櫃股票，且未具重大影響力或與該等股票連動，並以該等股票交割之衍生性商品。

(4) 無活絡市場之債務工具投資：無活絡市場公開報價，但具固定或可決定收取金額之長期債務工具投資。

(5) 持有至到期日金融資產：凡企業有積極意圖及能力持有至到期日之非衍生金融資產，其到期日在一年以上者。

(6) 避險之衍生金融資產：依避險會計指定且有效避險工具之長期衍生金融資產。

(7) 採用權益法之投資：凡投資其他企業之股東，當有意圖控制被投資公司或與其建立密切業務關係者。

3. 不動產、廠房及設備：係指供營業上使用，非以出售為目的，且使用年限在一年以上之有形資產，除土地外，應於達到可供使用狀態時，以合理而有系統之方法，按期提列折舊，此外，其累計折舊應列為不動產、廠房及設備之減項。

(1) 土地成本：指營業上使用之土地以及具有永久性之土地改良。

(2) 土地改良物成本：凡在自有土地上從事非永久性的改良工程成本皆屬之。

(3) 房屋及建築成本：指營業上使用之自有房屋建築及其他附屬設備。

(4) 機器設備成本：指自有之直接或間接提供生產的機器及設備。

(5) 辦公設備成本：供辦公或營業場所等所使用之各項設備。

(6) 運輸設備成本：供運輸貨物或載送人員的車輛。

(7) 租賃資產：指依融資租賃契約所承租之資產。

(8) 租賃權益改良：指租賃標的物上之改良。

(9) 累計折舊：為上述房屋及建築、機器設備、辦公設備、運輸設備、租賃資產及租賃權益改良等的評價項目（抵銷項目）。

4. 遞耗資產：指資產價值將隨開採、砍伐或其他使用而耗竭之天然資源。

(1) 礦產資源：金屬、石油或天然氣等礦藏。

(2) 森林資源：地表上之木材。

(3) 累計折耗：遞耗資產成本分攤之累計數。

5. **無形資產**：指無實體存在但具經濟價值之資產。

  (1) 專利權：指依法取得或購入之專利權。

  (2) 特許權：凡爲營業而取得之特許權。

  (3) 商標權：指依法取得或購入之商標權。

  (4) 電腦軟體：針對已經購買或開發以供出售、出租或以其他方式行銷之電腦軟體。

  (5) 商譽：未來期間爲企業帶來超額利潤的潛在經濟價值，會在財務報表入帳者通常爲出價而取得之商譽。

  (6) 攤銷：指無形資產已耗成本的分攤。

6. **其他資產**：指不能歸屬於前五項之資產，且回收或變現期限在一年以上者。

  (1) 閒置資產：指目前未供營業上使用之資產。

  (2) 長期應收票據款項：指收款期間在一年（一營業週期）以上之應收票據、應收帳款及催收帳款。

  (3) 出租資產：指非以投資或出租爲目的之企業供作出租之自有資產。

  (4) 存出保證金：指存出供作保證用之現金或其他資產。

  (5) 雜項資產：指不能歸屬於前述各款之其他資產。

## (四) 負債類會計項目

指企業由於過去之交易或其他事項所產生之經濟義務，能以貨幣衡量，並將以提供勞務或支付經濟資源之方式償付者。

1. **流動負債**：指將於一年（一營業週期）內，以流動資產或其他負債償付之債務。

  (1) 短期借款：指向金融機構或他人借入及透支之款項，其償還期限在一年以內者，例如：銀行借款、銀行透支等。

  (2) 透過損益按公允價值衡量之金融負債：其主要目的爲短期內再買回，且其金融負債按公允價值衡量者。

  (3) 避險之衍生金融負債：係依避險會計指定且爲有效避險工具之衍生性金融負債，應以公允價值衡量。

(4) 以成本衡量之金融負債：係與無活絡市場公開報價之權益工具連結，並以交付該權益工具交割之衍生工具負債，且其公允價值無法可靠衡量者。

(5) 應付票據：指企業應付之各種票據。

(6) 應付帳款：指企業應付之各種帳款。

(7) 其他應付款：指不能歸屬於應付帳款之款項，例如：應付租金、應付利息、應付股利等。

(8) 預收款項：指預先收款之各項帳務，例如：預收貨款、預收收入或其他預收款等。

2. **非流動負債**：指到期日在一年（一營業週期）以上之債務。

(1) 透過按公允價值衡量之金融負債：其主要目的非為短期內再買回，且其金融負債按公允價值衡量者。

(2) 避險之衍生金融負債：依避險會計指定且為有效避險工具之長期衍生金融負債。

(3) 以成本衡量之金融負債：係與無活絡市場公開報價之權益工具連結，並以交付該權益工具交割之長期衍生工具負債，且其公允價值無法可靠衡量者。

(4) 應付公司債：凡企業經核准並已發行之公司債皆屬之。

(5) 長期借款：指到期日在一年（一營業週期）以上之借款。

(6) 長期應付票據及款項：指付款期限在一年（一營業週期）以上之應付票據、應付帳款等。

(7) 抵押借款：係指有抵押品或擔保品之長期借款。

(8) 應付租賃款：使用融資租賃所產生的長期應付款項。

(9) 遞延負債：指遞延收入、遞延所得稅負債等。遞延收入係指：凡業經收取，以後各期皆能享有之收入；遞延所得稅負債係指：因稅前財務所得大於課稅所得而發生之暫時性差異，其所得稅之影響，為遞延所得稅負債。

(10) 其他非流動負債：凡不屬於上列各項非流動負債者皆屬之。例如：存入保證金，係指收到他人（或他企業）存入供保證用之現金或其他資產。

## (五) 權益類會計項目

指企業之全部資產減除全部負債後之餘額，歸屬於業主或股東之權益。

1. **股本（資本）**：業主或股東對企業所投入之資本，並向主管機關登記者，但不包括具有負債性質之特別股。
   (1) 普通股股本：係指企業之股本。
   (2) 特別股股本：不同於普通股，具有特殊權利之股本。
   (3) 應分配股票股利：已宣告但尚未發放之股票股利。

2. **資本公積**：指非由營業結果所產生之權益。最常見的資本公積項目為資本公積一股本溢價，凡企業以高於普通股或特別股面額之價格發行股票，其所超收部份之金額皆屬之，例如：資本公積一普通股溢價、資本公積一特別股溢價等。

3. **保留盈餘**：指由營業結果累積而成之權益。
   (1) 法定盈餘公積：係指依公司法或其他相關法令規定，自盈餘中指撥之公積。
   (2) 特別盈餘公積：係指依法令或盈餘分派之議案，自盈餘中指撥之公積，以限制股息及紅利之分派者。
   (3) 未分配盈餘：指未經指撥之盈餘或虧損。

4. **其他權益**：指其他造成權益增加或減少之項目，主要有下：
   (1) 備供出售金融資產未實現損益：指備供出售金融資產，依公允價值衡量產生之未實現利益或損失。
   (2) 現金流量避險中屬有效避險部分之避險工具損益：指現金流量避險時避險工具屬有效避險部分之未實現利益或損失。
   (3) 國外營運機構財務報表換算之兌換差額：指國外營運機構財務報表換算之兌換差額及國外營運機構淨投資之貨幣性項目交易，所產生之兌換差額。
   (4) 未實現重估增值：指依法令辦理資產重估所產生之未實現重估增值等。

5. **庫藏股票**：企業收回已發行股票尚未再出售或註銷者。

## (六) 收益類會計項目

包括營業收入及營業外收益兩類如下。

1. **營業收入**：指本期內因經常營業活動而銷售商品或提供勞務等所獲得之收入。

   (1) 銷貨收入：指因銷貨商品所賺取之收入。

   (2) 銷貨退回：凡已出售之商品，因顧客退回者皆屬之。

   (3) 銷貨折讓：凡出售之商品，因給予顧客折扣、讓價而未能獲得之銷貨價款者皆屬之。

2. **營業外收益**：指本期內非因經常營業活動所發生之收益。

   (1) 勞務收入：指因提供勞務所賺得之收入。

   (2) 佣金收入（業務收入）：指因居間或受委託等所獲得之收入。

   (3) 利息收入：指資金存放於金融機構、借給他人（他企業）或從事各種投資所產生之利息收入。

   (4) 租金收入：出租不動產、廠房及設備所產生之租金收入。

   (5) 投資收益：指非以投資為業之企業，投資金融商品所產生之收益，例如：金融資產評價利益等。

   (6) 兌換利益：凡因外幣匯率變動所獲得之利益均屬之。

   (7) 處分不動產、廠房及設備利益：凡因處分不動產、廠房及設備所獲得之利益均屬之。

   (8) 處分投資利益：凡因處分金融資產所獲得之利益均屬之。

## (七) 費損類會計項目

包括營業成本、營業費用及營業外費損三類如下：

1. **營業成本**：指本期內因銷售商品或提供勞務等而應支付之成本。

   (1) 銷貨成本：指銷售或製造商品之成本。

   (2) 進貨：指進貨的價格成本。

   (3) 進貨費用：係指買家應負擔的進貨運費，應作為進貨的加項。

(4) 進貨退回：係指買入商品因品質或規格不合而退回之商品，應作為進貨的減項。

(5) 進貨折讓：凡賣方因商品品質或規格不合所給予的折扣，或因提早付款而得到的現金折扣，應作為進貨的減項。

2. 營業費用：指本期內因銷售商品或提供勞務等而應支付之費用。

(1) 銷售費用：指本期內因銷售活動所發生之相關費用。

① 薪資支出：銷售人員的薪資。

② 廣告費：因銷售商品所產生之各種媒體宣傳費用。

③ 租金支出：銷售部門承租資產的費用。

④ 預期信用減損損失：評估應收帳款或應收票據無法收回而認列之呆帳。

⑤ 折舊費用：銷售部門使用不動產、廠房及設備而須分攤之成本。

⑥ 水電瓦斯費：銷售部門所發生的水費、電費及瓦斯費。

⑦ 保險費：與銷售有關，向保險公司投保之費用。

⑧ 郵電費：銷售部門所發生的郵資、電話費、網路費等。

⑨ 文具用品：銷售部門購買並耗用之文具用品成本。

⑩ 修繕費：銷售部門修理或維護資產等費用。

⑪ 交際費：為了提升銷售業績而產生之交際應酬費用。

⑫ 旅費：銷售人員出差之交通費、住宿費及膳雜費等。

(2) 管理費用：指本期內因管理活動所發生之相關費用。

① 薪資支出：管理人員的薪資。

② 租金支出：管理部門承租資產的費用。

③ 折舊費用：管理部門使用不動產、廠房及設備而須分攤之成本。

④ 水電費：管理部門所發生的水費及電費。

⑤ 保險費：向保險公司投保之相關管理費用。

⑥ 郵電費：管理部門所發生的郵資、電話費、網路費等。

⑦ 文具用品：管理部門購買並耗用之文具用品成本。

⑧ 修繕費：管理部門修理或維護資產等費用。

⑨ 旅費：管理人員出差之交通費、住宿費及膳雜費等。

3. **營業外費損**：指會計期間內非因經常營業活動所發生之費損。

 (1) 利息費用：凡向金融機構或他人借款等所發生之利息費用皆屬之。

 (2) 投資損失：指非以投資為主之企業，因投資金融資產所遭受之損失，例如：金融資產評價損失、採權益法認列之投資損失等。

 (3) 兌換損失：凡因外幣匯率變動而發生之損失皆屬之。

 (4) 處分不動產、廠房及設備損失：凡因不動產、廠房及設備出售、報廢、及遺失等所發生之損失皆屬之。

 (5) 處分投資損失：凡因處分金融資產及長期投資所發生之損失皆屬之。

# 四、T 字帳與借貸法則

## (一) T 字帳

 每一個會計項目至少會設置一個會計帳戶，其功能為用來累計各項會計交易對各個會計項目之影響，等到會計期間結束時，便可彙整出每一個會計項目於該期間金額之變化與期末之餘額，以供期末編製財務報表。

 因為如此，所以會計帳戶之概念相當重要。下列用圖形來表示一個會計帳戶之原始狀態：

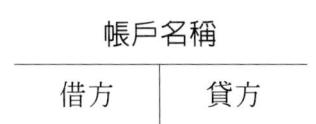

帳戶名稱 ｜ 借方 ｜ 貸方

 圖形中之借方與貸方，並沒有特別之意義。僅是在會計記錄之過程中，均以借方與貸方來取代加減的方向。若將金額記入借方則稱為借記；而將金額記入貸方則稱為貸記。特別要注意的是，帳戶借貸方之方向是不能隨意更改的，帳戶的左邊一定是借方；帳戶的右邊一定是貸方。讀者不妨把「左借右貸」當作口訣來熟記即可。由於帳戶的原始形狀看起來就像英文之「T」字，因此又稱為 T 字帳。

## (二) 借貸法則

　　前面我們有提到，會計帳戶是用來累計各項會計交易對各個會計項目之影響，以便期末編製財務報表。而借貸法則，係指當會計交易發生時，依據「有借必有貸，借貸必相等」之原理，將每一會計交易影響所及之會計項目，視其增減變化，區分哪一個應記入借方，哪一個應記入貸方之原則。

　　在借貸法則下，我們必須先熟記－各個會計項目之借貸方向與金額增減之關係。照例，用圖型表示於下：

　　由上列之圖形，可以將借貸法則歸納如下：

1. 資產增加記在借方；資產減少記在貸方。
2. 負債減少記在借方；負債增加記在貸方。
3. 權益減少記在借方；權益增加記在貸方。
4. 收益減少記在借方；收益增加記在貸方。
5. 費損增加記在借方；費損減少記在貸方。

　　簡而言之，在會計的概念裡，當會計交易發生時，必定會影響借貸兩方，且借貸兩方所影響之金額必定會相等，此即為借貸法則。

# 重點彙總

**Q1**：試簡易介紹何謂會計恆等式？

**Ans**：會計恆等式係以下列方程式表示：

$$資產＝負債＋權益$$

由上列之方程式可知：企業資產之來源有二，不是向他人借貸而來（負債）；便是由業主或股東所投資的（權益）。又因企業所發生之會計交易無論如何變化，等號兩邊之金額必定會相等，所以此方程式又稱為會計恆等式。

**Q2**：試解釋會計要素與會計項目之關係？

**Ans**：會計三大要素分別為資產、負債與權益；而會計五大要素則為資產、負債、權益、收益與費損等五項。若將會計五要素—資產、負債、權益、收益與費損，先按照性質別予以區分後；再將每一性質別予以分類，便構成許多會計項目。

**Q3**：試說明會計帳戶之功用？

**Ans**：會計帳戶是用來累計各項會計交易對各個會計項目之影響，等到會計期間結束時，便可彙整出每一個會計項目於該期間金額之變化與期末之餘額，以供期末編製財務報表。

**Q4**：試說明借貸方之意義？

**Ans**：會計帳戶之原始狀態如下：

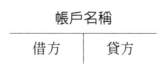

| 帳戶名稱 | |
| --- | --- |
| 借方 | 貸方 |

帳戶中之借方與貸方，並沒有特別之意義。僅是在會計記錄之過程中，均以借方與貸方來取代加減的方向。若將金額記入借方則稱為借

記；而將金額記入貸方則稱爲貸記。特別要注意的是，帳户借貸方之方向是不能隨意更改的，帳户的左邊一定是借方；而帳户的右邊一定是貸方。

**Q5** ：試簡單說明何謂借貸法則？

**Ans** ：借貸法則，係指當會計交易發生時，依據「有借必有貸，借貸必相等」之原理，將每一會計交易影響所及之會計項目，視其增減變化，區分哪一個應記入借方，哪一個應記入貸方之原則。借貸法則於會計五大要素可歸納如下：

1. 資產增加記在借方；資產減少記在貸方。
2. 負債減少記在借方；負債增加記在貸方。
3. 權益減少記在借方；權益增加記在貸方。
4. 收益減少記在借方；收益增加記在貸方。
5. 費損增加記在借方；費損減少記在貸方。

簡而言之，在會計的概念裡，當會計交易發生時，必定會影響借貸兩方，且借貸兩方所影響之金額必定會相等，此即爲借貸法則。

**本章習題**

## 一、選擇題

( )1. 下列交易事件，何者不須經過特別授權　(A)交易性質特殊　(B)交易金額重大　(C)例行性交易　(D)異常交易。

( )2. 下列有關無形資產之攤銷何者錯誤　(A)有確定年限者，應於耐用期間內，按合理而有系統之方法攤銷　(B)非確定年限者，不得攤銷　(C)企業至少於會計年度終了時評估攤銷期間及攤銷方法　(D)耐用年限與原評估不同時，視爲會計政策之變動。

( )3. 期末權益與期初權益之差額，下列選項何者最佳？　(A)業主提取　(B)本期淨利　(C)本期淨利減業主提取　(D)業主提取減本期淨利。

( )4. 應收帳款$2,000，經收回$800，此對於資產負債表的影響爲　(A)總資產減少，負債和權益不變　(B)應收帳款減少$800，權益也減少$800　(C)現金增加$800，權益也增加$800　(D)總資產、負債及權益均無變動。

( )5. 收到客戶尚未承兌的匯票暫列　(A)應付票據　(B)應收票據　(C)應付帳款　(D)應收帳款。

( )6. 預收款項中，未實現部分爲　(A)負債性質　(B)收益性質　(C)費損性質　(D)資產性質。

( )7. 年終多提預期信用減損損失（呆帳損失）將使　(A)費損多計　(B)費損少計　(C)收益多計　(D)資產多計。

( )8. 不動產、廠房及設備用直線法計算折舊，則每年終調整後之帳面金額　(A)各年相等　(B)逐年遞增　(C)逐年遞減　(D)不一定。

( )9. 費損類帳戶通常產生　(A)不一定　(B)借差　(C)無餘額　(D)貸差。

(　)10. 收到客戶償付貨欠，該筆交易會影響哪些財務報表要素　(A)資產增加、負債增加　(B)資產增加、資產減少　(C)負債增加、負債減少　(D)資產減少、負債減少。

(　)11. 太田公司自裝汽車以供公司員工上下班作交通車用，此車輛為太田公司的　(A)遞延費用　(B)無形資產　(C)流動資產　(D)不動產、廠房及設備。

(　)12. 銷貨運費應屬於　(A)營業費用　(B)銷貨成本　(C)銷貨收入之減項　(D)營業外支出。

(　)13. 溢收租金予以退回，其結果會使　(A)資產增加、收益增加　(B)資產減少、收益減少　(C)資產減少、收益增加　(D)負債減少、收益減少。

(　)14. 年終不提預期信用減損損失（呆帳損失）將使　(A)資產多計　(B)損益不受影響　(C)費損多計　(D)資產少計。

(　)15. 下列何者不是無形資產　(A)商標權　(B)開辦費　(C)特許權　(D)專利權。

(　)16. 廣告費及樣品贈送屬　(A)銷售費用　(B)財務費用　(C)銷貨成本　(D)管理費用。

(　)17. 某年初購機器一台成本$100,000，運費及安裝費$5,000，預計可使用 10 年，殘值$10,000，按直線法提折舊，第 6 年初機器的帳面金額為　(A)$50,000　(B)$57,500　(C)$40,000　(D)$47,500。

(　)18. 收到楊先生匯來款項$30,000，未言明其用途，即轉入本店存款帳戶，則應貸記　(A)預付貨款$30,000　(B)暫收款$30,000　(C)暫付款$30,000　(D)預收貨款$30,000。

(　)19. 下列哪一個會計項目是虛帳戶？　(A)設備成本　(B)預期信用減損損失　(C)用品盤存　(D)預收收入。

（　）20. 設買賣條件為目的地交貨，出售商品時，賣方支付運費，則賣方分錄應借記　(A)暫付款　(B)銷貨運費　(C)進貨運費　(D)應付帳款。

（　）21. 購買郵票$450 及影印紙$400，帳上應借記　(A)文具用品$850　(B)郵電費$850　(C)郵電費$450、文具用品$400　(D)郵電費$450、運費$400。

（　）22. 賒購商品，定價$6,000，商業折扣10％，現金折扣2％，在折扣期間內付款時應　(A)借記應付帳款$5,880　(B)貸記現金$5,292　(C)貸記應付帳款$5,292　(D)借記現金$5,292。

（　）23. 商店向中華電信公司繳納電話費應借記　(A)郵電費　(B)水電費　(C)暫付款　(D)運費。

（　）24. 客戶訂購商品預先支付訂金應　(A)借記存入保證金　(B)借記預收貨款　(C)貸記存入保證金　(D)貸記預收貨款。

（　）25. 高雄商店於年初購入機器一部$350,000，估計可用 6 年，殘值$50,000，採平均法提列折舊，則第三年底調整後，帳面金額為　(A)$50,000　(B)$100,000　(C)$150,000　(D)$200,000。

（　）26. 下列哪一個項目是實帳戶　(A)預收收入　(B)利息費用　(C)銷貨收入　(D)薪資支出。

（　）27. 下列敘述何者錯誤　(A)收益及費損決定損益　(B)收益增加及業主增資均將使權益增加　(C)公司向銀行借款作為週轉用，將使公司之資產減少及負債增加　(D)公司以現金購買設備對公司帳上資產總額不會造成影響。

（　）28. 銀行透支是屬於　(A)資產　(B)負債　(C)權益　(D)收益。

（　）29. 處分不動產、廠房及設備損失是屬於何種會計項目類別　(A)資產類　(B)收益類　(C)費損類　(D)權益類。

（　）30. 分析交易事項影響財務報表要素，下列何者不可能發生　(A)收益增加、權益增加　(B)收益增加、收益減少　(C)收益增加、費損增加　(D)權益增加、權益減少。

( )31. 企業籌備期間支付因設立所發生的必要支出應以　(A)廣告費　(B)開辦費　(C)旅費　(D)雜費項目入帳。

( )32. 下列敘述何者錯誤　(A)資產＝負債＋權益　(B)負債－權益＝資產　(C)資產－權益＝負債　(D)權益＝資產－負債。

( )33. 以現金購買土地，使資產總額　(A)增加　(B)減少　(C)不變　(D)不一定。

( )34. 根據借貸法則，下列何者屬於收益減少與資產減少　(A)溢收的佣金收入以現金退還客戶　(B)利息收入轉入本期損益　(C)溢收的佣金收入尚待退還　(D)佣金收入誤為利息收入。

( )35. 房屋一棟成本$2,800,000，估計可用 20 年，殘值$100,000，採直線法提列折舊，則第 3 年的折舊金額應為　(A)$135,000　(B)$270,000　(C)$405,000　(D)$540,000。

( )36. 進貨運費應列為　(A)進貨的加項　(B)費用　(C)營業外支出　(D)進貨成本的減項。

## 二、計算題

1. 【利用會計恆等式，求未知數】

   請將適當金額填入下列空格(a)至(f)：

   | 期初：資產 | $190,000 | $160,000 | (e) |
   |---|---|---|---|
   | 負債 | 40,000 | (c) | $150,000 |
   | 權益 | (a) | 70,000 | 180,000 |
   | 期末：資產 | 240,000 | 158,000 | 270,000 |
   | 負債 | 60,000 | 50,000 | 170,000 |
   | 權益變動： | | | |
   | 業主投資 | (b) | 20,000 | 30,000 |
   | 業主提取 | 42,000 | (d) | 24,000 |
   | 總收益 | 85,000 | 95,000 | 120,000 |
   | 總費損 | 65,000 | 60,000 | (f) |

2. 【以會計恆等式分析交易】

   派克書局本月份的交易分析表如下：

   | | 現金 + | 應收帳款 + | 用品盤存 + | 設備成本 = | 應付帳款 + | 權益 |
   |---|---|---|---|---|---|---|
   | (1) | $100,000 | | | | | $100,000 投資 |
   | (2) | −9,000 | | 9,000 | | | |
   | (3) | −2,000 | | | 7,000 | 5,000 | |
   | (4) | 2,200 | 1,800 | | | | 4,000 收入 |
   | (5) | −2,500 | | | | −2,500 | |
   | (6) | −1,500 | | | | | −1,500 業主往來 |
   | (7) | −800 | | | | | −800 租金費用 |
   | (8) | 1,400 | −1,400 | | | | |
   | (9) | −600 | | | | | −600 薪資費用 |
   | (10) | | | | | 500 | −500 水電費用 |

試作：

(1)計算本月之損益。

(2)計算本月之權益變動數。

3. 【利用會計恆等式，求未知數】

嘉嘉商店 109 年 1 月 1 日有資本$600,000，109 年中業主曾提取$100,000，並未增加投資。109 年 12 月 31 日財務狀況表所列資料如下：

| 現　　金 | $100,000 | 預收款項 | $40,000 |
|---|---|---|---|
| 應收帳款 | 70,000 | 存　　貨 | 60,000 |
| 應付帳款 | 110,000 | 房屋及建築成本 | 250,000 |
| 預付費用 | 20,000 | 運輸設備成本 | 40,000 |

試作：嘉嘉商店 109 年度的損益。

4. 【利用會計恆等式，計算本期淨利】

大家商行 109 年資產與負債之資料如下：

| | 總　資　產 | 總　負　債 |
|---|---|---|
| 109 年 1 月 1 日 | $305,000 | $80,000 |
| 109 年 12 月 31 日 | 350,000 | 145,000 |

試依下列情況，計算大家商行 109 年度之淨利（或淨損）。

情況一：本期無業主投資亦無業主提取。

情況二：本期無業主投資，但業主提取$25,000。

情況三：本期業主投資$15,500，無業主提取。

情況四：本期業主投資$25,500，業主提取$10,000。

情況五：本期業主投資$5,000，無業主提取。

5.　【交易之分析】

　　普羅公司 109 年九月份發生下列交易：

　　⑴業主投資現金。

　　⑵以現金購買機器設備。

　　⑶向銀行貸款購買運輸設備。

　　⑷支付九月份之水電瓦斯費。

　　⑸應收帳款收現。

　　⑹業主提取現金自用。

　　試作：上述交易各會影響哪些會計要素？

6.　【交易之分析】

　　聯強電腦專賣店今年 7 月份發生的交易如下：

　　⑴支付店面租金$31,500。

　　⑵賒購印表機設備。

　　⑶收到 6 月份銷貨的貨款。

　　⑷為潤泰公司提供軟體服務，得款$20,000。

　　⑸支付 7 月份水費$5,000。

　　⑹支付 6 月份的員工薪資。

　　⑺業主投入現金$20,000，償還商店之債務。

　　⑻收到電費通知單$8,000，尚未支付。

　　⑼償還印表機設備的價款。

　　⑽出租電腦給大勝公司，收到租金$15,000。

　　以上之交易可能導致之結果如下，請指出每一交易的正確結果：

　　　　①某一種資產增加，另一種資產減少。

　　　　②資產增加，權益增加。

　　　　③資產增加，負債增加。

　　　　④資產減少，權益減少。

⑤資產減少，負債減少。

⑥負債增加，權益減少。

⑦負債減少，權益增加。

7. 【利用會計恆等式分析交易】

試依會計恆等式分析下列交易。（增加請填「＋」，減少請填「－」）

| | 資產 | ＝ | 負債 | ＋ | 權益 |
|---|---|---|---|---|---|
| (1) 提供服務並收取現金 | | | | | |
| (2) 賒購電腦設備 | | | | | |
| (3) 支付員工薪水 | | | | | |
| (4) 業主提取現金自用 | | | | | |
| (5) 向銀行短期貸款 | | | | | |
| (6) 顧客賒欠勞務收入 | | | | | |
| (7) 應收帳款收現 | | | | | |
| (8) 支付當月份水電費 | | | | | |
| (9) 支付賒購電腦設備所欠之款項 | | | | | |
| (10) 賒購用品 | | | | | |

8. 【財務報表之觀念】

試指出下列項目出現於何種報表：(1)綜合損益表　(2)權益變動表 (3)財務狀況表。

(1)勞務收入　　　　(7)保留盈餘

(2)郵電費　　　　　(8)旅費

(3)應收帳款　　　　(9)應收票據

(4)資本　　　　　　(10)機器設備成本

(5)辦公設備成本　　(11)廣告費

(6)應付票據　　　　(12)現金

9. 【會計項目之觀念】

試指出下列項目各為資產項目（請以 A 表示）、負債項目（請以 L 表示）、權益項目（請以 OE 表示）、收益項目（請以 R 表示）或為費損項目（請以 E 表示）。

(1)服務收入　　　　　　⑾租金收入

(2)現金　　　　　　　　⑿處分資產損失

(3)業主提取　　　　　　⒀長期借款

(4)應付票據　　　　　　⒁保留盈餘

(5)應收帳款　　　　　　⒂薪資支出

(6)租金支出　　　　　　⒃進貨費用

(7)廣告費　　　　　　　⒄預收款項

(8)股本　　　　　　　　⒅各項攤提

(9)應付帳款　　　　　　⒆水電瓦斯費

⑽辦公設備成本　　　　⒇存貨

# 4
## Chapter

# 會計交易之作業程序

**學習目標**

- 會計循環之意義
- 會計憑證概要
- 日記簿概要
- 分類帳概要

- 試算表概要
- 調整分錄概要
- 結帳分錄概要
- 更正分錄概要

# 一、會計循環之意義

　　會計循環係指每一會計期間均重複循環一連串的會計處理程序。**更詳細地說**，會計循環係指企業在每一會計期間內，從「發生交易」、「分析交易」、「分錄」、「過帳」、「試算」、「調整」、「結帳」至「編表」等會計作業程序均會週而復始地進行。記得在本書第一章便曾經介紹過「會計之程序」嗎？會計之程序主要包括七個步驟：辨認、衡量、記錄、分類、彙總、分析與溝通。有沒有覺得跟會計循環有所關連呢？您們想得沒錯！會計七步驟中的五個步驟：辨認、衡量、記錄、分類以及彙總便等同於整個會計循環之作業程序。茲列表說明於下：

| 項次 | 會計步驟 | 會計循環 | 產生之帳冊表單 |
|------|---------|---------|--------------|
| 1. | 辨認 | 發生會計交易 | 原始憑證 |
| 2. | 衡量 | 分析會計交易 | 記帳憑證（又稱傳票） |
| 3. | 記錄 | 分錄 | 日記簿 |
| 4. | 分類 | 過帳 | 分類帳 |
| 5. | 彙總 | 試算 | 試算表 |
| 6. | 記錄與分類 | 調整 | 日記簿與分類帳 |
| 7. | 記錄與分類 | 結帳 | 日記簿與分類帳 |
| 8. | 彙總 | 編表 | 財務報表 |

　　在上列表格中，項次 1 到項次 5 為平時之會計作業程序；而項次 6 到 8 則為期末之會計作業程序。此些會計作業程序一期又一期地週而復始，故謂之為會計循環。關於會計循環下之各項會計作業程序與其所產生之帳冊表單，將依序於本章下列各節逐一介紹。

# 二、會計憑證概要

會計憑證可分為原始憑證與記帳憑證兩類。

## (一) 原始憑證

當會計交易發生時，便會產生發票、收據等原始交易單據來證明交易之存在，此些交易單據便稱為原始憑證。原始憑證依其來源又可分為外來憑證、對外憑證與內部憑證。

### 1. 外來憑證

係對外交易時，由企業以外之個體交付與企業的憑證，稱為外來憑證。例如：付款收據、進貨發票等。

### 2. 對外憑證

係對外交易時，由企業交付與企業以外之個體的憑證，稱為對外憑證。例如：收款收據、銷貨發票等。

### 3. 內部憑證

係企業內部自行製作並保存，未交付至企業以外之個體的憑證，稱為內部憑證。例如：領料單、請購單等。

## (二) 記帳憑證

記帳憑證係企業根據原始憑證另行編製的憑證，以作為入帳之依據，又稱為傳票。依據我國商業會計法第十七條規定，傳票可分為下列三種：

## 1. 現金收入傳票

現金收入傳票係用來記載純現金收入交易之傳票。所謂純現金收入交易，係指交易之借方一定只有「現金」這個會計項目，由於借方項目一定只有「現金」此一項目，所以現金收入傳票上僅須記載貸方項目與其金額即可，不必再多此一舉地列出借方項目與其金額。現金收入傳票之內容與格式列示於下：

現金收入傳票

| 總號 | |
| --- | --- |
| 現入號數 | |

貸　　　　　　　　　　中華民國 109 年 12 月 20 日

| 會計項目 | 分頁 | 摘要 | 金額 | | | | | | | | |
| --- | --- | --- | --- | --- | --- | --- | --- | --- | --- | --- | --- |
| | | | 億 | 千 | 百 | 十 | 萬 | 千 | 百 | 十 | 元 |
| 服務收入 | | | | | | 2 | 2 | 0 | 0 | 0 | 0 |
| | | | | | | | | | | | |
| | | | | | | | | | | | |
| | | | | | | | | | | | |
| | | | | | | | | | | | |
| 合計 | | | | | | 2 | 2 | 0 | 0 | 0 | 0 |

附單據 1 張

核准　　　會計　　　覆核　　　出納　　　登帳　　　製單

## 2. 現金支出傳票

現金支出傳票係用來記載純現金支出交易之傳票。所謂純現金支出交易，係指交易之貸方一定只有「現金」這個會計項目，由於貸方項目一定只有「現金」此一項目，所以現金支出傳票上僅須記載借方項目與其金額即可，不必再多此一舉地列出貸方項目與其金額。現金支出傳票之內容與格式列示於下：

現金支出傳票

| 總號 | |
|---|---|
| 現入號數 | |

借　　　　　　　　　中華民國 109 年 12 月 20 日

| 會計項目 | 分頁 | 摘要 | 金額 | | | | | | | | |
|---|---|---|---|---|---|---|---|---|---|---|---|
| | | | 億 | 千 | 百 | 十 | 萬 | 千 | 百 | 十 | 元 |
| 水電瓦斯費 | | | | | | | 2 | 0 | 0 | 0 | 0 |
| | | | | | | | | | | | |
| | | | | | | | | | | | |
| | | | | | | | | | | | |
| | | | | | | | | | | | |
| 合計 | | | | | | | 2 | 0 | 0 | 0 | 0 |

附單據 1 張

核准　　　　會計　　　　覆核　　　　出納　　　　登帳　　　　製單

3. 轉帳傳票

轉帳傳票係用來記載非現金交易與混合交易之傳票。所謂非現金交易，係指交易之借貸方均與「現金」這個會計項目無關；而所謂混合交易，係指交易之借貸方均同時包括「現金」與其他項目。由於轉帳傳票上之借方項目與貸方項目皆不固定，所以轉帳傳票之借貸方項目與金額均須記載。轉帳傳票之內容格式列示於下：

### 轉帳傳票

| 總號 | |
|---|---|
| 現入號數 | |

借　　　　　　　　　中華民國 109 年 12 月 20 日　　　　　　　　　貸

| 會計項目 | 分頁 | 摘要 | 金額 | | | | | | | | | 會計項目 | 分頁 | 摘要 | 金額 | | | | | | | | |
|---|---|---|---|---|---|---|---|---|---|---|---|---|---|---|---|---|---|---|---|---|---|---|---|
| | | | 億 | 千 | 百 | 十 | 萬 | 千 | 百 | 十 | 元 | | | | 億 | 千 | 百 | 十 | 萬 | 千 | 百 | 十 | 元 |
| 存貨 | | | | | | | 3 | 6 | 5 | 0 | 0 | 應付票據 | | | | | | | 3 | 6 | 5 | 0 | 0 |
| | | | | | | | | | | | | | | | | | | | | | | | |
| | | | | | | | | | | | | | | | | | | | | | | | |
| | | | | | | | | | | | | | | | | | | | | | | | |
| | | | | | | | | | | | | | | | | | | | | | | | |
| 合計 | | | | | | | 3 | 6 | 5 | 0 | 0 | 合計 | | | | | | | 3 | 6 | 5 | 0 | 0 |

附單據 1 張

核准　　　會計　　　覆核　　　出納　　　登帳　　　製單

由上列之介紹可知，傳票具有以下兩項功能：

1. 將原始憑證黏附於傳票之後，按照時間先後將傳票裝訂成冊，加以保存，待日後方便外部查核。

2. 會計交易相關之經辦人員，應分別在傳票上簽章，可以確定各人之責任，以收內部稽核之效。

---

【釋例】　會計憑證

（ B ）1. 員工出差取得的車票存根是屬於：　(A)對外憑證　(B)外來憑證　(C)內部憑證　(D)記帳憑證。

（ B ）2. 現購商品，採複式傳票應編製：　(A)現金收入傳票　(B)現金支出傳票　(C)轉帳傳票。

（ ○ ）3. 轉帳傳票是用來記載非現金交易與混合交易之傳票。

（ × ）4. 現金收入傳票是記載純屬現金支付的會計事項，也就是說貸方一定為「現金」項目。

---

# 三、日記簿概要

傳票編製完成後，接下來便要依據傳票所記載之事項，按照時間的先後，將交易發生之借貸項目與金額記入日記簿；此記入日記簿之程序，便稱為「作分錄」。

## (一) 分錄之概念

分錄之格式，為借方項目記於上方，貸方項目記於下方，借貸方項目中間需間隔一段距離。

作分錄之步驟有三，分別敘述於下：

1. 分析交易所影響之會計項目為何。
2. 分析會計項目之借貸方向與金額，且借方總金額必須等於貸方總金額。
3. 執行分錄。

【釋例】 李欣欣於109年1月1日投資$3,000,000成立大興公司,試問其分錄為何?

解 步驟一:分析交易所影響之會計項目為何?

由題目可知:所影響之會計項目為「現金」與「業主資本」。

步驟二:分析會計項目之借貸方向與金額各為何?

由題目可知:大興公司之現金增加$3,000,000,應列為借方。大興公司之業主資本增加$3,000,000,應列為貸方。

步驟三:執行分錄。

分錄為

現金　　　　　　　　　3,000,000

　　業主資本　　　　　　　　　　3,000,000

是不是很簡單呢?

## (二) 日記簿之概念

　　前面所介紹之分錄，為了方便企業查閱，均按照時間發生先後集中記載於日記簿中。由於一有交易發生，便記錄於此會計帳簿，所以日記簿又稱為原始記錄簿；又因記錄係依照時間發生之先後，故又稱為序時帳簿。

　　日記簿之內容與格式列示於下：

| 109 年 月 | 109 年 日 | 傳票號碼 | 會計項目 | 摘要 | 類頁 | 借方金額 | 貸方金額 |
|---|---|---|---|---|---|---|---|
| 1 | 1 | CR930101001 | 現　　金<br>業主資本 | 業主投資<br>現　　金 | 1<br>30 | 3,000,000 | 3,000,000 |
| | | | | | | | |
| | | | | | | | |
| | | | | | | | |
| | | | | | | | |
| | | | | | | | |
| | | | | | | | |
| | | | | | | | |

　　由上列格式可知，日記簿之內容包括下列各項：

1. 交易之日期。
2. 傳票之號碼。
3. 會計項目。
4. 會計摘要。
5. 類頁：為所過分類帳之頁次，分類帳之說明請詳下一小節。
6. 借貸方之金額。

# 四、分類帳概要

前述日記簿之記錄，只可以說明每一次交易之情形與其對會計項目的影響。若要統計出一連串的會計交易對各個會計項目之總體影響，則需要一番的分類與整理。此項分類整理之動作在會計上便稱為「過帳」；更詳細地說，「過帳」係指將日記簿所記錄之交易，依項目別轉列於分類帳的程序。

## (一) 過帳之概念

過帳係指將日記簿所記錄之交易，依項目別轉列於分類帳的程序。過帳之步驟主要有下：

1. 將分錄按項目別轉列至分類帳：將日記簿中之會計交易，按項目別轉列入分類帳。
2. 將分錄之日期轉列至分類帳：將日記簿中會計交易之日期，轉列於分類帳之日期欄。
3. 將分錄之相對項目轉列至分類帳之摘要：將步驟 1 之相對項目轉列至分類帳之摘要欄。
4. 將分錄之借貸方金額轉列至分類帳之金額：將日記簿中會計交易之金額，轉列於分類帳之金額欄。
5. 將日記簿之頁次，轉記入分類帳之日頁欄。
6. 將過入分類帳之頁次，填入日記簿之類頁欄。

上述過帳之六步驟，務請讀者不要死記，只要搭配下節「分類帳概要」之圖示解說予以瞭解即可。

這個地方讀者千萬不要死記哦！！

## (二) 分類帳之概念

　　分類帳係以會計項目爲單位，記錄每一會計項目在整個會計期間中的變動情形。當分類帳記錄每一會計項目在整個會計期間中的變動情形之後，便可彙整出最後之餘額，此餘額即爲編製財務報表之依據。

　　下列以圖解來說明「日記簿」與「分類帳」之關係，務使讀者能夠更瞭解「過帳」此會計程序。

【 日記簿 】：

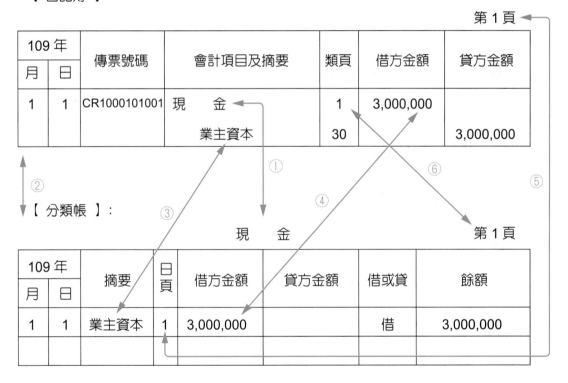

第 1 頁

| 109 年 | | 傳票號碼 | 會計項目及摘要 | 類頁 | 借方金額 | 貸方金額 |
|---|---|---|---|---|---|---|
| 月 | 日 | | | | | |
| 1 | 1 | CR1000101001 | 現　　金 | 1 | 3,000,000 | |
| | | | 業主資本 | 30 | | 3,000,000 |

【 分類帳 】：

現　　金　　　　　　第 1 頁

| 109 年 | | 摘要 | 日頁 | 借方金額 | 貸方金額 | 借或貸 | 餘額 |
|---|---|---|---|---|---|---|---|
| 月 | 日 | | | | | | |
| 1 | 1 | 業主資本 | 1 | 3,000,000 | | 借 | 3,000,000 |
| | | | | | | | |

業主資本　　　　　　第 30 頁

| 109 年 | | 摘要 | 日頁 | 借方金額 | 貸方金額 | 借或貸 | 餘額 |
|---|---|---|---|---|---|---|---|
| 月 | 日 | | | | | | |
| 1 | 1 | 業主資本 | 1 | | 3,000,000 | 貸 | 3,000,000 |
| | | | | | | | |

# 五、試算表概要

「過帳」是指將日記簿所記錄之交易,依項目別轉列於分類帳,以做為編製財務報表之依據。因此若過帳之前的會計程序有所錯誤,產生之影響不可謂之不大;所以在會計上,便有一道驗證帳務處理是否正確的順序,稱作「試算」,而試算工作下之產物,則稱為「試算表」。

## (一) 試算之概念

試算係指將整個會計期間所發生會計交易之借方總金額與貸方總金額相加總,依據借貸法則,視借貸是否平衡,來驗證過帳是否正確的會計程序。

值得注意的是,如果試算結果發現借貸不平衡,固然表示帳務處理過程中必然有一些錯誤發生,但即使試算結果發現借貸平衡,亦不能保證帳務處理完全正確,因為有一些帳務處理之錯誤,例如:分錄重複過帳、分錄整筆漏未過帳等,是不會影響借貸平衡的。

[釋例一] 阿美早餐店於 109 年 10 月底之會計項目餘額如下:現金 90,000;存貨 25,000;應付帳款 25,000;業主資本 100,000;薪資費用 10,000,試根據上述資訊編製阿美早餐店 109 年 10 月底的試算表。

[解]

阿美早餐店
試算表
109 年 10 月 31 日

| 會計項目 | 借方金額 | 貸方金額 |
|---|---|---|
| 現　　金 | $90,000 | |
| 存　　貨 | 25,000 | |
| 應付帳款 | | $25,000 |
| 業主資本 | | 100,000 |
| 薪資支出 | 10,000 | |
| 合計 | $125,000 | $125,000 |

[釋例二]　( D )1.試算表之編製時間，應：　(A)每日一次　(B)每月一次
　　　　　(C)每年一次　(D)視實際需要。
　　　　( D )2.下列何者非試算表的功用：　(A)驗證帳冊之紀錄有無錯
　　　　　誤　(B)可作為編製報表之依據　(C)可了解營業狀況
　　　　　(D)了解一筆交易之全貌。

## (二) 試算表之概念

試算工作下之產物，稱為「試算表」。試算表之內容與格式如下：

|  |  |  |
| --- | --- | --- |
| 大興公司 試算表 109 年 12 月 31 日 | | |
| 會計項目 | 借方金額 | 貸方金額 |
| 現　　金 | $200,000 | |
| 應收帳款 | 648,500 | |
| 應收票據 | 280,000 | |
| 文具用品 | 1,500 | |
| 辦公設備 | 180,000 | |
| 應付帳款 | | $60,000 |
| 應付票據 | | 48,000 |
| 業主資本 | | 3,000,000 |
| 勞務收入 | | 36,000 |
| 薪資支出 | 600,000 | |
| 水電瓦斯費 | 150,000 | |
| 交通費 | 300,000 | |
| 交際費 | 740,000 | |
| 雜　　費 | 44,000 | |
| 合計 | $3,144,000 | $3,144,000 |

由上列試算表之格式內容，可以得知試算表可分爲表首與表身兩部分。表首又包含三個部分：分別爲企業名稱、報表名稱與時間；而表身則包括有會計項目名稱、借方金額與貸方金額等三個部分。值得注意的是，試算表係表達各個會計項目於會計期間結束時之餘額，所以是一個「時點」的概念，而非期間的概念。所以上列試算表中的時間，爲 109 年 12 月 31 日這個時間點，而非 109 年 1 月 1 日至 109 年 12 月 31 日這段會計期間。

# 六、調整分錄概要

## (一) 調整之概念

於本書之第二章曾經提及過，依據會計之收入認列原則與配合原則，企業應採取應計基礎來計算公司之損益。但是爲求帳務處理之方便，有些會計交易並未完全依照應計基礎予以入帳，因此企業在每一會計期間結束後，編製財務報表之前，會根據實際情況做必要的修正，以便使各會計項目之餘額與實際情況相符，此一修正的程序便稱爲「調整」。

## (二) 調整分錄之概念

調整分錄係爲了達到調整之目的所做的分錄。調整分錄又可依性質分爲三大類，而每一大類又可再細分爲二小類。茲分別說明於下：

1. 預計項目之調整
   (1) 預付費用之調整：係指費用已經支付，但仍未使用相關之商品或勞務者，此項目應列爲「資產」類項目。
   (2) 預收收入之調整：係指收入已經收現，但仍未提供相關之商品或勞務者，此項目應列爲「負債」類項目。

2. 應計項目之調整
   (1) 應收收入之調整：係指收入尚未收現，但已提供相關之商品或勞務者，此項目應列爲「資產」類項目。

(2)　應計費用之調整：係指費用尚未支付，但已使用相關之商品或勞務者，此項目應列為「負債」類項目。

## 3. 估計項目之調整

估計項目包含之範圍很廣，主要有壞帳的估計、折舊的估計、折耗的估計、攤銷的估計等。本書籍僅限於會計學基礎範圍之介紹，故暫不討論此部份的內容，以免給與讀者過度龐大的負擔。

## (三) 調整分錄之釋例

調整分錄往往是許多讀者感到困惑的地方，因此本書在此以四個釋例來分別解說預計項目與應計項目之調整。在以實例講解之前，讀者需先有實帳戶與虛帳戶之概念。

1. **實帳戶**：又稱永久性帳戶。係為資產類、負債類及權益類等會計項目。此類帳戶於下一會計期間開始時，其帳戶金額並沒有歸零，再重新開始計算，而係從上期餘額結轉而來，持續累計，具有永久性，所以稱為實帳戶（永久性帳戶）。

2. **虛帳戶**：又稱臨時性帳戶。係為收益類與費損類等會計項目。此類帳戶於下一會計期間開始時，其帳戶金額歸零，並重新開始計算，不具有永久性，故又稱為虛帳戶（臨時性帳戶）。

另外要特別說明的是，預計項目的交易於平時之分錄與期末之調整分錄，可區分為下列兩種方式：

## 1. 記實轉虛法

所謂記實轉虛法，是指會計交易發生時先記在實帳戶，等到期末時再將已經實現的部分調整成虛帳戶。

## 2. 記虛轉實法

所謂記虛轉實法，是指會計交易發生時先記在虛帳戶，等到期末時再將未實現的部分調整成實帳戶。

現在用實例來講解調整分錄之觀念。

[釋例一] 預付費用之調整

大興公司於109年4月1日支付了一年十二個月的租金$24,000。
試分別依「記實轉虛法」與「記虛轉實法」做109年4月1日之
分錄與年底之調整分錄？

**解** (1)記實轉虛法：

| 4/1 | 預付租金 | 24,000 | |
| | 現　　金 | | 24,000 |

4/1之分錄先記在「預付租金」這個實帳戶。

| 12/31 | 租金費用 | 18,000 | |
| | 預付租金 | | 18,000 |

12/31的調整分錄再將已經實現的部分（109/4/1到
109/12/31之租金）$18,000調整成「租金費用」這個虛帳戶。

(2)記虛轉實法：

| 4/1 | 租金費用 | 24,000 | |
| | 現　　金 | | 24,000 |

4/1之分錄先記在「租金費用」這個虛帳戶。

| 12/31 | 預付租金 | 6,000 | |
| | 租金費用 | | 6,000 |

12/31的調整分錄再將尚未實現的部分（110/1/1到110/4/1之
租金）$6,000調整成「預付租金」這個實帳戶。

[釋例二]　預收收入之調整

大興公司於 109 年 8 月 1 日預先收到了一年十二個月的管理服務
收入$36,000。試分別依「記實轉虛法」與「記虛轉實法」做 109
年 8 月 1 日之分錄與年底之調整分錄？

解　(1)記實轉虛法：

| | | | |
|---|---|---|---|
| 8/1 | 現　　　金 | 36,000 | |
| | 　預收管理服務收入 | | 36,000 |

8/1 之分錄先記在「預收管理服務收入」這個實帳戶。

| | | | |
|---|---|---|---|
| 12/31 | 預收管理服務收入 | 15,000 | |
| | 　管理服務收入 | | 15,000 |

12/31 的調整分錄再將已經實現的部分（109/8/1 到 109/12/31
之服務收入）$15,000 調整成「管理服務收入」這個虛帳戶。

(2)記虛轉實法：

| | | | |
|---|---|---|---|
| 8/1 | 現　　　金 | 36,000 | |
| | 　管理服務收入 | | 36,000 |

8/1 之分錄先記在「管理服務收入」這個虛帳戶。

| | | | |
|---|---|---|---|
| 12/31 | 管理服務收入 | 21,000 | |
| | 　預收管理服務收入 | | 21,000 |

12/31 的調整分錄再將尚未實現的部分（110/1/1 到 110/8/1 之
收入）$21,000 調整成「預收管理服務收入」這個實帳戶。

[釋例三]　應收收入之調整

大興公司於 109 年 12 月 11 日收到大立公司開出的年息 6 ％，3 個月期之票據$300,000。試做年底之調整分錄？

解　300,000×6％×20/365 ＝ 986

12/31　應收利息　　　　　986
　　　　　利息收入　　　　　　　　986

[釋例四]　應付費用之調整

大興公司於 109 年 10 月 1 日向大眾銀行借款$1,000,000，年息 6％，半年計息一次。試做年底之調整分錄？

解　1,000,000×6％×3/12 ＝ 15,000
12/31　利息費用　　　　　15,000
　　　　　應付利息　　　　　　　　15,000

經過這 4 個釋例，您是不是更了解了呢？

# 七、結帳分錄概要

## (一) 結帳之概念

　　結帳係指會計期間結束時，將收益、費損等虛帳戶予以歸零，以便下一次之會計期間開始時得以重新計算之程序。

## (二) 結帳分錄之概念

因為結帳所做的分錄便稱為結帳分錄。在這邊先提醒讀者，在執行結帳分錄的過程中，會有「本期損益」此過渡性項目之出現，此項目係用來結清各項虛帳戶，使當期淨利或淨損能明白顯示之用。等一下本書會詳細說明此帳戶之用途。

結帳的步驟主要有四項，茲分別說明如下：

1. **將收益類之虛帳戶餘額結清**：在正常情況下，收益類之會計項目餘額為貸方餘額，欲將收益類會計項目之餘額結清，僅需將此些項目記在借方即可。此步驟下之結帳分錄內容如下：

    收益類會計項目　　　　　XXX
    　　本期損益　　　　　　　　　　XXX

此分錄利用「本期損益」這個過渡性項目來結清收益類會計項目之餘額。

2. **將費損類之虛帳戶餘額結清**：在正常情況下，費損類之會計項目餘額為借方餘額，欲將費損類會計項目之餘額結清，僅需將此些項目記在貸方即可。此步驟下之結帳分錄內容如下：

    本期損益　　　　　　　XXX
    　　費損類會計項目　　　　　　XXX

此分錄利用「本期損益」這個過渡性項目來結清費損類會計項目之餘額。

3. **將「本期損益」此會計項目之餘額結清**：「本期損益」僅為企業結帳時的過渡性項目，主要用來顯示當期之淨利或淨損而已；由於上述之步驟1與2已達成此目標，所以「本期損益」的階段性任務已經完成，便可將此項目予以結清歸零。值得注意的是，在本期損益尚未結清歸零之前，讀者必須先搞清楚，若本期損益之餘額在借方，則當期損益則為淨損；若本期損益之餘額在貸方，則當期損益則為淨利。此步驟下之結帳分錄內容又可依損益情形與組織類別細分為下列六種情形：

| 項目 | 淨利 | 淨損 |
|---|---|---|
| 獨資 | 本期損益　　XXX<br>　　業主往來　　　XXX | 業主往來　　XXX<br>　　本期損益　　　XXX |
| 合夥 | 本期損益　　XXX<br>　　合夥人往來　　XXX | 合夥人往來　　XXX<br>　　本期損益　　　XXX |
| 公司 | 本期損益　　XXX<br>　　保留盈餘　　　XXX | 保留盈餘　　XXX<br>　　本期損益　　　XXX |

4. 將「業主往來」或「合夥人往來」此會計項目之餘額結清：此步驟下之結帳分錄內容如下：

| 項目 | 淨利 | 淨損 |
|---|---|---|
| 獨資 | 業主往來　　XXX<br>　　業主資本　　　XXX | 業主資本　　XXX<br>　　業主往來　　　XXX |
| 合夥 | 合夥人往來　　XXX<br>　　合夥人資本　　XXX | 合夥人資本　　XXX<br>　　合夥人往來　　XXX |

# 八、更正分錄概要

更正分錄係指在過帳程序後，方發現錯誤，為免要更改的地方太多，便直接以執行分錄的方式來更正，此時所做的分錄便稱為「更正分錄」。直接以下列釋例來解說如下：

[釋例一] 金額錯誤

大興公司現收一筆服務收入的款項為$6,500，金額卻誤記為$6,300並已過帳，試做一更正分錄以改正其錯誤？

解　更正分錄應為：

現　金　　　　　　200
　服務收入　　　　　　200

[釋例二]　項目錯誤

大興公司現收一筆服務收入的款項為$6,500，項目卻誤記為銷貨收入並已過帳，試做一更正分錄以改正其錯誤？

**解**　更正分錄應為：

| | | |
|---|---|---|
| 銷貨收入 | 6,500 | |
| 　服務收入 | | 6,500 |

# 重點彙總

**Q1**　：試簡易介紹何謂會計循環？

**Ans**　：會計循環意指每一會計期間均重複循環一連串的會計處理程序。更詳細地說，會計循環係指企業在每一會計期間內，從「發生交易」、「分析交易」、「分錄」、「過帳」、「試算」、「調整」、「結帳」至「編表」等會計作業程序均會週而復始地進行。

**Q2**　：試簡單介紹會計憑證之種類？

**Ans**　：會計憑證可分為原始憑證與記帳憑證兩類。而原始憑證與記帳憑證又可再細分為三類：

1. 原始憑證：原始憑證依其來源又可分為外來憑證、對外憑證與內部憑證三類。

　　⑴外來憑證：係對外交易時，由企業以外之個體交付與企業的憑證，稱為外來憑證。例如：付款收據、進貨發票等。

　　⑵對外憑證：係對外交易時，由企業交付與企業以外之個體的憑證，稱為對外憑證。例如：收款收據、銷貨發票等。

　　⑶內部憑證：係企業內部自行製作並保存，未交付至企業以外之個體的憑證，稱為內部憑證。例如：領料單、請購單等。

2. 記帳憑證：記帳憑證係企業根據原始憑證另行編製的憑證，以作為入帳之依據，又稱為傳票。傳票可分為下列三種類：

(1)現金收入傳票：現金收入傳票係用來記載純現金收入交易之傳票。所謂純現金收入交易，係指交易之借方一定只有「現金」這個項目，由於借方項目一定只有「現金」此會計項目，所以現金收入傳票上僅須記載貸方會計項目與其金額即可，不必再多此一舉地列出借方會計項目與其金額。

(2)現金支出傳票：現金支出傳票係用來記載純現金支出交易之傳票。所謂純現金支出交易，係指交易之貸方一定只有「現金」這個項目，由於貸方項目一定只有「現金」此會計項目，所以現金支出傳票上僅須記載借方會計項目與其金額即可，不必再多此一舉地列出貸方會計項目與其金額。

(3)轉帳傳票：轉帳傳票係用來記載非現金交易與混合交易之傳票。所謂非現金交易，係指交易之借貸方均與「現金」這個項目無關；而所謂混合交易，係指交易之借貸方均同時包括「現金」與其他會計項目。由於轉帳傳票上之借方項目與貸方項目皆不固定，所以轉帳傳票之借貸方會計項目與金額均須記載。

Q3 ：試簡單介紹何謂分錄？

Ans ：傳票編製完成後，接下來便要依據傳票所記載之事項，按照時間的先後，將交易發生之借貸項目與金額記入日記簿；此記入日記簿之程序，便稱為「作分錄」。作分錄之步驟有三，分別敘述於下：

1. 分析交易所影響之會計項目為何。

2. 分析會計項目之借貸方向與金額，且借方總金額必須等於貸方總金額。

3. 執行分錄。

Q4 ：試簡單介紹何謂過帳？

Ans ：過帳係指將日記簿所記錄之交易，依項目別轉列於分類帳的程序。過帳之步驟主要有下：

1. 將分錄按項目轉列至分類帳：將日記簿中之會計交易，按項目別轉列入分類帳。

2. 將分錄之日期轉列至分類帳：將日記簿中會計交易之日期，轉列於分類帳之日期欄。

3. 將分錄之相對項目轉列至分類帳之摘要：將步驟 1 之相對項目轉列至分類帳之摘要欄。

4. 將分錄之借貸方金額轉列至分類帳之金額：將日記簿中會計交易之金額，轉列於分類帳之金額欄。

5. 將日記簿之頁次，轉記入分類帳之日頁欄。

6. 將過入分類帳之頁次，填入日記簿之類頁欄。

上述過帳之六步驟，以圖形解說於下：

【 日記簿 】：

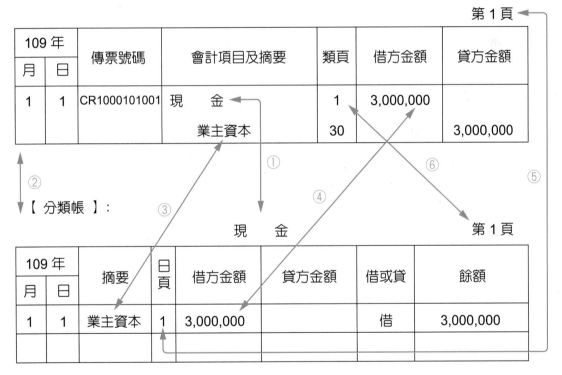

第 1 頁

| 109 年 | | 傳票號碼 | 會計項目及摘要 | 類頁 | 借方金額 | 貸方金額 |
|---|---|---|---|---|---|---|
| 月 | 日 | | | | | |
| 1 | 1 | CR1000101001 | 現　　金 | 1 | 3,000,000 | |
| | | | 業主資本 | 30 | | 3,000,000 |

②　　　①　　　④　　　⑥　　　⑤

【 分類帳 】：　③

現　　金　　　　　　　　　　第 1 頁

| 109 年 | | 摘要 | 日頁 | 借方金額 | 貸方金額 | 借或貸 | 餘額 |
|---|---|---|---|---|---|---|---|
| 月 | 日 | | | | | | |
| 1 | 1 | 業主資本 | 1 | 3,000,000 | | 借 | 3,000,000 |
| | | | | | | | |

業主資本　　　　　　　　　　第 30 頁

| 109 年 | | 摘要 | 日頁 | 借方金額 | 貸方金額 | 借或貸 | 餘額 |
|---|---|---|---|---|---|---|---|
| 月 | 日 | | | | | | |
| 1 | 1 | 業主資本 | 1 | | 3,000,000 | 貸 | 3,000,000 |
| | | | | | | | |

**Q5** ：何謂試算？又所有的錯誤皆可藉由試算的過程發現嗎？

**Ans** ：試算係將整個會計期間所發生會計交易的借方總金額與貸方總金額相加總，依據借貸法則，視借貸是否平衡，來驗證過帳是否正確的會計程序。值得注意的是，即使試算結果發現借貸平衡，亦不能保證帳務處理完全正確，因為有一些帳務處理之錯誤，例如：分錄重複過帳、分錄整筆漏未過帳等，是不會影響借貸平衡的，所以試算此過程並不能發現所有的錯誤。

**Q6** ：請問調整分錄之種類有哪些？

**Ans** ：調整分錄依性質可分為三大類，而每一大類又可再細分為二小類。茲分別說明於下：

1. 預計項目之調整：

    (1)預付費用之調整：係指費用已經支付，但仍未使用相關之商品或勞務者，此項目應列為「資產」類項目。

    (2)預收收入之調整：係指收入已經收現，但仍未提供相關之商品或勞務者，此項目應列為「負債」類項目。

2. 應計項目之調整：

    (1)應收收入之調整：係指指收入尚未收現，但已提供相關之商品或勞務者，此項目應列為「資產」類項目。

    (2)應計費用之調整：係指費用尚未支付，但已使用相關之商品或勞務者，此項目應列為「負債」類項目。

3. 估計項目之調整：

    估計項目包含之範圍很廣，主要有壞帳的估計、折舊的估計、折耗的估計、攤銷的估計等。此部分內容甚多，故於本章節先予以省略。

**Q7** ：試說明結帳之步驟有哪些？

**Ans** ：結帳的步驟主要有四項，茲分別說明如下：

1. 將收益類之虛帳戶餘額結清：在正常情況下，收益類之會計項目餘額為貸方餘額，欲將收益類會計項目之餘額結清，僅需將此些項目記在借方即可。此步驟下之結帳分錄內容如下：

   收益類會計項目　　　　　XXX

   　　本期損益　　　　　　　　　　　XXX

2. 將費損類之虛帳戶餘額結清：在正常情況下，費損類之會計項目餘額為借方餘額，欲將費損類會計項目之餘額結清，僅需將此些項目記在貸方即可。此步驟下之結帳分錄內容如下：

   本期損益　　　　　　　　XXX

   　　費損類會計項目　　　　　　　　XXX

3. 將「本期損益」此會計項目之餘額結清：「本期損益」僅為企業結帳時之過渡性項目，主要用來顯示當期之淨利或淨損而已；由於上述之步驟 1 與 2 已達成此目標，所以「本期損益」之階段性任務已經完成，便可將此項目予以結清歸零。此步驟下之結帳分錄內容又可依損益情形與組織類別細分為下列六種情形：

| 項目 | 淨利 | | 淨損 | |
|------|------|------|------|------|
| 獨資 | 本期損益　　XXX | | 業主往來　　XXX | |
|      | 　業主往來　　　XXX | | 　本期損益　　　XXX | |
| 合夥 | 本期損益　　XXX | | 合夥人往來　XXX | |
|      | 　合夥人往來　　XXX | | 　本期損益　　　XXX | |
| 公司 | 本期損益　　XXX | | 保留盈餘　　XXX | |
|      | 　保留盈餘　　　XXX | | 　本期損益　　　XXX | |

4. 將「業主往來」或「合夥人往來」此會計項目之餘額結清：此步
驟下之結帳分錄內容如下：

| 項目 | 淨利 | 淨損 |
|------|------|------|
| 獨資 | 業主往來    XXX<br>    業主資本    XXX | 業主資本    XXX<br>    業主往來    XXX |
| 合夥 | 合夥人往來    XXX<br>    合夥人資本    XXX | 合夥人資本    XXX<br>    合夥人往來    XXX |

**本章習題**

一、選擇題

( )1. 會計電腦化下，何者可以完全由電腦處理　(A)會計傳票之審核　(B)分錄之過帳　(C)傳票之登錄　(D)原始憑證之取得及審核。

( )2. 到銀行提款時，該電腦系統係採用　(A)批次處理　(B)即時批次處理　(C)離線處理　(D)即時連線處理。

( )3. 下列何者並非總帳作業系統必須具備的功能　(A)儲存資料　(B)預測現金餘額　(C)輸入資料　(D)編製財務報表。

( )4. 某設備成本$35,000，估計可用 4 年，殘值$5,000按直線法提列折舊，第三年初帳面價值為　(A)$15,000　(B)$12,500　(C)$20,000　(D)$22,500。

( )5. 下列有關會計處理程序，依會計循環之順序排列，何者正確？a.交易事項記入日記簿；b.將日記簿之分錄過入分類帳；c.交易發生取得原始憑證；d.編製記帳憑證；e.根據分類帳編製試算表　(A)c→d→a→b→e　(B)d→c→a→e→b　(C)c→d→b→a→e　(D)d→c→a→b→e。

( )6. 會計處理程序第一步驟是　(A)調整　(B)分錄　(C)過帳　(D)試算。

( )7. 會計循環指　(A)會計工作自分錄、過帳、試算、調整、結帳、編表止之循環　(B)由現金、購貨、賒銷迄收款止之循環　(C)商業景氣從復甦、繁榮、衰退迄蕭條止之循環　(D)企業業務自計畫、執行迄考核止之循環。

( )8. 依商業會計法規定，企業之主要會計帳簿為　(A)日記簿及日計表　(B)分類帳及明細分類帳　(C)備查簿與分類帳　(D)序時帳簿及分類帳簿。

( )9. 下列哪一項錯誤會影響試算表之平衡 (A)貸方帳戶過錯 (B)整筆交易漏過 (C)借方重過 (D)借貸項目顛倒。

( )10. 日記簿中每一筆交易分錄其 (A)借貸方項目數應相等 (B)項目性質別應相同 (C)借貸方金額應相等 (D)類頁欄數字應相同。

( )11. 分錄可以瞭解 (A)每一項目的總額 (B)每一交易事項內容 (C)每一財務報表要素性質 (D)每一分類帳內容。

( )12. 下列何者為試算表所不能發現的錯誤 (A)一方數字抄寫錯誤 (B)借貸兩方均重複過帳 (C)單方重過 (D)應過借方誤過貸方。

( )13. 下列何項為錯誤 (A)所有分錄均應記入日記簿內 (B)日記簿之類頁欄是記載日記簿之頁數 (C)每一分錄借貸雙方金額必定相等 (D)賒購商品一批之交易,應為轉帳分錄。

( )14. 過帳乃指 (A)從日記簿之金額順查至分類帳 (B)將分類帳之餘額抄入試算表 (C)記錄日記簿上之分錄 (D)將日記簿之金額過入分類帳。

( )15. 試算表所能發現之錯誤是 (A)借貸方同時漏過或重過 (B)會計項目名稱誤用 (C)應付票據餘額計算錯誤 (D)借貸同額增加。

( )16. 日記簿記錄的時間應為 (A)每筆交易隨即記錄 (B)每月一次 (C)每週一次 (D)每一會計項目記錄一次。

( )17. 編製結算工作底稿中試算餘額的資訊係來自於 (A)日記簿分錄 (B)傳票 (C)總分類帳 (D)財務報表。

( )18. 過帳程序是 (A)先登金額,次登日頁,再登日期 (B)先登日期,次登摘要,再登日頁 (C)先登日頁,次登日期,再登金額 (D)先登日期,次登金額,再登日頁。

( )19. 分類帳的主要功用為 (A)明瞭各會計項目的增減變化 (B)明瞭各交易的整體情形 (C)表示各項收入的來源 (D)表示各項費用的用途。

(　)20. 下列敘述何者錯誤　(A)分類帳設置日頁欄是為了便於編製試算表
　　　 (B)分錄記載於日記簿後再過入分類帳　(C)日記簿之類頁欄為分
　　　 類帳之頁數　(D)分類帳之日頁欄為日記簿之頁數。

(　)21. 某一帳戶只有借方或只有貸方有數字，則編製總額餘額式試算表
　　　 時　(A)總額、餘額均不填寫　(B)總額、餘額均須填寫　(C)只抄
　　　 總額，不填餘額　(D)只抄餘額，不填總額。

(　)22. 分錄所用之會計項目，應與分類帳帳戶名稱　(A)完全不一致　(B)
　　　 視情況而增減　(C)完全一致　(D)不完全一致。

(　)23. 試算表中之類頁欄表示　(A)餘額大小之次序　(B)日記簿之頁次
　　　 (C)分類帳之頁次　(D)試算表之會計項目次序。

(　)24. 分類帳是由下列何者彙集而成　(A)分錄　(B)交易　(C)帳戶　(D)
　　　 過帳。

(　)25. 會計循環指　(A)會計工作自分錄、過帳、試算、調整、結帳、編
　　　 表為止之循環　(B)商業景氣從復甦、繁榮、衰退迄蕭條為止之循
　　　 環　(C)企業業務自計劃、執行迄考核為止之循環　(D)由現金、
　　　 購貨、賒銷迄收款為止之循環。

(　)26. 分類帳之記錄係以事項發生之　(A)會計項目　(B)店名　(C)商品
　　　 種類　(D)會計要素為主體。

(　)27. 會計循環就是　(A)會計組織　(B)會計年度　(C)會計程序　(D)
　　　 經濟循環。

(　)28. 分類帳中之每一帳戶用來　(A)彙總資產交易之金額　(B)彙總損
　　　 益交易之金額　(C)彙總同會計項目交易之金額　(D)所有會計項
　　　 目名稱與餘額之列表。

(　)29. 虛帳戶結帳前　(A)均有借餘　(B)均有貸餘　(C)沒有餘額　(D)
　　　 不一定有餘額。

(  )30. 台南公司期初之機器設備金額有$500,000，本期需提列折舊
$100,000，則有關調整分錄之敘述何者有誤　(A)借方為折舊
$100,000　(B)經調整分錄後，帳上設備金額仍為$500,000，另增
加累計折舊－機器設備$100,000作為評價項目　(C)貸方為機器設
備$100,000，直接減少機器設備之帳列金額　(D)貸方為累計折舊
－機器設備$100,000。

(  )31. 下列那種調整分錄，會使資產減少，且權益也減少　(A)應收收益
的調整　(B)應付費用的調整　(C)預收收益的調整　　(D)折舊的
調整。

(  )32. 期末調整之目的在於　(A)使損益比較好看　(B)增加業主的利益
(C)使各期損益公允表達　(D)減少業主的損失。

(  )33. 用以證明會計人員責任的憑證，稱為　(A)會計憑證　(B)原始憑證
(C)記帳憑證　(D)對外憑證。

(  )34. 現購商品，採複式傳票應編製　(A)現金收入傳票　(B)現金支出
傳票　(C)分錄轉帳傳票　(D)現金轉帳傳票。

(  )35. 試算表之編製時間，應　(A)每日一次　(B)每月一次　(C)每年一
次　(D)視實際需要。

(  )36. 分錄正確無誤，則　(A)試算表必定平衡　(B)試算表不一定平衡
(C)過帳一定正確　(D)試算表借貸雙方相等。

(  )37. 試算表之功能，可以檢查出　(A)一切過帳時所發生之錯誤　(B)
帳戶誤過之錯誤　(C)借貸雙方金額不平衡之錯誤　　(D)分錄之
借貸雙方重複過帳。

(  )38. 日記帳中的貸方金額，應過入分類帳該帳戶的　(A)借方　(B)貸方
(C)借、貸方均可　(D)餘額欄。

(  )39. 分類帳同一帳戶內之記載原則為　(A)日期先後　(B)金額大小
(C)借貸順序　(D)會計項目編號。

( )40. 下列何項調整分錄涉及資產與費損？　(A)預收收入之調整　(B)應收收入之調整　(C)預付費用之調整　(D)應付費用之調整。

( )41. 結帳時應結轉下期的會計項目為　(A)商品盤盈　(B)出售資產利益　(C)預期信用減損損失　(D)累計折舊。

( )42. 期末存貨多計$1,600，折舊費用多計$2,000，又漏作應付利息$500之調整分錄，將使本期淨利　(A)多計$100　(B)少計$900　(C)少計$3,100　(D)少計$4,100。

( )43. 年底結帳時，多計折舊$800，多計佣金收入$100，則年度淨利　(A)少計$900　(B)少計$700　(C)多計$700　(D)多計$900。

( )44. 過帳時，分類帳所記載之日期為　(A)過帳日期　(B)記入日記簿日期　(C)傳票核准日期　(D)交易發生日期。

( )45. 編製餘額式試算表時，係彙列　(A)總分類帳各帳戶之總額　(B)總分類帳各帳戶餘額　(C)總分類帳各帳戶之總額及餘額　(D)總分類帳及明細分類帳各帳戶之餘額。

( )46. 下列何項為正確　(A)日記簿之類頁欄是記載日記簿之頁數　(B)現購辦公桌、辦公椅，其應作分錄為借：文具用品，貸：現金　(C)日記簿能表示逐日發生的所有交易全貌　(D)購入商品，半付現金半賒欠的交易分錄係屬於單項分錄。

( )47. 日記簿是每一企業的　(A)正式帳簿　(B)補助帳簿　(C)備忘記錄　(D)非正式帳簿。

( )48. 編製財務報表之根據為　(A)日記簿　(B)序時簿　(C)分類帳　(D)分錄簿。

## 二、填充題

1. 日記簿上之交易記載至分類帳的動作稱為_____。

2. 記錄交易原始分錄之帳本稱為_____。

3. 分類帳係以_____為主體之終結記錄。

4. 日記簿係依照_____先後所做的記錄。

## 三、問答題

1. 概述會計憑證？

2. 概述傳票三種類？

## 四、計算題

1. 【會計循環】

會計循環包括下列步驟（未依順序）：

(1)編製試算表　　　　　　　　(5)編製調整後試算表

(2)作結帳分錄並過帳　　　　　(6)作期末調整分錄並過帳

(3)編製財務報表並作適當之揭露　(7)作交易分錄

(4)將分錄過至分類帳　　　　　(8)編製結帳後試算表

試將上列步驟依順序排列。

2. 【交易分析與分錄】

林強於 109 年 8 月購入一家律師事務所，並將之改名為林強律師事務所，林強律師事務所 8 月份有下列交易事項：

8 月 1 日　林強出售其擁有之台積電股票一張，得款$220,000。

8 月 2 日　林強將出售股票所得之款項存入華僑銀行。

8 月 5 日　林強將$150,000存入林強律師事務所帳戶。

8 月 6 日　向政府機關登記，過戶更名為林強律師事務所。

8 月 7 日　訂製律師事務所專用之信紙，並支付$1,000。

8 月 10 日　購入辦公設備，支付現金$2,000，其餘$6,000尚欠。

8 月 23 日　林強為其顧客出庭辯論，該顧客將於一個月後支付$4,000。

8 月 27 日　支付 8/10 尚欠之帳款。

8 月 29 日　支付辦公室租金$5,000。

試作：

⑴分辨上列交易各屬於下列何者：

　①林強律師事務所之交易且需入帳。

　②林強律師事務所之交易但毋需入帳。

　③林強律師之個人交易。

⑵分析上列與林強律師事務所有關之交易對會計恆等式之影響。

3. 【交易之分析與分錄】

翔光會計事務所通知其一客戶支付會計服務帳款$2,400，該客戶無足夠之現金支付帳款。翔光會計事務所遂同意該顧客僅支付現金$375，並以一台價值$3,750之機器設備作為交換，但該機器設備尚有$1,725之應付票據抵押借款必須償還。

試問：

⑴下列哪些項目將出現於前述翔光會計師事務之交易分錄中？

　①負債增加$1,725

　②現金增加$375

　③收入增加$375

　④應收帳款增加$2,400

　⑤收入增加$2,400

⑵試作上述交易之分錄。

4. 【分錄與過帳】

芙蓉美容院109年10月份之交易如下：

10月1日　　業主莊芙蓉投入現金$100,000設立美容院。

10月2日　　賒購設備$50,000。

10月5日　　支付10月份租金$5,000。

10月12日　　支付$2,000購買其他用品。

10月15日　　支付薪資$5,000。

10月20日　　美容收入$4,000，全部收現。

10月20日　支付雜費$500。

10月22日　美容收入$6,000，當天收到$3,000，餘款暫欠。

10月25日　支付水電瓦斯費$1,200。

10月25日　收到顧客還款$2,000。

10月28日　芙蓉提取$2,000。

10月31日　支付設備欠款$30,000。

試作：

⑴芙蓉美容院109年10月份的交易分錄，並做適當摘要。

⑵將上列分錄過入T字帳。

5. 【交易分錄】

法漢律師事務所109年有下列交易：

4月20日　寄發法律服務之帳單$4,000給大眾銀行，並要求在30天內支付。

5月25日　業主陳律師提取現金$10,000供私人使用。

6月20日　收到6月份萬芳清潔社寄發之帳單$3,600，要求事務所在7/10前支付。

7月8日　支付6/20積欠萬芳清潔社之款項。

12月31日　辦公設備之折舊調整分錄$4,600。

12月31日　作文具用品盤存之調整分錄$1,700（文具用品購入時借記資產項目）。

試問：

⑴上述交易之分錄。

⑵7月8日之交易對法漢律師事務所之淨利有何影響。對負債項目又有何影響。

6. 【交易分錄】

10/1　王二先生於109年開立一家人造花店，投資現金$100,000。

10/2　該店將現金$50,000存入銀行，開立支票存款戶。

10/6　　本店向供應商進貨$42,000。

10/8　　現銷商品$26,000，隨及存入銀行。

10/10　賒銷商品$25,000。

10/15　償還前欠供應商貨款，開立支票支付。

10/19　顧客償還前欠貨款。

10/20　支付員工薪資$10,000。

10/20　向供應商進貨一批$46,000，開立一個月期票。

10/25　銷貨一批$36,000，顧客除支付現金$6,000外，餘款以即期支
　　　　票償付。

10/28　業主代本店支付水電瓦斯費$1,200。

10/29　業主私人轎車加油$800由本店代為支付。

試作：上述各交易之分錄。

7.　【分錄、計算帳戶餘額】

華納威秀戲院於109年6月發生下列交易：

6月1日　　業主投入現金$40,000成立戲院。

　　3日　　為興建戲院支付現金$12,000，並開立應付票據$25,000取
　　　　　　得土地。

　　4日　　簽發應付票據向銀行借款$300,000。

　　7日　　門票收現$60,000。

　　11日　　賒購戲院之文具用品$2,000。

　　15日　　支付員工薪資$6,300及大樓租金$6,500。

　　23日　　支付應付票據款$25,000。

　　26日　　償還部份應付帳款$800

　　29日　　業主提取$4,000。

試作：

⑴上列交易之分錄。

⑵計算109年6月30日的現金餘額及負債總額。

8. 【分析帳戶變動，求未知數】

陳榆商號 109 年 2 月份的交易資料如下：

(1)陳先生於 2 月 1 日在華南銀行開立一存款帳戶，並存入現金$1,000,000，成立陳榆商號。

(2)購買辦公設備一批$500,000，支付現金$50,000，餘款開立三個月到期的票據。

(3)購入運輸設備$200,000，當即付現。

(4)購買文具用品支付現金$1,600。

(5)以成本價出售辦公桌椅一套，並將所得款項全數存入銀行。

(6)假設二月份交易均已適當記錄且無庫存現金，二月底銀行存款餘額為$928,000，試求該項出售設備之售價。

9. 【試算之觀念】

林小姐新接任了太平洋百貨公司會計部主任，經覆核有關帳冊、報表，林小姐發現下列錯誤：

(1)「現金」借記$12,980，過帳時記入現金帳戶借方$19,280。

(2)貸記「銷貨收入」$2,000，分錄時記為貸記「應收帳款」。

(3)「應收帳款」收現$3,200，過帳時，過了兩次。

(4)「應付帳款」餘額$42,900，試算時筆誤抄為$49,200。

(5)現金銷貨$1,450，貸方「銷貨收入」過帳時過為$145，而現金過帳正確。

(6)賒購辦公用品$200，尚未入帳。

(7)支付現金$61,200取得運輸設備，在過帳時，現金過入借方$61,200，運輸設備亦過入借方$61,200。

(8)業主提取餘額$28,000，試算時抄為貸方。

(9)支付員工薪資$400，費用過帳過了兩次，現金過帳無誤。

(10)廣告費用$580，試算時遺漏未抄。

試作：完成下列表格。

| 項目 | 是否影響 | | | 必要之改正分錄 | | | |
|---|---|---|---|---|---|---|---|
| | 試算表平衡 | | 影響金額 | 借方項目 | 金額 | 貸方項目 | 金額 |
| | 是 | 否 | | | | | |
| (1) | | | | | | | |
| (2) | | | | | | | |
| (3) | | | | | | | |
| (4) | | | | | | | |
| (5) | | | | | | | |
| (6) | | | | | | | |
| (7) | | | | | | | |
| (8) | | | | | | | |
| (9) | | | | | | | |
| (10) | | | | | | | |

10. 【試算之觀念】

宜家公司之會計人員於過帳時發生下列錯誤：

(1)借記應收帳款$4,000遺漏過帳，貸方過帳正確。

(2)償還應付帳款$4,080，過帳時記入應收帳款借方。

(3)借記應收帳款$5,020，過帳時誤記入應收帳款借方$502。

(4)賒購設備$48,300，然過帳時記入應付帳款貸方$43,800，設備成本過帳無誤。

(5)現購文具用品$2,040，過帳時記入用品盤存貸方，現金過帳無誤。

(6)借記維修費用$2,092，過帳時誤記入維修費用$2,029。

(7)借記薪資支出$6,000，重複過入薪資支出借方兩次。

(8)現購文具用品$3,300，過帳時誤記入用品盤存借方$330，並記入現金貸方$330。

試就上列錯誤：

(1)指出試算表是否平衡。

(2)若不平衡，計算借方與貸方之差額。

(3)指出試算表中借方或貸方之金額何者較大。

11. 【求未知數】

奇美資訊社 109 年 12 月 31 日分類帳的餘額如下：每個會計項目均有正常餘額，但遺失了現金項目的餘額。試求出現金的正確餘額。並依據各項目在分類帳出現的次序，求現金餘額多少？

| | | | |
|---|---|---|---|
| 應付帳款 | $17,000 | 設備成本 | $35,000 |
| 應收帳款 | 22,000 | 服務收入 | 185,000 |
| 業主資本 | 250,000 | 房租收入 | 22,000 |
| 業主提取 | 40,000 | 保險費用 | 6,000 |
| 房屋及建築成本 | 145,000 | 土地成本 | 240,000 |
| 現　　金 | ? | 應付票據 | 250,000 |
| 預收收入 | 31,000 | 預付保險費 | 4,000 |
| 水電瓦斯費 | 8,000 | 薪資支出 | 70,000 |

12. 【期末調整】

三德商行於民國 109 年 4 月 1 日投保三年房屋保險，到期後未再繼續投保，109 年度期末調整分錄為借記保險費$8,000，試推算該商行 109 年 12 月 31 日期末調整後預付保險費之餘額？

13. 【期末調整】

109 年 1 月 1 日，預付租金餘額為$6,000；109 年 12 月 31 日調整後之預付租金餘額為$5,000；109 年中，現金支付租金$2,000，並借記預付租金項目。

試作：109 年有關租金之調整分錄。

14. 【調整分錄】

    109 年 10 月 1 日，僑光商行將辦公大樓租予建泰商行，並收到一年期之租金$36,000，僑光商行借記現金並貸記預收租金$36,000。試作僑光商行 109 年 12 月 31 日與租金收入有關之調整分錄？

15. 【調整分錄】

    109 年 12 月 31 日，大興商行應調整事項如下：

    1. 預付租金中$800 已實現。

    2. 應收利息收入$480。

    3. 折舊$150。

    4. 應計利息費用$250。

    5. 預收收入中$800 已實現。

    試作：

    ⑴各交易之調整分錄。

    ⑵調整分錄對損益之總影響為何。

# 5 Chapter

# 財務報表之深入解析

# 一、基本分析－閱讀四大報表

## (一) 四大報表概述

　　會計循環之最後一道程序，便是編製財務報表了！企業為使會計資訊使用者能夠瞭解企業之財務狀況、營運結果與現金流入、流出的情形，以作為決策訂定的依據，所以於會計期間結束時，會提出財務報表供會計資訊使用者參考。財務報表主要包括四大表：依序為資產負債表、損益表、權益變動表與現金流量表。

　　另根據「國際會計準則」（IAS）「財務報表的表達」所訂，完整的財務報表包括下列六項：

1. 財務狀況表（Statement of Financial Position）。
2. 綜合損益表（Statement of Comprehensive Income）。

　　綜合損益表包含了：

　　(1)　綜合損益（Comprehensive Income, CI）；以及

　　(2)　其他綜合損益（Other Comprehensive Income, OCI）。

3. 權益變動表（Statement of Changes in Equity）。
4. 現金流量表（Statement of Cash Flow）。
5. 附註（Notes）。
6. 最早比較期間的期初財務狀況表（a Statement of financial position as at the beginning of the earliest comparative period）。

　　由上可知，國際會計準則是以「財務狀況表」的名稱取代「資產負債表」；以「綜合損益表」的名稱取代「損益表」，並於表中將其他綜合損益項目單獨列示；另以「權益變動表」的名稱取代以往的「業主（股東）權益變動表」。在此，綜合損益係指某一會計期間因交易及其他事件所產生之權益變動，而非來自於與業主或股東間之交易，也就是企業的損益應包含所有與業主或股東交易無直接相關的營業狀況變動。因此綜合損益表的概念較

廣，除了目前損益表的「本期損益」外，還要再加上「其他綜合損益」項目。其他綜合損益係指依據規定，將尚未實現的損益先列入股東權益項下，待交易結清時，再將其轉入損益或保留盈餘項下，例如：金融資產公允價值變動、資產重估價增值、外幣換算調整數等。換句話說，比起過去的損益表，綜合損益表的內容又更為廣泛。根據 IFRS（International Financial Reporting Standards, IFRS），是允許企業可以採用非國際會計準則所規定之報表名稱，更改報表名稱的用意是為了讓報表名稱能夠更貼近該表的功能，但並未強制各企業一定要更改報表的名稱，故臺灣多數企業仍沿用原來的「損益表」名稱。

財務報表所涵蓋之期間最長不得超過一年。短於一年之財務報表便稱為期中報表，如月報、季報、半年報等均為期中報表；而以一年為期之財務報表則稱為年報。整體而言，為使會計資訊使用者便於比較與參考，每一種類的財務報表均有一定之格式，值得注意的是，此格式並不是一層不變的，主管機關會依據當時之社經狀況來修改原有的格式。

## (二) 基本分析之涵意

相信讀者常常在報章雜誌上看到－「XX 公司的銷售穩定、毛利率呈微幅上揚，……基本面很不錯。」－這樣的一段話。所以，從中可以得知，跟企業營運狀況有關的資訊，便可視為企業之基本面。當開始分析企業之營運狀況、財務結構；計算流動比率、負債比率……時，便統稱為對該企業進行「基本分析」。

「基本分析」重要的原因在於：透過基本分析，方能瞭解企業的真實價值；也才能讓一般大眾得知該企業是否具備投資的價值。既然已經瞭解「基本分析」的重要性，接下來，便要思考怎麼樣才能夠使一般投資大眾對企業之基本面有所了解。最直接的方法－當然就是閱讀企業的財務報表了！！

## 二、財務報表資訊之取得

　　瞭解閱讀企業財務報表的重要性之後，當然還要知道財務報表之資訊要去哪裡尋找。接下來，本書將會把三個取得財務報表資訊的主要途徑，逐一介紹於下：

### (一) 證券暨期貨市場發展基金會

1. 證券暨期貨市場發展基金會的網址為：http://www.sfi.org.tw/。

2. 點選【資料查詢】內【相關網站】下的【國內相關單位網站】。

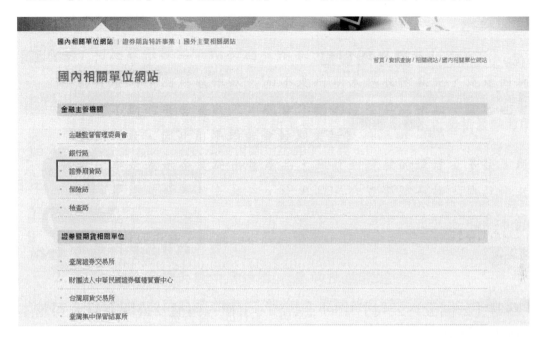

3. 點選【金融主管機關】下的【證券期貨局】。

4. 點選【金融資訊】下的【公開發行公司】。

5. 點選【公開發行公司】中的【上市、上櫃、興櫃及公開發行公司基本資料查詢彙總表查詢】。

這個網站非常的實用，凡是讀者所能想到的各家上市、上櫃公司的財務報表資訊，裡面是應有盡有！！內容非常的豐富且完整，讀者可多多運用。

## (二) 證期會的公開資訊觀測站

1. 公開資訊觀測站的網址為：https://mops.twse.com.tw/mops/web/index。
2. 點選所要查詢企業的【市場別】及【產業別】。

## (三) 各企業的網站

　　只要是正當經營的企業，通常會清楚交代自身的營運狀況與財務結構，因此投資大眾只要多加運用該企業自行架設的網站，並隨時留意其財務報表之資訊與新發佈之重大訊息即可。

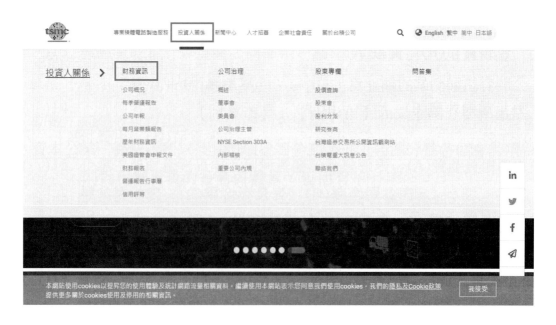

# 三、財務狀況表深入解析

## (一) 財務狀況表的初步認識

　　如果想從某個地方得知企業到底有多少現金、金融資產、存貨、土地、建物、跟銀行借了多少錢、股東投資了多少錢等，那麼這個地方就非「財務狀況表」莫屬了！

　　在原有的公報中，「財務狀況表」稱為「資產負債表」，而IAS第 1 號：「財務報表之表達」翻譯為「財務狀況表」，但因 IFRS 並未強制規定報表的名稱，故實務上臺灣企業仍沿用「資產負債表」這個名稱。財務狀況表係表達企業在會計期間結束日之資產、負債及權益的剩餘金額，而非某段期間企業於資產、負債及權益的變動情形，故屬於一張靜態的報表。由於財務狀況表僅能表達會計期間結束日的財務狀況，故還需要其他報表補充會計期間變動的情形，例如：權益變動表可補充表達財務狀況表之「權益變化」，現金流量表則可補充表達「現金項目的變化」等。

　　至於現金、金融資產、存貨、土地、建物等就統稱為企業的資產；而跟銀行、他人、或他企業借的錢等就統稱為企業的負債；至於股東投資了多少資金等便是企業的權益了！關於這部份的內容，讀者可與本書的第三章 會計交易的入門－「會計要素與會計項目」一節相互索引。

## (二) 財務狀況表的觀念

　　還記得在本書第三章所介紹的會計恆等式嗎？

資產＝負債＋權益

從這個恆等式，**讀者就可以充分了解**形成企業資產的來源主要有兩種：一種是企業向外部借錢而來的；另一種則是由外部投資而來的。企業向外部借錢而來的，稱為企業的負債；至於由外部投資企業的，則稱為權益。因此才有：企業的資產是由負債跟權益所組成的說法。

所以「資產＝負債＋權益」這個會計恆等式就構成了財務狀況表的整體架構。下面以財務狀況表的格式來驗證這個說法，財務狀況表的格式列示於下：

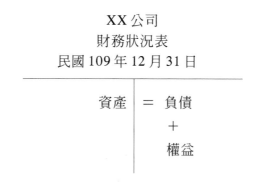

財務狀況表的左邊為「資產」，就像恆等式的左邊；而財務狀況表的右邊為「負債」與「權益」，就像恆等式的右邊。報表兩邊的總金額會相等，就像會計恆等式的概念一樣。

## (三) 財務狀況表的結構

財務狀況表的報表結構可分為「表頭」、「表身」以及「表尾」三大部分。分別介紹於下：

### 1. 表頭

表頭又分成三小部分：

⑴ 企業名稱。

⑵ 報表名稱：亦即財務狀況表。

(3)　時間：為一個日期。表示企業在這個時間點所擁有之資產、負債以及權益。值得注意的是：這裡所謂的時間，是指一個時間點，例如：民國 109 年 12 月 31 日；而不是一段期間，例如：民國 109 年 1 月 1 日至 109 年 12 月 31 日。

## 2. 表身

財務狀況表的表身係由一堆會計項目所組成的，主要可分為以下三部分：

(1)　資產類項目：記載企業的資產類項目。

(2)　負債類項目：記載企業的負債類項目。

(3)　權益類項目：記載企業股東所投入的資本以及企業經營的盈虧多寡。

資產類會計項目的總金額會等於負債類及權益類會計項目的金額總和。

## 3. 表尾

財務報表要能夠產生，當然必須要經過企業高層的覆核與同意，才能夠具有公信力。所以，財務狀況表的表尾就必須列示企業高層人員的簽章。必須在表尾簽章的人有：企業的負責人、經理人還有主辦會計。

關於財務狀況表的架構，主要有下列兩種。

## 1. 帳戶式

係將資產類項目列示於財務狀況表的左邊，而負債與權益類項目則列示於報表的右邊。如下表所示：

【釋例】 帳戶式財務狀況表

泰晶公司<br>
財務狀況表<br>
109 年 12 月 31 日

| 資產 | | | 負債 | | |
|---|---|---|---|---|---|
| 流動資產 | | | 流動負債 | | |
| 　現　　金 | | $122,500 | 　應付票據 | | $145,000 |
| 　備供出售金融資產 | | 19,500 | 　應付帳款 | | 51,000 |
| 　應收帳款 | $187,000 | | 　應付薪資 | | 15,000 |
| 　（備抵壞帳） | (12,000) | 175,000 | 　應付稅款 | | 30,500 |
| 　存　　貨 | | 90,000 | 　預收租金 | | 16,500 |
| 　用品盤存 | | 6,000 | 　流動負債合計 | | $258,000 |
| 　預付保險費 | | 20,000 | 非流動負債 | | |
| 流動資產合計 | | $433,000 | 　應付公司債 | | |
| 非流動資產 | | | 　（10 年到期） | | 165,000 |
| 　採用權益法之投資 | | 355,000 | 　（應付公司債折價） | (15,000) | 150,000 |
| | | | 　負債總計 | | 408,000 |
| 　不動產、廠房及設備 | | 343,500 | 權益 | | |
| 　專利權（淨額） | | 75,000 | 股　　本 | | 800,000 |
| 　商譽（淨額） | | 200,000 | 資本公積-普通股溢價 | | 150,000 |
| 非流動資產合計 | | 973,500 | 保留盈餘 | | 73,000 |
| | | | 庫藏股票（成本） | | (24,500) |
| | | | 　股東權益總計 | | 998,500 |
| 資產總計 | | $1,406,500 | 負債及股東權益總計 | | $1,406,500 |

2. 報告式

　係指財務狀況表上面應先列資產類項目，依序再列式負債類以及權益類項目。如下表所示：

【釋例】　報告式財務狀況表

<table>
<tr><td colspan="3" align="center">泰晶公司<br>財務狀況表<br>109 年 12 月 31 日</td></tr>
<tr><td>資　　產</td><td></td><td></td></tr>
<tr><td>流動資產</td><td></td><td></td></tr>
<tr><td>現　　金</td><td></td><td>$122,500</td></tr>
<tr><td>備供出售金融資產</td><td></td><td>19,500</td></tr>
<tr><td>應收帳款</td><td>$187,000</td><td></td></tr>
<tr><td>（備抵壞帳）</td><td>(12,000)</td><td>175,000</td></tr>
<tr><td>存　　貨</td><td></td><td>90,000</td></tr>
<tr><td>用品盤存</td><td></td><td>6,000</td></tr>
<tr><td>預付保險費</td><td></td><td>20,000</td></tr>
<tr><td>流動資產合計</td><td></td><td>433,000</td></tr>
<tr><td>非流動資產</td><td></td><td></td></tr>
<tr><td>採用權益法之投資</td><td></td><td>355,000</td></tr>
<tr><td>不動產、廠房及設備</td><td></td><td>343,500</td></tr>
<tr><td>專利權</td><td></td><td>75,000</td></tr>
<tr><td>商　　譽</td><td></td><td>200,000</td></tr>
<tr><td>非流動資產合計</td><td></td><td>973,500</td></tr>
<tr><td></td><td></td><td></td></tr>
<tr><td>資產總計</td><td></td><td>$1,406,500</td></tr>
<tr><td></td><td></td><td></td></tr>
<tr><td>負　　債</td><td></td><td></td></tr>
<tr><td>流動負債</td><td></td><td></td></tr>
<tr><td>應付票據</td><td></td><td>$145,000</td></tr>
<tr><td>應付帳款</td><td></td><td>51,000</td></tr>
<tr><td>應付薪資</td><td></td><td>15,000</td></tr>
<tr><td>應付稅款</td><td></td><td>30,500</td></tr>
<tr><td>預收租金</td><td></td><td>16,500</td></tr>
<tr><td>流動負債合計</td><td></td><td>258,000</td></tr>
<tr><td>非流動負債</td><td></td><td></td></tr>
<tr><td>應付公司債（10 年到期）</td><td>165,000</td><td></td></tr>
<tr><td>（應付公司債折價）</td><td>(15,000)</td><td>150,000</td></tr>
<tr><td>負債合計</td><td></td><td>408,000</td></tr>
<tr><td></td><td></td><td></td></tr>
<tr><td>權　　益</td><td></td><td></td></tr>
<tr><td>股　　本</td><td></td><td>800,000</td></tr>
<tr><td>資本公積-普通股溢價</td><td></td><td>150,000</td></tr>
<tr><td>保留盈餘</td><td></td><td>73,000</td></tr>
<tr><td>（庫藏股票（成本））</td><td></td><td>(24,500)</td></tr>
<tr><td>權益合計</td><td></td><td>998,500</td></tr>
<tr><td>負債及權益總計</td><td></td><td>$1,406,500</td></tr>
</table>

## (四) 財務狀況表之分析

### 1. 資產項目分析

財務狀況表下的資產項目，主要分爲流動資產與非流動資產。流動資產，簡單地說，就是變現性較佳的資產；非流動資產，便爲變現性較差的資產。因此，了解企業流動與非流動資產的定義與比例之後，便可以稍微窺知企業資金周轉靈活度的高低。

另外，值得注意的是，應收帳款與存貨這兩個會計項目雖然屬於流動資產項下，但是，當我們發現企業的應收帳款與存貨非常鉅大的時候，千萬不要就因此認爲企業資產的變現性甚佳。因爲，應收帳款多，很有可能是因爲企業的貨款收不回來，或是資產已遭淘空；而存貨多，亦有可能是企業的存貨賣不出去，這兩種情形，對於企業都有相當不良的影響。

### 2. 負債項目分析

負債，簡單地說，就是跟他人（或他企業）借款。但要注意的是，必須清楚企業所借的錢是短期內（一年或一營業週期內）就要還的，還是可以較長時間（超過一年或一營業週期）再予以償還。

短期內就要償還的負債稱爲流動負債；長期間方須償還的負債則稱爲非流動負債。負債項目是一個觀察企業是否有財務危機的重大指標，如果企業的負債皆爲短期借款，且有不尋常的增加趨勢時，很有可能是企業已經沒有辦法再籌措到長期借款，因此只好用短期借款來支應一般款項。讀者應特別小心注意！！

### 3. 權益項目分析

企業之權益項下大體可分爲三小類：

(1) 股本：直到今日，臺灣的股票面額都是 1 股 10 元，一張股票會有 1,000 股。舉個例子來說：大發公司的資本額爲 5 億元，即代表公司的股數有 50,000,000 股，也就是 50,000 張。

此外，有兩個名詞必須要跟讀者介紹－「核定資本」與「公開發行資本」。「核定資本」係代表證期會所允許企業資本額的上限，如要再增加，便需要重新提出申請；而「公開發行資本」則代表企業已對外籌資的金額。所以，核定資本一定大於或等於公開發行資本。

　　另外，股本的大小代表何種意義呢？答案是：股本的大小可以顯示出企業規模的大小以及股東對企業的信心程度。

(2)　資本公積：由前面的介紹可以得知，臺灣股票的面額都是 1 股 10 元，但是企業發行新股的時候，不見得一股都是以 10 元發行，如果發行的金額超過 10 元，那麼就是屬於股票溢價的部分，也就是列為報表上的「資本公積」。舉例來說：大發公司 1 股的發行價格為$25，其中$10 列為「股本」，而多出的$15，就是「資本公積」的部分。

　　值得注意的是，如果一家企業的資本公積很大，即代表投資人在購買公司股票的時候，對企業有很大的信心，因為投資人願意用超過 10 元的價格來認購。

(3)　保留盈餘：企業每年的盈虧都會記載到「保留盈餘」項下。如果企業一直都沒有發放股利或是盈餘轉增資的動作，那麼企業的盈虧就會一直累積在這個地方。

　　所謂「盈餘轉增資」，簡單地說，就是企業把原應分配給股東的盈餘轉換成股票發放給股東，透過這樣的方式，可以將資金繼續留在企業，做為將來企業投資或擴充規模之用。

4. 比率分析

　　當投資人選擇投資一家企業的時候，除了關心企業的前景以外，最重要的便是企業的償債能力了。不然，有一天企業就突然倒閉了！要找誰來賠償損失呢？在財務狀況表中，衡量企業償債能力的基本指標主要有下列幾個比率：

(1) 流動比率＝流動資產／流動負債

這個比率是在檢視企業的短期償債能力，比率越高，則代表企業短期償債的能力越強。這個比率若大於 1，則表示企業至少有能力償付一年以內到期的負債，對於短期債權人較有保障。

(2) 速動比率＝速動資產／流動負債

這個比率是在檢視企業在極短時間內的短期償債能力，比率越高，亦代表企業短期償債的能力越強。公式中的速動資產，係指現金、短期金融資產、應收票據與帳款等變現性較佳的資產，其他如存貨、預付費用等項目，因為有著賣不掉的風險與較無法變現之疑慮，所以速動比率中會將其排除，以求能更精確地算出企業的流動性。

這時，讀者可能會有一個疑問，應收帳款跟應收票據均未到期，一樣不能立即變現，不是也會影響流動性嗎？為什麼速動資產不將其排除呢？別擔心，銀行有提供一種貼現業務，企業可以把手上的應收帳款跟票據先賣給銀行，貼現換錢，所以對於流動性的影響較小。

(3) 負債比率＝負債總額／資產總額

負債比率是表示一家企業的資產有多少比例是靠舉債（借款）而來，比率越高，即表示企業的資金大都是由債權人所提供；比率越低，則表示企業的資金主要是由投資人所提供。一般而言，一家企業的負債比率超過 50％就表示過高，而經營績效較好的企業，一般會將負債比率控制在 30％上下，但此標準還是要參考各產業的特性而定。

會計一點靈

財務狀況表之比率分析公式

1. 流動比率＝流動資產/流動負債
2. 速動比率＝速動資產/流動負債
3. 負債比率＝負債總額/資產總額

# 四、綜合損益表深入解析

## (一) 綜合損益表的初步認識

　　「綜合損益表」是一張可以快速得知企業是否有賺錢的報表，因此亦為一般投資大眾最為重視的報表。投顧專家以及分析師一天到晚掛在嘴邊的毛利率、每股盈餘等，亦都是從此表得知。

## (二) 綜合損益表的觀念

　　「綜合損益表」係表達企業於一段會計期間內經營的成果，屬於動態的報表，之所以稱為動態報表，是因為損益表表達的是一段會計期間收益減除費損的成果，而非某時點下，企業到底是賺錢或賠錢的結果。

## (三) 綜合損益表的結構

　　綜合損益表的結構可以費用之性質或是功能之表達為基礎，再區分為「費用性質法」及「費用功能法（銷貨成本法）」兩種，茲將兩法介紹如下。

### 1. 費用性質法

　　如下表依據費用性質分別列示各個會計項目，不使用成本會計分攤來計算存貨成本，此法簡單，但較難運用於財務比率分析。此類型損益表，因為單純的將「所有收益加總」再減掉「所有費損加總」便等於「本期損益」，一次性地計算出損益，故又稱為「單站式損益表」。

【釋例】　綜合損益表表身—「費用性質法」架構

| | | |
|---|---|---|
| 營業收入 | | $XX |
| 其他收益 | | XX |
| 存貨成本 | $XX | |
| 薪資費用 | XX | |
| 折舊費用 | XX | |
| 攤銷費用 | XX | |
| 費用總計 | | (XX) |
| 本期淨利（損） | | $XX |

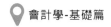
會計學-基礎篇

## 2. 費用功能法（銷貨成本法）

如下表分別列示功能別費損項目，例如：銷貨成本、銷售費用、管理費用等，此種方法，能夠依據費用的功能加以分類，較能提供攸關之資訊給會計資訊使用者，但分攤成本至各費用可能需採用較武斷的方法，且涉及相當程度之判斷。按功能別分類費用及損失之企業，因為需要經過多次階段的計算，才能夠計算出「本期損益」，故又稱為「多站式損益表」。

【釋例】 綜合損益表表身─「費用功能法（銷貨成本法）」架構

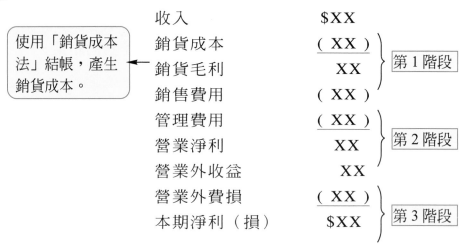

綜合損益表的報表結構亦可分為「表頭」、「表身」及「表尾」三大部分。分別介紹於下：

1. 表頭：表頭又分成三小部分：
   (1) 企業名稱。
   (2) 報表名稱：亦即綜合損益表。
   (3) 時間：為一段期間，如民國109年1月1日至109年12月31日。
2. 表身：主要包括企業的各項收益與費損。
3. 表尾：相關負責人員的簽名與蓋章。關於綜合損益表（銷貨成本法）的架構與內容，以下表列示：

5-18

泰晶公司
綜合損益表
109 年度

| | | | |
|---|---:|---:|---:|
| 銷貨淨額 | | | |
| 銷　　貨 | | $630,000 | |
| 減：銷貨退回 | $5,000 | | |
| 銷貨折讓 | 2,000 | (7,000) | $623,000 |
| 銷貨成本 | | | |
| 期初存貨 | | 60,000 | |
| 進　　貨 | 540,000 | | |
| 加：進貨運費 | 4,000 | | |
| 減：進貨退出 | (2,000) | 542,000 | |
| 可售商品總額 | | 602,000 | |
| 期末存貨 | | (102,000) | (500,000) |
| 銷貨毛利 | | | 123,000 |
| 營業費用 | | | (3,000) |
| 營業淨利 | | | 120,000 |
| 營業外收入與支出 | | | |
| 其他收入 | | 3,500 | |
| 財務成本 | | (1,500) | |
| 營業外收入與支出合計 | | | 2,000 |
| 稅前淨利 | | | 122,000 |
| 所得稅費用 | | | (1,000) |
| 本期淨利 | | | 121,000 |
| 本期其他綜合損益 | | | 4,000 |
| 本期綜合損益總額 | | | $125,000 |

## (四) 綜合損益表之分析

1. 營業內項目分析

(1) 營業收入（銷貨收入）：

① 買賣業與製造業：企業透過銷售產品所得到的收入。

② 服務業：企業透過提供服務或勞務所賺得的收入。

(2) 銷貨退回與折讓：為營業收入之減項。

① 銷貨退回：顧客不滿意其產品或服務（勞務），而將其退回。

② 銷貨折讓：鼓勵消費者儘快的付現，所給予的折扣。

(3) 營業成本：為企業生產原料、銷售產品、或提供服務（勞務）所產生的成本。

(4) 營業毛利：等於營業收入減掉銷貨退回與折讓，再減掉營業成本。**營業毛利是一個非常重要的數字，企業可以從此得知，銷售產品本身到底可以得到多少利潤。**

(5) 營業費用：主要分為行銷、管理及研發等三類費用。**這個部分的成本必須要嚴格的控管，否則會造成企業龐大的負擔。**

(6) 營業淨利（損）：等於營業收入減掉銷貨退回與折讓，再減掉營業成本以及營業費用。簡單來說，營業淨利為營業毛利減掉營業費用之餘額，若大於零，便表示本業賺錢；但若小於零，則表示本業虧錢。

2. 營業外項目分析

(1) 營業外收益：係指非因企業本業所賺到的收益，例如：利息收入、投資收入、處分固定資產收益等均屬於此。讀者可以從中窺探出一些訊息。例如：當企業的利息收入太多，代表企業沒有好好管理現金、設法提高收益，可能都只放在銀行裏生利息。

(2) 營業外費損：係指非因企業本業所產生的費損，例如：利息費用、投資損失、處分固定資產損失等均屬於此。讀者可以從中窺探出一些訊息。例如：當企業的利息費用佔營業淨利的比重太高，代表企業的利息負擔太重，可能會因一時的利息支出而周轉不靈。

(3) 營業外利益或損失：即為營業外收益減除營業外費損之餘額。

最後要提醒讀者，在看企業綜合損益表的時候，一定要將業內跟業外的獲利來源分清楚。若業內獲利高，則表示企業專注於本業；但若業外獲利高，則企業偏向於多角化經營。

由於國際會計準則並未明確定義「營業活動」與「非營業活動」，所以營業內項目分析及營業外項目分析主要是供報表使用者進行分析及參考用。

讀者記得要注意哦～

### 3. 每股盈餘分析

每股盈餘＝稅後淨利／加權平均股數

每股盈餘是綜合損益表中最重要的一個指標。它為什麼重要呢？舉個簡單例子來說，當有 A、B 兩家公司，A 公司賺 3 億，而 B 公司僅賺 5 千萬，讀者千萬不要認為 A 公司較值得投資。因為如果 A 公司股本為 10 億；而 B 公司之股本只有 2 千萬，那麼 A 公司的每股盈餘只剩 3 元；但 B 公司的每股盈餘卻有 25 元。如果是您，會選擇投資哪一家公司呢？

### 4. 比率分析

當讀者深入了解財務狀況表與綜合損益表所代表的數字之後，更重要的是要了解數字背後所透露的訊息，而這個目的就要靠「比率分析」這個步驟了！在讀者深入了解綜合損益表的內容之後，現在要介紹給讀者一些比率，這些比率可以幫助讀者分析企業的獲利能力以及經營能力。

(1) 企業的獲利能力分析：

① 營業毛利率＝營業毛利／營業收入淨額

這個比率主要是看企業的產品是否有競爭力。毛利率越高者，企業產品的競爭力越強。要提醒讀者的是，分析毛利率並不一定要

以「年」為單位，現今電子產品的生命週期都很短，所以在評估毛利率時，通常以「季」為單位，看每季毛利率的變化，再來觀察企業產品的競爭力，以及決定此企業是否還有投資的價值。

② 營業利益率＝營業利益／營業收入淨額

這個比率是代表扣除營業成本和營業費用後，產品所能帶來的淨利潤，此比率自然也是越高越好。

③ 營業費用率＝營業費用／營業收入淨額

這個比率是代表企業的營業費用佔營業收入淨額的多寡。如果一間企業的營業費用率歷年來呈現不穩定的狀態，那麼此企業在成本控制上的能力就有待加強了。此外，營業費用率不宜過高，否則會拖垮企業原有的產品競爭力。

④ 營業外收支比率＝營業外利益或損失／營業收入淨額

這個比率可看出營業外的活動佔整個企業營業收入的比率，若此比率過高，顯示企業並非專注於本業經營。

 會計一點靈

**企業獲利能力之比率分析公式**
1. 營業毛利率＝營業毛利/營業收入淨額
2. 營業利益率＝營業利益/營業收入淨額
3. 營業費用率＝營業費用/營業收入淨額
4. 營業外收支比率＝營業外利益或損失/營業收入淨額

(2) 企業的經營能力分析：

① 應收帳款周轉率（次數）＝營業收入淨額／平均應收帳款

平均應收帳款＝（期初應收帳款＋期末應收帳款）／2

為什麼要用平均應收帳款，而不是用期末應收帳款呢？這是因為企業會不斷的有營業收入，也會不斷的產生應收帳款，顧客也會不斷的付款，因此用平均數會較期末數來得準確。

此比率是表示企業從出售產品，到收到現款的速度有多快。所以這個比率當然是越大越好，比率越大代表周轉越快。應收帳款周轉率的單位是次數，但是用次數來衡量還不夠清楚。因此有應收帳款周轉天數的存在。

② 應收帳款周轉天數＝365 天／應收帳款周轉率

此比率是表示應收帳款之平均收現天數為多久，故此比率當然是越低越好。一般而言，企業之應收帳款周轉天數最好控制在一季以內，也就是這一季銷售出去的貨，在下一季便可以收到現金。但也有一些例外行業，例如：電信業一個月就要收一次電話費，而預付卡更是一開始就收錢了，所以電信業應收帳款周轉天數通常在一個月左右。

③ 存貨周轉率（次數）＝營業成本／平均存貨

平均存貨＝（期初存貨＋期末存貨）／2

這個比率是代表企業每進一批商品（或是生產一批商品），是不是很快就賣掉了，所以存貨周轉率亦是越高越好，表示企業銷售暢通。但是因為用次數來衡量還不夠清楚，因此有存貨周轉天數的存在。

④ 存貨周轉天數＝365 天／存貨周轉率

此比率是表示企業賣掉一批商品平均需要多久時間，故此比率自然亦是越低越好。

會計一點靈

**企業經營能力之比率分析公式**

1. 應收帳款周轉率（次數）＝營業收入淨額/平均應收帳款
2. 應收帳款周轉天數＝365 天/應收帳款周轉率
3. 存貨周轉率（次數）＝營業成本/平均存貨
4. 存貨周轉天數＝365 天/存貨周轉率

# 五、權益變動表深入解析

## （一）權益變動表的初步認識

　　因為財務狀況表僅能列示企業權益於會計期間結束日之餘額，但無法顯示其變動過程，故權益變動表便可作為補充財務狀況表中關於「權益」部分的資訊。

## （二）權益變動表的觀念

　　權益變動表是在表達企業在某段會計期間內權益變動的情形，因為能夠表達一段會計期間內的權益變動，而非某時點的權益狀態，故屬於一張動態的報表。

## （三）權益變動表的結構

　　權益變動表的報表結構亦可分為「表頭」、「表身」、以及「表尾」三大部分。分別介紹如下：

1. 表頭：權益變動表表頭必須依序列示企業名稱、報表名稱（權益變動表）及時間（一段會計期間），例如：109年1月1日至12月31日，則為109年的年報報導期間。

2. 表身：表身部分第一列顯示期初權益，中間列則顯示權益變動原因及變動數，加總後可得出最後一列的期末權益，至於直式欄位則應顯示股本、資本公積、保留盈餘以及其他權益等分類，向下再區分為各個會計項目。

3. 表尾：則為相關人員的簽名與蓋章，包括有：企業的負責人、經理人及主辦會計。

【釋例】　權益變動表

<table>
<tr><td colspan="14" align="center">大興公司<br>權益變動表<br>109 年 1 月 1 日至 12 月 31 日</td></tr>
<tr><td rowspan="2">　</td><td rowspan="2">股本</td><td colspan="2">資本公積</td><td colspan="2">保留盈餘</td><td colspan="3">其他權益</td><td rowspan="2">庫藏股票</td><td rowspan="2">總計</td><td rowspan="2">非控制權益</td><td rowspan="2">權益總額</td></tr>
<tr><td>股本溢價</td><td>庫藏股交易</td><td>法定公積</td><td>未分配盈餘(虧損)</td><td>國外營運機構換算</td><td>權益工具投資</td><td>重估增值</td></tr>
<tr><td>109 年 01 月 01 日餘額<br>109 年度權益之變動</td><td>$500,000</td><td>$80,000</td><td>$20,000</td><td>$25,000</td><td>$150,000</td><td>$3,000</td><td>$18,000</td><td>$1,200</td><td>$(100,000)</td><td>$697,200</td><td>$50,000</td><td>$747,200</td></tr>
<tr><td>股本發行</td><td>60,000</td><td></td><td></td><td></td><td></td><td></td><td></td><td></td><td></td><td>60,000</td><td></td><td>60,000</td></tr>
<tr><td>股利</td><td></td><td></td><td></td><td></td><td>(10,000)</td><td></td><td></td><td></td><td></td><td>(10,000)</td><td></td><td>(10,000)</td></tr>
<tr><td>本期綜合損益總額</td><td></td><td></td><td></td><td></td><td>25,000</td><td>3,000</td><td>(14,000)</td><td>300</td><td></td><td>14,300</td><td>2,000</td><td>16,300</td></tr>
<tr><td>轉為保留盈餘</td><td></td><td></td><td></td><td></td><td>100</td><td></td><td></td><td>(100)</td><td></td><td>0</td><td></td><td>0</td></tr>
<tr><td>109 年 12 月 31 日餘額</td><td>$560,000</td><td>$80,000</td><td>$20,000</td><td>$25,000</td><td>$165,100</td><td>$6,000</td><td>$4,000</td><td>$1,400</td><td>$(100,000)</td><td>$761,500</td><td>$52,000</td><td>$813,500</td></tr>
</table>

# 六、現金流量表深入解析

## (一) 現金流量表的初步認識

　　綜合損益表可以看出企業「理論上」應該賺到多少錢；而現金流量表則可以「眞正」看出企業賺的錢到底有沒有流進來。所以現金流量表雖然不能看出企業獲利的成長，但是卻能讓投資人及早發現企業是否有財務危機。

　　因此，若投資人想瞭解企業是否虛盈實虧？到底有沒有賺到現金？是不是只把貨塞到關係企業？從這張表就可以一窺一二了。

## (二) 現金流量表的觀念

　　現金流量表衡量的是一個企業現金進出的情形，也就是企業眞正支付出去以及所收到的現金，一切都是以現金的支出和流入爲基礎。現金流量表是企業經營中很重要的一個表，但是常常被忽略，被忽略的下場便是：許多綜合損益表明明賺錢的企業，最後卻倒閉了，造成投資人無謂的鉅額損失。

　　究竟是什麼原因造成綜合損益表與現金流量表之差異呢？這完全是因爲兩張表所採用的會計入帳基礎不一致所引起的。綜合損益表所採用的是「應計基礎」；而現金流量表所採用的是「現金基礎」。

【釋例】 「現金基礎」與「應計基礎」：

100萬存定存，利率3％，則一年的利息會有3萬元。

解　　1. 現金基礎下：這3萬元我們會於一年後拿到現金時，才認列爲收入，也就是一年後再一次認列3萬元的利息收入。
　　　　2. 應計基礎下：照最嚴謹的作法，每天都應該要認列利息收入82.19元。
　　　　　① 1,000,000×3％ ＝ 30,000
　　　　　② 30,000/365 ＝ 82.19
　　　　這樣，您瞭解其中的差異了嗎？

## (三) 現金流量表的結構

現金流量表的編製主要區分爲以下三類：

1. 營業活動：企業主要的營收及非屬於投資及籌資之相關活動。
2. 投資活動：企業對長期資產及不屬於約當現金類型等投資的取得與處分。
3. 籌資活動：導致企業之權益及借款組成項目產生變動之相關活動。

在現金流量表的結構中，最重要的部分在於「營業活動之現金流量」，因爲營業活動與投資活動、籌資活動有時會難以區分，且營業活動因交易與會計項目之複雜性，可選擇「直接法」或「間接法」兩種不同的編製方法，但投資活動及籌資活動因交易較爲簡單，只能使用「直接法」表達，一旦完成編製營業活動、投資活動及籌資活動之現金流量後，只要再揭露「非現金交易」以及其他補充資訊，便可完成現金流量表的編製。

來自營業活動之現金流量：

1. 交易事項：主要爲與營運活動有關之交易及其他事項，主要有下。
   (1) 銷售或購買商品、提供或被提供勞務之收取或支付現金。
   (2) 收取權利金、租金、佣金及其他收入之現金。

(3)　對員工或代員工支付的現金。

(4)　保險業者因保費、理賠、年金及其他保單利益之現金收取及現金支付。

(5)　所得稅之現金支付或退回，但可明確辨認屬於投資及籌資活動者便不計入。

(6)　持有供「自營」或「交易目的」合約之現金收取及支付。

2. **報導營業活動現金流量之方法**：有以下兩種方法可以選用。

(1)　直接法：按「現金收取總額」之主要類別及「現金支付總額」之主要類別分開列示。

(2)　間接法：自本期損益中「調整」非現金性質交易、任何過去或未來營業現金收取或支付之遞延或應計項目。

　　①　非現金性質交易：折舊、折耗、攤銷、呆帳、折溢價攤銷、負債準備、遞延所得稅、未實現兌換損益、採用權益法認列之投資損益等。

　　②　遞延項目：預收收益、遞延收益、預付費用、遞延費用等。

　　③　應計項目：應收項目、應付項目等。

間接法下營業活動現金流量調整項目彙整表

| 不產生現金之收益 | 不動用現金之費用 |
| --- | --- |
| 1.長期債券投資折價攤銷<br>2.權益法股票投資收益<br>3.遞延所得稅資產增加<br>4.遞延所得稅負債減少<br>5.遞延收入攤銷 | 1.折舊費用<br>2.攤銷費用<br>3.公司債折價攤銷<br>4.長期債券投資溢價攤銷<br>5.遞延所得稅負債增加<br>6.遞延所得稅資產減少<br>7.退休金負債增加 |
| 營業活動有關流動資產減少<br>及流動負債增加 | 營業活動有關流動資產增加<br>及流動負債減少 |
| 1.應收帳款減少數<br>2.應收收入減少數<br>3.存貨與預付費用減少數<br>4.應付帳款增加數<br>5.應付費用增加數<br>6 預收收入增加數 | 1.應收帳款增加數<br>2.應收收入增加數<br>3.存貨與預付費用增加數<br>4.應付帳款減少數<br>5.應付費用減少數<br>6 預收收入減少數 |

至於來自投資或籌資現金流量之交易事項，則包括有：處分資產損益、償債損益或債務整理利益等。

現金流量表的報表結構亦可分爲「表頭」、「表身」與「表尾」三大部分。分別介紹於下：

1. **表頭**：現金流量表的表頭，亦分成三個部分，分述如下：
   (1) 企業名稱。
   (2) 報表名稱：亦即現金流量表。
   (3) 時間：爲一段會計期間，如民國 109 年 1 月 1 日至 109 年 12 月 31 日。

2. **表身**：依現金流量的性質可分爲下列三大類：
   (1) 營業活動的現金流量：主要是牽涉跟本業有關的項目，如應收帳款、應付帳款及存貨之增加或減少等。
   (2) 投資活動的現金流量：主要是牽涉跟投資有關的項目，如不動產、廠房及設備、長期投資之增加或減少等。
   (3) 籌資活動的現金流量：主要是牽涉跟權益投入及借款有關的項目，如公司債、股本之增加或減少等。

3. **表尾**：則爲相關負責人員的簽名與蓋章，包括有：企業的負責人、經理人及主辦會計。

關於現金流量表（間接法）的架構與內容，如下表列示：

信心公司
現金流量表
109 年度

| 營業活動之現金流量 | | |
|---|---:|---:|
| 本期淨利 | $82,000 | |
| 調整項目： | | |
| 折　　舊 | 4,000 | |
| 專利權攤銷 | 2,000 | |
| 商譽攤銷 | 3,000 | |
| 公司債折價攤銷 | 2,000 | |
| 出售土地損失 | 1,200 | |
| 應收帳款增加 | (43,000) | |
| 存貨減少 | 23,000 | |
| 應付薪資增加 | 4,000 | |
| 應付稅款減少 | (3,200) | |
| 預收租金增加 | 6,000 | |
| 營業活動之淨現金流入 | | $81,000 |
| 投資活動之現金流量 | | |
| 出售土地 | 24,000 | |
| 購買辦公設備 | (49,000) | |
| 投資活動之淨現金流出 | | (25,000) |
| 籌資活動之現金流量 | | |
| 發行公司債 | 50,000 | |
| 發放現金股利 | (2,000) | |
| 購買庫藏股票 | (34,000) | 14,000 |
| 本期現金及約當現金增加數 | | 70,000 |
| 期初現金及約當現金增加數 | | 16,000 |
| 期末現金及約當現金增加數 | | $86,000 |
| 現金流量資訊之補充揭露： | | |
| 　本期支付所得稅 | | $23,000 |
| 不影響現金流量之投資及籌資活動： | | |
| 　發行普通股換得建築物 | | $56,000 |

## (四) 現金流量表的分析

### 1. 營業活動的現金流量

在編製現金流量表時，大都是根據綜合損益表上的當期淨利來調整，因為企業所賺來的錢，便是企業現金流量的來源，因此用綜合損益表的當期淨利爲基準來加以調整甚爲合理。

現在，筆者透過幾個營業活動的項目，來讓讀者理解現金流量調整的原理。讀者要特別注意的是，此章節的目的，不是要教大家學會如何編表，而是要教大家如何看報表，讓讀者理解現金流量表編製的邏輯與意義，以便將來有助於個人投資理財。

(1) 應收帳款：應收帳款的增加對於現金的影響是負向的；而應收帳款的減少對於現金的影響則是正向的。應收帳款增加代表的是企業的存貨或是勞務雖然賣出去了或是已經提供了（此即綜合損益表依據應計基礎所表達的），但是實際上所收到的現金卻沒有那麼多，因此應收帳款的增加，表示現金沒進來，所以在編製現金流量表時，便要將應收帳款所增加的部分予以扣除；相反的情況，若企業之應收帳款減少，在編製現金流量表時，便要將應收帳款減少的部分予以加回。

(2) 存貨：企業在進貨的時候，會付現金或開立應付票據給供應商，所以如果企業存貨增加，那麼增加的部分便需要用現金支付，這個部分綜合損益表上並沒有記載，所以在編製現金流量表的時候，便要將這現金支付的部分予以扣除；若是企業存貨減少，以此類推，便是要將現金加回。

### 2. 投資活動的現金流量

企業的投資活動包括了資本支出－即不動產、廠房及設備，或者是長期投資的買賣等。投資人可以在這個地方看出企業今年的資本支出跟往年比較起來如何，如果明顯變少的話，便表示企業對未來的前景抱持審慎保守的態度，不願意加碼投資。至於企業的長期投資相關項目，在長期投資的利得或損失還沒有實現之前，是不會出現在綜合損益表的。長期投資的增加，便是支付了多少現金取得投資，在編製現金流量表時，便須把支付的現金扣除。

3. 籌資活動的現金流量

企業的籌資活動則主要包括企業是否有發行新股、或者是發行公司債籌資等。如果企業有發行新股或是發行公司債籌資，則表示企業有現金的流入，那麼在編製現金流量表時，便要將現金予以加回；相反地，若企業今年公司債到期，則要將現金予以扣除。

## (五) 比率分析

利用現金流量表的項目所求算之比率，可以得知企業的現金周轉率，其中又以現金流量比率最為重要，介紹如下：

$$現金流量比率＝營業活動的現金流量／短期負債$$

這個比率主要是在衡量現金的周轉靈活度，用營業活動的現金流量來計算此比率的原因為：營業活動係屬企業的本業，本業有賺到錢，才是最穩當的，若企業自本業有賺到錢，而足以支付短期負債，那麼企業便沒有立即籌資的壓力。在這邊要特別注意的是，短期負債除了包括流動負債之外，當然還包括一年內到期的長期負債。

 **重點彙總**

Q1　：根據國際會計準則（IAS），完整的財務報表包括哪六項？

Ans　：1. 財務狀況表（Statement of financial position）。

　　　　2. 綜合損益表（Statement of comprehensive income）。

　　　　　(1)綜合損益（Comprehensive Income, CI）。

　　　　　(2)其他綜合損益（Other Comprehensive Income, OCI）。

　　　　3. 權益變動表（Statement of changes in equity）。

4. 現金流量表（Statement of cash flow）。

5. 附註（Notes）。

6. 最早比較期間的期初財務狀況表（a Statement of financial position as at the beginning of the earliest comparative period）。

**Q2**：財務報表相關資訊的取得途徑，主要有哪三個？

**Ans**：㈠ 證券暨期貨市場發展基金會

1. 證券基金會的網址為：http://www.sfi.org.tw/。

2. 點選【資訊查詢】－【相關網站】－再點選【國內相關單位網站】。

3. 點選【金融主管機關】下的【證券期貨局】。

4. 點選【金融資訊】下的【公開發行公司】。

5. 點選【公開發行公司】中的【上市、上櫃、興櫃及公開發行公司基本資料查詢彙總表查詢】

㈡ 證期會的公開資訊觀測站

1. 公開資訊觀測站的網址為：http://mops.twse.com.tw/index.htm。

2. 點選所要查詢企業的【市場別】及【產業別】。

㈢ 各企業的網站

只要是正當經營的企業，通常會清楚交代自身的營運狀況與財務結構，因此投資大眾只要多多利用其企業自行架設的網站，隨時留意其財務報表之資訊與新發佈之重大訊息即可。

**Q3**：財務狀況表的架構，主要分為哪兩種？

**Ans**：關於財務狀況表的架構，主要有下列兩種。

1. 帳戶式

係將資產類項目列示於財務狀況表的左邊，而負債與權益類項目則列示於報表的右邊。如下表所示：

泰晶公司
財務狀況表
109 年 12 月 31 日

| 資產 | | | 負債 | | |
|---|---|---|---|---|---|
| 流動資產 | | | 流動負債 | | |
| 　現　　金 | | $122,500 | 　應付票據 | $145,000 | |
| 　備供出售金融資產 | | 19,500 | 　應付帳款 | 51,000 | |
| 　應收帳款 | $187,000 | | 　應付薪資 | 15,000 | |
| 　（備抵壞帳） | (12,000) | 175,000 | 　應付稅款 | 30,500 | |
| 　存　　貨 | | 90,000 | 　預收租金 | 16,500 | |
| 　用品盤存 | | 6,000 | 　流動負債合計 | | $258,000 |
| 　預付保險費 | | 20,000 | 非流動負債 | | |
| 流動資產合計 | | $433,000 | 　應付公司債 | | |
| 非流動資產 | | | 　（10 年到期） | 165,000 | |
| 　採用權益法之投資 | | 355,000 | 　（應付公司債折價） | (15,000) | 150,000 |
| | | | 　負債總計 | | 408,000 |
| 　不動產、廠房及設備 | | 343,500 | 權益 | | |
| 　專利權（淨額） | | 75,000 | 股　　本 | 800,000 | |
| 　商譽（淨額） | | 200,000 | 資本公積-普通股溢價 | 150,000 | |
| 非流動資產合計 | | 973,500 | 保留盈餘 | 73,000 | |
| 資產總計 | | $1,406,500 | 庫藏股票（成本） | (24,500) | |
| | | | 　股東權益總計 | | 998,500 |
| | | | 負債及股東權益總計 | | $1,406,500 |

2. 報告式

　　係指財務狀況表上面應先列資產類項目，依序再列式負債類以及
權益類項目。如下表所示：

| 泰晶公司<br>財務狀況表<br>109 年 12 月 31 日 | | |
|---|---|---|
| **資　　產** | | |
| **流動資產** | | |
| 現　　金 | | $122,500 |
| 備供出售金融資產 | | 19,500 |
| 應收帳款 | $187,000 | |
| （備抵壞帳） | (12,000) | 175,000 |
| 存　　貨 | | 90,000 |
| 用品盤存 | | 6,000 |
| 預付保險費 | | 20,000 |
| **流動資產合計** | | 433,000 |
| **非流動資產** | | |
| 採用權益法之投資 | | 355,000 |
| 不動產、廠房及設備 | | 343,500 |
| 專利權 | | 75,000 |
| 商　　譽 | | 200,000 |
| **非流動資產合計** | | 973,500 |
| | | |
| **資產總計** | | $1,406,500 |
| | | |
| **負　　債** | | |
| **流動負債** | | |
| 應付票據 | | $145,000 |
| 應付帳款 | | 51,000 |
| 應付薪資 | | 15,000 |
| 應付稅款 | | 30,500 |
| 預收租金 | | 16,500 |
| **流動負債合計** | | 258,000 |
| **非流動負債** | | |
| 應付公司債(10 年到期) | 165,000 | |
| （應付公司債折價） | (15,000) | 150,000 |
| **負債合計** | | 408,000 |
| | | |
| **權　　益** | | |
| 股　　本 | | 800,000 |
| 資本公積-普通股溢價 | | 150,000 |
| 保留盈餘 | | 73,000 |
| （庫藏股票(成本)） | | (24,500) |
| **權益合計** | | 998,500 |
| **負債及權益總計** | | $1,406,500 |

**Q4** ：評估企業償債能力的比率主要有哪些？

**Ans**：1. 流動比率＝流動資產／流動負債

這個比率是在檢視企業的短期償債能力，比率越高，則代表企業短期償債的能力越強。這個比率若大於1，則表示企業至少有能力應付一年以內到期的負債，對於短期債權人較有保障。

2. 速動比率＝速動資產／流動負債

這個比率是在檢視企業在極短時間內的短期償債能力，比率越高，亦代表企業短期償債的能力越強。公式中的速動資產，係指現金、短期投資、應收票據與帳款等變現性較佳的資產，其他如存貨、預付費用等項目，因為有著賣不掉的風險與較無法變現之疑慮，所以速動比率中將其排除，以求能更精確地算出公司的流動性。這時，讀者可能會有一個疑問，應收帳款跟應收票據均未到期，還不是不能立即變現，影響流動性？為什麼速動資產並不將其排除呢？別擔心，銀行有提供一種貼現業務，公司可以把手上的應收帳款跟票據先賣給銀行，貼現換錢，所以對於流動性的影響不大。

3. 負債比率＝負債總額／資產總額

負債比率是表示一家公司的資產有多少比例是靠舉債（借款）而來，比率越高，即表示企業的資金大都是由債權人提供；比率越低，則表示企業的資金主要是由股東所提供。一般而言，一家企業的負債比率超過50％就表示過高，而經營績效較好的企業，一般將負債比率控制在30％上下。

**Q5**：試說明「單站式損益表」及「多站式損益表」之區別？

**Ans**：1. 費用性質法

依照費用性質列示各個會計項目，不使用成本會計分攤來計算存貨成本，此法簡單，但較難運用於財務比率分析。此類型損益表，因為單純將「所有收益加總」再減掉「所有費損加總」便等於「本期損益」，一次性地計算出損益，故又稱為「單站式損益表」。

2. 費用功能法（銷貨成本法）

依照功能別分別列示費用項目，例如：銷貨成本、銷售費用、管理費用等，此種方法，能夠依據費用的功能加以分類，較能提供攸關之資訊給與使用者，但分攤成本至各費用可能需採用較武斷的方法，且涉及相當程度之判斷。按功能別分類費用及損失之企業，因為要經過多次階段計算，才能夠計算出「本期損益」，故又稱為「多站式損益表」。

Q6 ：哪些財務比率可協助企業評估獲利能力？

Ans ：1. 企業的獲利能力分析：

(1) 營業毛利率＝營業毛利／營業收入淨額

這個比率主要是看公司的產品是否有競爭力。毛利率越高者，公司產品的競爭力越強。要提醒讀者的是，分析毛利率並不一定要以「年」為單位，現今電子產品的生命週期都很短，所以在評估毛利率時，通常以「季」為單位，看每季毛利率的變化，再來觀察公司產品的競爭力，以及決定此公司是否還有投資的價值。

(2) 營業利益率＝營業利益／營業收入淨額

這個比率是代表扣除進貨成本和營業費用後，產品所能帶來的淨利潤，此比率自然也是越高越好。

(3) 營業費用率＝營業費用／營業收入淨額

這個比率是代表企業的營業費用佔營業收入淨額的多寡。如果一間企業的營業費用率歷年來呈現不穩定的狀態，那麼此企業在成本控制上的能力就有待加強了。此外，營業費用率不宜過高，否則會拖垮企業原有的產品競爭力。

(4) 營業外收支比率＝營業外利益或損失／營業收入淨額

這個比率可看出營業外的活動佔整個企業營業收入的比率。若此比率過高，顯示企業並非專注於本業經營。

**Q7**：哪些財務比率可協助企業評估經營能力？

**Ans**：1. 應收帳款周轉率（次數）＝營業收入淨額／平均應收帳款

平均應收帳款＝（期初應收帳款＋期末應收帳款）／2

為什麼用平均應收帳款，而不是用期末應收帳款呢？這是因為企業會不斷的有營業收入，也會不斷的產生應收帳款，顧客也會不斷的付款，因此用平均數會較期末數來得準確。

此比率是表示企業從出售產品，到收到現款的速度有多快。所以這個比率當然是越大越好，比率越大代表周轉越快。應收帳款周轉率的單位是次數，但是用次數來衡量還不夠清楚。因此有應收帳款周轉天數的存在。

2. 應收帳款周轉天數＝365 天／應收帳款周轉率

此比率是表示應收帳款之平均收現天數為多久，故此比率是越低越好。一般而言，企業之應收帳款周轉天數最好控制在一季以內，也就是這一季銷售出去的貨，在下一季可以收到現金。但也有一些例外行業，例如：電信業一個月就要收一次電話費，而預付卡更是一開始就收錢了，所以電信業應收帳款周轉天數通常在一個月左右。

3. 存貨周轉率（次數）＝營業成本／平均存貨

平均存貨＝（期初存貨＋期末存貨）／2

這個比率是代表企業每進一批貨（或是生產一批貨），是不是很快就賣掉了。所以存貨周轉率是越高越好，表示企業銷售暢通。但是因為用次數來衡量還不夠清楚。因此有存貨周轉天數的存在。

4. 存貨周轉天數＝ 365 天／存貨周轉率

此比率是表示企業賣掉一批貨平均需要多久時間，所以此比率自然是越低越好。

Q8 ：綜合損益表以及現金流量表的差異主要爲何？

Ans ：綜合損益表可以看出企業「理論上」應該有賺到多少錢；而現金流量表則可以「眞正」看出企業賺的錢到底有沒有流進來。所以現金流量表雖然不能看出企業獲利的成長，但是卻能讓投資人及早發現企業是否有財務危機！因此，若投資人想瞭解企業是否虛盈實虧？到底有沒有賺到現金？是不是只把貨塞到關係企業？從這張表就可以一窺一二。

現金流量表衡量的是一個企業現金進出的情形，也就是企業眞正花出去的現金，以及實際上所收到的現金，一切都是以現金的支付和收取爲基礎。現金流量表是企業經營中很重要的一個表，但是常常被忽略，被忽略的下場便是：許多綜合損益表明明賺錢的公司，最後卻倒閉了，造成投資人無謂的鉅額損失。

究竟什麼原因造成綜合損益表與現金流量表之差別呢？這完全是因爲兩張表所採用之會計入帳基礎不一致所引起的。綜合損益表所採用的是「應計基礎」；而現金流量表所採用的則是「現金基礎」。

**本章習題**

一、選擇題

( )1. 使用電腦化會計作業時,下列何者不是買賣業所輸出之資料 (A)資產負債表 (B)客戶所發訂單 (C)綜合損益表 (D)客戶別應收帳款明細表。

( )2. 下列敘述何者正確? (A)現金流量表告知閱表者一個企業在某一時點的現金變化情形 (B)損益表代表一個企業在某一時點的經營績效,包括產出多少收益,發生多少費用 (C)企業的利害關係人,包括投資者、債權人、經理人、員工、供應商、顧客、政府、會計師等,這些個體與企業的關係均是雙向的 (D)在會計實務上不允許企業在不影響所報導的資訊有用性下,彈性運用一般公認會計原則。

( )3. 銷貨總額$72,000,銷貨退回$12,000,銷貨運費$5,000,銷貨成本$42,000,則毛利率為 (A)25% (B)72% (C)60% (D)30%。

( )4. 企業主要財務報表中下列何者屬於靜態報表? (A)資產負債表 (B)綜合損益表 (C)權益變動表 (D)現金流量表。

( )5. 台中公司有關資料如下:銷貨收入$400,000,銷貨運費$40,000,銷貨折扣$5,000,銷貨退回與讓價$15,000。假設毛利率為 30%,則銷貨成本為 (A)$238,000 (B)$252,000 (C)$266,000 (D)$280,000。

( )6. 銷貨淨額$100,000,銷貨毛利$20,000,則成本率為 (A)20% (B)80% (C)75% (D)25%。

( )7. 毛利率25%,銷貨收入$18,000,銷貨退回$3,000,則銷貨成本為 (A)$15,000 (B)$11,250 (C)$3,750 (D)$5,000。

( )8. 台中公司之流動資產$10,000、流動負債$5,000、存貨$2,000、應收帳款$1,000，則其速動比率為 (A)1.6 (B)1.7 (C)1.4 (D)1.5。

( )9. 系統設計時，有關會計總帳作業之財務報表，下列敘述何者有誤 (A)資產負債表必須呈現企業在一特定日期之資產、負債及權益等財務狀況 (B)綜合損益表主要以單站式格式為主 (C)現金流量表主要報導一特定期間內，有關企業之營業、投資、籌資活動的現金流量 (D)權益變動表是一個連結綜合損益表和資產負債表之報表。

( )10. 下列何者非屬財務報表要素？ (A)資產、負債 (B)企業員工的價值 (C)權益 (D)收益及費損。

( )11. 企業短期償債能力之大小可由下列何者加以測定 (A)銷貨淨額與銷貨毛利 (B)流動資產與非流動負債 (C)非流動資產與流動負債 (D)流動資產與流動負債。

( )12. 下列何者非為主要財務報表 (A)現金流量表 (B)綜合損益表 (C)資產負債表 (D)結算工作底稿。

( )13. 與銷貨成本計算無關之商品帳戶為 (A)進貨 (B)進貨折讓 (C)期末存貨 (D)銷貨運費。

( )14. 下列何者為企業的速動資產 (A)用品盤存 (B)應收帳款 (C)預付費用 (D)存貨。

( )15. 企業主要財務報表中下列何者屬於靜態報表 (A)資產負債表 (B)權益變動表 (C)現金流量表 (D)綜合損益表。

( )16. 帳戶式資產負債表之排列係根據 (A)資產＝負債－權益 (B)資產－權益＝負債 (C)資產－負債＝權益 (D)資產＝負債＋權益。

( )17. 下列敘述何者正確 (A)資產負債表和綜合損益表的表首完全相同 (B)資產負債表與綜合損益表的本期損益，兩者計算方法不同，故其數額可能不相等 (C)資產負債表及綜合損益表均可因實際需

要，隨時編製主表及附表　(D)資產負債表及綜合損益表可根據結帳後試算表編製而來。

(　)18. 流動比率為 4，存貨佔流動資產的 1/4，預付費用為$5,000，流動負債為$15,000，則速動資產為　(A)$35,000　(B)$40,000　(C)$60,000　(D)$55,000。

(　)19. 綜合損益表內部記錄為銷貨總額：銷貨退回＝9：1，期初存貨：進貨淨額＝1：3，進貨淨額：期末存貨＝6：1，毛利率為30％，期初存貨較期末存貨多$10,000，則銷貨總額為　(A)$111,111　(B)$30,000　(C)$112,500　(D)$100,000。

(　)20. 銷貨成本$300,000，期初存貨$140,000，期末存貨為銷貨成本的四分之一，則本期進貨為　(A)$160,000　(B)$235,000　(C)$260,000　(D)$300,000。

(　)21. 下列何者為企業的速動資產　(A)預付費用　(B)用品盤存　(C)存貨　(D)應收帳款。

(　)22. 銷貨運費在綜合損益表中應列於　(A)營業外支出　(B)銷貨成本　(C)銷貨收入　(D)營業費用。

(　)23. 表達企業經營成果之報表為　(A)資產負債表　(B)綜合損益表　(C)權益變動表　(D)現金流量表。

## 二、計算題

1. 華宇公司的應收帳款$20,000，應付帳款$5,000，流動資產$100,000，流動負債$60,000，銷貨毛利率25％，存貨週轉率6，平均存貨$20,000，則該年度流動資金週轉率為多少？

2. 誠品公司 109 年度稅前淨利為$2,000,000，所得稅率為30％，該公司年底資產總額為$7,000,000，負債總額為其 1/4，試求算股東權益報酬率為多少？

3. 下列為某商店 109 年底之資料：

| 銷　　貨 | $25,000 | 期初存貨 | $3,000 | 租金收入 | $300 |
|---|---|---|---|---|---|
| 銷貨折讓 | 600 | 進貨費用 | 800 | 利息支出 | 120 |
| 銷貨運費 | 400 | 期末存貨 | 600 | 進貨折讓 | 280 |
| 進　　貨 | 15,000 | 水電瓦斯費 | 600 | | |

試根據上列資料計算以下各項之正確答案？

(1)可供銷售商品總額

(2)銷貨成本

(3)銷貨毛利

(4)本期損益。

4. 安居公司 109 年度財務資料如下：

財務狀況表（部份）

109 年 12 月 31 日

| 流動資產 | | | 流動負債 | | |
|---|---|---|---|---|---|
| 現　　金 | | $120,000 | 應付票據 | | $25,000 |
| 應收帳款 | $53,000 | | | | |
| 備抵損失－應收帳款 | (6,000) | 47,000 | 應付帳款 | | 15,000 |
| 存　　貨 | | 18,000 | | | |
| 預付費用 | | 9,000 | 短期借款 | | 5,000 |
| 流動資產合計 | | $194,000 | 流動負債合計 | | $45,000 |

另外尚有期初應收帳款$34,000，期初存貨$12,000，銷貨成本$200,000，銷貨淨額$250,000。試根據上列數據計算：

(1)流動比率

(2)速動比率

(3)營運資金

(4)應收帳款週轉率

(5)存貨週轉率

(6)應收帳款平均收現天數（設一年 360 天）

(7)存貨平均週轉天數。

# A
## Chapter

# 附錄

學習目標

IFRS 會計項目表

# 附錄一　各章練習題解答

## 第1章

### 一、選擇題

1. (D)　2. (D)　3. (A)　4. (B)　5. (C)　6. (D)　7. (B)　8. (C)　9. (D) 10. (D)
11. (B) 12. (C) 13. (B) 14. (D) 15. (C) 16. (D) 17. (B) 18. (B) 19. (D) 20. (D)

### 二、問答題

1. 會計程序共計包括七個步驟：辨認、衡量、記錄、分類、彙總、分析與溝通。
2. 會計人從業之相關領域大體區分為以下三類：
   (1)公共會計：此領域之會計人員以服務公眾（非特定人）為主，其業務統稱為會計師業務。主要內容包括審計、稅務服務及管理諮詢等三類。
   (2)私人會計：此領域之會計人員以服務特定營利事業，其工作包括普通會計、成本會計、預算編製、稅務會計及內部稽核等項。
   (3)非營利會計：此領域之會計人員以服務特定非營利事業，如政府機關與非政府機關（醫院、學校、工會、基金會與慈善機構等）為主。

## 第2章

### 一、是非題

1. (×)　2. (○)　3. (×)

### 二、選擇題

1. (D)　2. (D)　3. (C)　4. (C)　5. (C)　6. (C)　7. (B)　8. (A)　9. (B) 10. (B)
11. (B) 12. (D) 13. (B) 14. (B) 15. (C) 16. (B) 17. (C)

### 三、填充題

1. 一致性　2. 繼續經營　3. 經濟個體　4. 重要性　5. 穩健　6. 成本

## 四、簡答及計算題

1. ⑴未違反任何原則
   ⑵違反穩健原則
   ⑶違反收入認列原則
   ⑷違反充分揭露原則

2. ⑴符合穩健原則
   ⑵符合配合原則
   ⑶符合成本原則

3. ⑴違反一致性原則
   ⑵違反配合原則
   ⑶違反成本原則及穩健原則
   ⑷違反穩健原則

4. ⑴經濟個體假設　　　⑵成本原則　　　　⑶配合原則
   ⑷配合原則　　　　　⑸收入認列原則　　⑹穩健原則
   ⑺會計期間假設　　　⑻行業特性之考量　⑼貨幣單位假設
   ⑽穩健原則　　　　　⑾客觀性原則　　　⑿充分揭露原則
   ⒀經濟個體假設　　　⒁配合原則　　　　⒂經濟個體假設

5. ⑴現金基礎下每年的淨利
   第1年 ($32,000 － $28,000)＝$4,000
   第2年 ($40,000 ＋$28,000 )－($34,000 ＋$34,000)＝$0
   第3年 ($48,000 ＋$24,000)－($38,000 ＋$22,000)＝$12,000
   ⑵應計基礎下每年的淨利
   第1年 ($32,000 ＋$40,000 )－($28,000 ＋$34,000 )＝$10,000
   第2年 ($28,000 ＋$48,000 )－($34,000 ＋$38,000)＝$4,000
   第3年 ($24,000 ＋$58,000)－($22,000 ＋$50,000)＝$10,000

6. 現金基礎：200,000 － 90,000 － 5,000 ＋ 120 － 39,000 ＝ 66,120
   應計基礎：銷貨收入 28,000 ＋ 200,000 － 15,000 ＝ 213,000
   　　　　　進　　貨 12,000 ＋ 90,000 － 9,500 ＝ 92,500
   　　　　　銷貨成本 92,500 ＋ 24,000 － 20,000 ＝ 96,500

$$營業費用 (1,500 + 5,000 - 800) + (39,000 - 2,500 + 6,000)$$
$$= 48,200$$
$$利息收入\ 160 + 120 - 200 = 80$$
$$213,000 - 96,500 - 48,200 + 80 = 68,380$$

## 第3章

### 一、選擇題

1. (C) 2. (D) 3. (C) 4. (D) 5. (D) 6. (A) 7. (A) 8. (C) 9. (B) 10. (B)
11. (D) 12. (A) 13. (B) 14. (A) 15. (B) 16. (A) 17. (B) 18. (B) 19. (B) 20. (B)
21. (C) 22. (B) 23. (A) 24. (D) 25. (D) 26. (A) 27. (C) 28. (B) 29. (C) 30. (A)
31. (B) 32. (B) 33. (C) 34. (A) 35. (A) 36. (A)

### 二、計算題

1. (a)$150,000，(b)$52,000，(c)$90,000，(d)$17,000，(e)$330,000，(f)$206,000
2. 描述每一交易情況。

   (1)業主投資$100,000現金開立派克書局。

   (2)購買用品共支付$9,000。

   (3)購買設備$7,000，除付現$2,000外，餘款暫欠。

   (4)銷貨$4,000，客戶除付現$2,200，其餘款$1,800暫欠。

   (5)償還前欠貨款$2,500。

   (6)業主提取現金$1,500自用。

   (7)支付租金$800。

   (8)收到顧客還來前欠貨款$1,400。

   (9)支付員工薪資$600。

   (10)本公司承諾代業主繳交水電費$500。

   計算本月之損益。

   $4,000 - $800 - $600 - $500 = $2,100

   計算本月業主權益變動數。

   $100,000 + $4,000 - $1,500 - $800 - $600 - $500 = $100,600

3. 現金＋應收帳款＋存貨＋預付費用＋房屋及建築＋運輸設備成本＝應付帳款＋業主權益

$100,000 + 70,000 + 60,000 + 20,000 + 250,000 + 40,000$

$= 110,000 + 40,000 + （\$600,000 - \$100,000 + 收入 - 費用）$

$\$540,000 = 650,000 + 淨利或 - 淨損$

所以淨損$110,000

4.

| | 資產（末） | = | 負債（末） | + | 權益（末） |
|---|---|---|---|---|---|
| 情況一 | $350,000 | = | $145,000 | + | $205,000 |

權益（末）＝期初權益＋淨利(或淨損)

$205,000 = \$225,000 + 淨利(或淨損)$

淨損＝$20,000

| | 資產（末） | = | 負債（末） | + | 權益（末） |
|---|---|---|---|---|---|
| 情況二 | $350,000 | = | $145,000 | + | $205,000 |

權益（末）＝期初權益＋淨利(或淨損)－業主提取

$205,000 = \$225,000 + 淨利(或淨損) - \$25,000$

淨利＝$5,000

| | 資產（末） | = | 負債（末） | + | 權益（末） |
|---|---|---|---|---|---|
| 情況三 | $350,000 | = | $145,000 | + | $205,000 |

權益（末）＝期初權益＋淨利(或淨損)＋業主投資

$205,000 = \$225,000 + 淨利(或淨損) + \$15,500$

淨損＝$35,500

| | 資產（末） | = | 負債（末） | + | 權益（末） |
|---|---|---|---|---|---|
| 情況四 | $350,000 | = | $145,000 | + | $205,000 |

權益（末）＝期初權益＋淨利(或淨損)＋業主投資－業主提取

$205,000 = \$225,000 + 淨利(或淨損) + \$25,500 - \$10,000$

淨損＝$35,500

|  | 資產（末） | ＝ | 負債（末） | ＋ | 權益（末） |
|---|---|---|---|---|---|
| 情況五 | $350,000 | ＝ | $145,000 | ＋ | $205,000 |

權益（末）＝期初權益＋淨利(或淨損)＋業主投資

$205,000＝$225,000＋淨利(或淨損)＋$5,000

淨損＝$25,000

5. (1)資產增加，業主權益增加

(2)某一種資產增加，另一種資產減少

(3)資產增加，負債增加

(4)資產減少，業主權益減少

(5)某一種資產增加，另一種資產減少

(6)資產減少，業主權益減少

6. (1)④，(2)③，(3)①，(4)②，(5)④，(6)⑤，(7)⑦，(8)⑥，(9)⑤，(10)②

7.

|  |  | 資產 | ＝ | 負債 | ＋ | 權益 |
|---|---|---|---|---|---|---|
| (1) | 提供服務並收取現金 | ＋ |  |  |  | ＋ |
| (2) | 賒購電腦設備 | ＋ |  | ＋ |  |  |
| (3) | 支付員工薪水 | － |  |  |  | － |
| (4) | 業主提取現金自用 | － |  |  |  | － |
| (5) | 向銀行短期貸款 | ＋ |  | ＋ |  |  |
| (6) | 顧客賒欠勞務收入 | ＋ |  |  |  | ＋ |
| (7) | 應收帳款收現 | ○ |  |  |  |  |
| (8) | 支付當月份水電費 | － |  |  |  | － |
| (9) | 支付賒購電腦設備所欠之款項 | － |  | － |  |  |
| (10) | 賒購用品 | ＋ |  | ＋ |  |  |

8. (1)綜合損益表：勞務收入、郵電費、廣告費、旅費

(2)財務狀況表：應收帳款、辦公設備成本、應付票據、業主提取、機器設備成本、現金

(3)權益變動表：資本主投資、業主提取

9. ⑴ R，⑵ A，⑶ OE，⑷ L，⑸ A，⑹ E，⑺ E，⑻ OE，⑼ L，⑽ A

⑾ R，⑿ E，⒀ L，⒁ OE，⒂ E，⒃ E，⒄ L，⒅ E，⒆ E，⒇ A

## 第4章

### 一、選擇題

1. (B) 2. (D) 3. (B) 4. (C) 5. (A) 6. (B) 7. (A) 8. (D) 9. (C) 10. (C)

11. (B) 12. (B) 13. (B) 14. (D) 15. (C) 16. (A) 17. (C) 18. (D) 19. (A) 20. (A)

21. (B) 22. (C) 23. (C) 24. (C) 25. (A) 26. (A) 27. (C) 28. (C) 29. (D) 30. (C)

31. (D) 32. (C) 33. (C) 34. (B) 35. (D) 36. (B) 37. (C) 38. (B) 39. (A) 40. (C)

41. (D) 42. (A) 43. (B) 44. (D) 45. (B) 46. (C) 47. (A) 48. (C)

### 二、填充題

1. 過帳　2. 序時帳簿　3. 會計項目　4. 發生時間

### 三、問答題

1. 會計憑證可分為原始憑證與記帳憑證兩類

(1)原始憑證：

當會計交易發生時，便會產生發票、收據等原始交易單據來證明交易之進行，此些交易單據便稱為會計憑證。原始憑證依其來源又可分為外來憑證、對外憑證與內部憑證。

①外來憑證：係對外交易時，由企業以外之個體交付與企業的憑證，稱為外來憑證。例如：付款收據、進貨發票等。

②對外憑證：係對外交易時，由企業交付與企業以外之個體的憑證，稱為對外憑證。例如：收款收據、銷貨發票等。

③內部憑證：係企業內部自行製作並保存，未交付至企業以外之個體的憑證，稱為內部憑證。例如：領料單、請購單等。

(2)記帳憑證：

係企業根據原始憑證另行編製的憑證，以作為入帳之依據。又稱為傳票。傳票可分為下列三種：

  ①現金收入傳票

  ②現金支出傳票

  ③轉帳傳票

2. 傳票可分為下列三種：

 (1)現金收入傳票：係用來記載純現金收入交易之傳票。所謂純現金收入交易，係指交易之借方一定只有「現金」這個項目，由於借方項目一定只有「現金」此一項目，所以現金收入傳票上僅須記載貸方項目與其金額即可。

 (2)現金支出傳票：係用來記載純現金支出交易之傳票。所謂純現金支出交易，係指交易之貸方一定只有「現金」這個項目，由於貸方項目一定只有「現金」此一項目，所以現金支出傳票上僅須記載借方項目與其金額即可。

 (3)轉帳傳票：係用來記載非現金交易與混合交易之傳票。所謂非現金交易，係指交易之借貸方均與「現金」這個項目無關；而所謂混合交易，係指交易之借貸方均同時包括「現金」與其他項目。

# 四、計算題

1. (7)(4)(1)(6)(5)(2)(8)(3)

2. (1)分辨上列交易屬於：

  8月1日  林強出售其擁有之台積電股票一張，得款$220,000。

       屬 c. 林強律師之個人交易。

  8月2日  林強將出售股票所得之款項存入華僑銀行。

       屬 c. 林強律師之個人交易。

  8月5日  林強將$150,000存入林強律師事務所帳戶。

       屬 a. 林強律師事務所之交易且需入帳。

  8月6日  向政府機關登記，過戶更名為林強律師事務所。

       屬 b. 林強律師事務所之交易但毋需入帳。

  8月7日  訂製律師事務所專用之信紙，並支付$1,000。

       屬 a. 林強律師事務所之交易且需入帳。

  8月10日  購入辦公設備，支付現金$2,000，其餘$6,000賒欠。

       屬 a. 林強律師事務所之交易且需入帳。

  8月23日  林強為其顧客出庭辯論，該顧客將於一個月後支付$4,000。

       屬 a. 林強律師事務所之交易且需入帳。

8月27日　支付 8/10 賒欠之帳款。

　　　　　屬 a. 林強律師事務所之交易且需入帳。

8月29日　支付辦公室租金$5,000。

　　　　　屬 a. 林強律師事務所之交易且需入帳。

8/1　　　不用作分錄

8/2　　　不用作分錄

8/5　　　現　　　金　　　150,000

　　　　　　林強資本　　　　　　　　150,000

8/6　　　不用作分錄

8/7　　　辦公用品　　　　1,000

　　　　　　現　　　金　　　　　　　　1,000

8/10　　辦公設備成本　　8,000

　　　　　　現　　　金　　　　　　　　2,000

　　　　　　應付帳款　　　　　　　　6,000

8/23　　應收帳款　　　　4,000

　　　　　　服務收入　　　　　　　　4,000

8/27　　應付帳款　　　　6,000

　　　　　　現　　　金　　　　　　　　6,000

8/29　　租金支出　　　　5,000

　　　　　　現　　　金　　　　　　　　5,000

(2)分析上列與林強律師事務所有關之交易對會計恆等式之影響。

　　　資產　　　　＝　　負債　＋　　　權益

　$150,000　　　＝　　　　　　＋150,000 (林強將$150,000

　　　　　　　　　　　　　　　　　　存入林強律師事務所)

　−$1,000　　　＝　　　　　　−　$1,000 (訂製律師事務所專用之信紙)

＋$8000−$2,000 ＝ ＋$6,000 (購入辦公設備)

＋4,000　　　　＝　　　　　　＋　4,000 (林強為其顧客出庭辯論)

−$6,000　　　　＝ −$6,000(支付 8/10 賒欠之帳款)

−$5,000　　　　＝　　　　　　−　$5,000 (支付辦公室租金)

3. (1)①、②、⑤

(2)　現　　金　　　　　375

機器設備成本　3,750

應付票據　　　1,725

服務收入　　　2,400

4. (1)

| 109年 | | 傳票號碼 | 會計項目及摘要 | 類頁 | 借方金額 | 貸方金額 |
|---|---|---|---|---|---|---|
| 月 | 日 | | | | | |
| 10 | 1 | 業主芙蓉投資 | 現　　金<br>　業主資本 | 11<br>31 | 100,000 | <br>100,000 |
| | 2 | 賒購設備 | 設備成本<br>　應付款項 | 13<br>21 | 50,000 | <br>50,000 |
| | 5 | 支付10月份租金 | 租金支出<br>　現　　金 | 51<br>11 | 5,000 | <br>5,000 |
| | 12 | 支付其他用品 | 辦公用品<br>　現　　金 | 13<br>11 | 2,000 | <br>2,000 |
| | 15 | 支付薪資 | 薪資支出<br>　現　　金 | 52<br>11 | 5,000 | <br>5,000 |
| | 20 | 支付雜費 | 其他費用<br>　現　　金 | 54<br>11 | 500 | <br>500 |
| | 22 | 美容收入 | 現　　金<br>應收帳款<br>　服務收入 | 11<br>12<br>41 | 3,000<br>3,000 | <br><br>6,000 |
| | 25 | 支付水電費 | 水電瓦斯費<br>　現　　金 | 53<br>11 | 1,200 | <br>1,200 |
| | 25 | 收到顧客還款 | 現　　金<br>　應收帳款 | 11<br>12 | 2,000 | <br>2,000 |
| | 28 | 芙蓉提取 | 業主往來<br>　現　　金 | 32<br>11 | 2,000 | <br>2,000 |
| | 30 | 支付設備欠款 | 應付款項<br>　現　　金 | 21<br>11 | 30,000 | <br>30,000 |

| 10/1 | 現　　金 | 100,000 | |
|---|---|---|---|
| | 　　業主資本 | | 100,000（業主投入現金） |
| 10/2 | 設備成本 | 50,000 | |
| | 　　應付款項 | | 50,000（賒購設備） |
| 10/5 | 租金支出 | 5,000 | |
| | 　　現　　金 | | 5,000（支付租金） |
| 10/12 | 辦公用品 | 2,000 | |
| | 　　現　　金 | | 2,000（購買其他用品） |
| 10/15 | 薪資支出 | 5,000 | |
| | 　　現　　金 | | 5,000（支付薪資） |
| 10/20 | 現　　金 | 4,000 | |
| | 　　服務收入 | | 4,000（美容收入） |
| 10/20 | 其他費用 | 500 | |
| | 　　現　　金 | | 500（支付雜費） |
| 10/22 | 現　　金 | 3,000 | |
| | 應收帳款 | 3,000 | |
| | 　　服務收入 | | 6,000（美容收入） |
| 10/25 | 水電瓦斯費 | 1,200 | |
| | 　　現　　金 | | 1,200（支付水電費） |
| 10/25 | 現　　金 | 2,000 | |
| | 　　應收帳款 | | 2,000（顧客還款） |
| 10/28 | 業主往來 | 2,000 | |
| | 　　現　　金 | | 2,000（芙蓉提取） |
| 10/31 | 應付帳款 | 30,000 | |
| | 　　現　　金 | | 30,000（支付設備欠款） |

(2)

| 現　　金　11 | | | |
|---|---|---|---|
| 10/1 | 100,000 | 10/5 | 5,000 |
| 20 | 4,000 | 12 | 2,000 |
| 22 | 3,000 | 15 | 5,000 |
| 25 | 2,000 | 20 | 500 |
| | | 25 | 1,200 |
| | | 28 | 2,000 |
| | | 31 | 30,000 |
| | 63,300 | | |

| 業主資本　31 | | | |
|---|---|---|---|
| | | 10/1 | 100,000 |
| | | | 100,000 |

| 設備成本　13 | | | |
|---|---|---|---|
| 10/2 | 50,000 | | 3 |
| | 50,000 | | |

| 應付款項　21 | | | |
|---|---|---|---|
| 10/31 | 30,000 | 10/2 | 50,000 |
| | | | 20,000 |

| 辦公用品　13 | | | |
|---|---|---|---|
| 10/12 | 2,000 | | |
| | 2,000 | | |

| 租金支出　51 | | | |
|---|---|---|---|
| 10/5 | 5,000 | | |
| | 5,000 | | |

| 薪資支出　52 | | | |
|---|---|---|---|
| 10/15 | 5,000 | | |
| | 5,000 | | |

| 應收帳款　12 | | | |
|---|---|---|---|
| 10/22 | 3,000 | 10/25 | 2,000 |
| | 1,000 | | |

| 水電瓦斯費53 | | | |
|---|---|---|---|
| 10/25 | 1,200 | | |
| | 1,200 | | |

| 業主往來　32 | | | |
|---|---|---|---|
| 10/28 | 2,000 | | |
| | 2,000 | | |

| 其他費用　54 | | | |
|---|---|---|---|
| 10/20 | 500 | | |
| | 500 | | |

| 服務收入　41 | | | |
|---|---|---|---|
| | | 10/20 | 4,000 |
| | | 10/22 | 6,000 |
| | | | 10,000 |

5.　(1) 4/20　　　　　應收帳款　　　　　　　　　4,000

　　　　　　　　　　　　服務收入　　　　　　　　　　　　4,000

　　　5/25　　　　　業主往來　　　　　　　　　10,000

　　　　　　　　　　　　現　　　金　　　　　　　　　　　10,000

　　　6/20　　　　　清潔費用　　　　　　　　　3,600

　　　　　　　　　　　　應付帳款　　　　　　　　　　　　3,600

　　　7/8　　　　　　應付帳款　　　　　　　　　3,600

　　　　　　　　　　　　現　　　金　　　　　　　　　　　3,600

　　　12/31　　　　　折　　　舊　　　　　　　　4,600

　　　　　　　　　　　　累計折舊－辦公設備　　　　　　　4,600

　　　12/31　　　　　文具用品　　　　　　　　　1,700

　　　　　　　　　　　　用品盤存　　　　　　　　　　　　1,700

　(2) 淨利無影響

　　　負債減少$1,800

6.

| 109年 月 | 109年 日 | 憑證號碼 | 會計項目及摘要 | 類頁 | 借方金額 | 貸方金額 |
|---|---|---|---|---|---|---|
| 10 | 1 | | 現　　金 | 11 | 100,000 | |
| | | | 　資本主投資 | 31 | | 100,000 |
| | 2 | | 銀行存款 | 12 | 50,000 | |
| | | | 　現　　金 | 11 | | 50,000 |
| | 6 | | 進　　貨 | 51 | 42,000 | |
| | | | 　應付帳款 | 21 | | 42,000 |
| | 8 | | 銀行存款 | 12 | 26,000 | |
| | | | 　銷貨收入 | 41 | | 26,000 |
| | 10 | | 應收帳款 | 13 | 25,000 | |
| | | | 　銷貨收入 | 41 | | 25,000 |
| | 15 | | 應付帳款 | 21 | 42,000 | |
| | | | 　銀行存款 | 12 | | 42,000 |
| | 19 | | 現　　金 | 11 | 25,000 | |
| | | | 　應收帳款 | 13 | | 25,000 |
| | 20 | | 薪資支出 | 52 | 10,000 | |
| | | | 　現　　金 | 11 | | 10,000 |
| | 〃 | | 進　　貨 | 51 | 46,000 | |
| | | | 　應付票據 | 22 | | 46,000 |
| | 25 | | 現　　金 | 11 | 6,000 | |
| | | | 銀行存款 | 12 | 30,000 | |
| | | | 　銷貨收入 | 41 | | 36,000 |
| | 28 | | 水電瓦斯費 | 53 | 1,200 | |
| | | | 　業主往來 | 32 | | 1,200 |
| | 29 | | 業主往來 | 32 | 800 | |
| | | | 　現　　金 | 11 | | 800 |

## 現　　金　　11

| 109年 | | 摘　要 | 日頁 | 借方金額 | 109年 | | 摘　要 | 日頁 | 貸方金額 |
|---|---|---|---|---|---|---|---|---|---|
| 月 | 日 | | | | 月 | 日 | | | |
| 10 | 1 | | 1 | 100,000 | 10 | 2 | | 1 | 50,000 |
| | 19 | | 〃 | 25,000 | | 20 | | 〃 | 10,000 |
| | 25 | | 〃 | 6,000 | | 29 | | 〃 | 800 |

## 資本主投資　　31

| 年 | | 摘　要 | 日頁 | 借方金額 | 109年 | | 摘　要 | 日頁 | 貸方金額 |
|---|---|---|---|---|---|---|---|---|---|
| 月 | 日 | | | | 月 | 日 | | | |
| | | | | | 10 | 1 | | 1 | 100,000 |
| | | | | | | | | | |
| | | | | | | | | | |

## 銀行存款　　12

| 109年 | | 摘　要 | 日頁 | 借方金額 | 109年 | | 摘　要 | 日頁 | 貸方金額 |
|---|---|---|---|---|---|---|---|---|---|
| 月 | 日 | | | | 月 | 日 | | | |
| 10 | 2 | | 1 | 50,000 | 10 | 15 | | 1 | 42,000 |
| | 8 | | 〃 | 26,000 | | | | | |
| | 25 | | 〃 | 6,000 | | | | | |

## 進　　貨　　51

| 109年 | | 摘　要 | 日頁 | 借方金額 | 109年 | | 摘　要 | 日頁 | 貸方金額 |
|---|---|---|---|---|---|---|---|---|---|
| 月 | 日 | | | | 月 | 日 | | | |
| 10 | 6 | | 1 | 42,000 | | | | | |
| | 20 | | | 46,000 | | | | | |
| | | | | | | | | | |

應付帳款　　21

| 109年 | | 摘 要 | 日頁 | 借方金額 | 109年 | | 摘 要 | 日頁 | 貸方金額 |
|---|---|---|---|---|---|---|---|---|---|
| 月 | 日 | | | | 月 | 日 | | | |
| 10 | 15 | | 1 | 42,000 | 10 | 6 | | 1 | 42,000 |
| | | | | | | | | | |
| | | | | | | | | | |

薪資支出　　52

| 109年 | | 摘 要 | 日頁 | 借方金額 | 109年 | | 摘 要 | 日頁 | 貸方金額 |
|---|---|---|---|---|---|---|---|---|---|
| 月 | 日 | | | | 月 | 日 | | | |
| 10 | 20 | | 1 | 10,000 | | | | | |
| | | | | | | | | | |
| | | | | | | | | | |

銷貨收入　　41

| 109年 | | 摘 要 | 日頁 | 借方金額 | 109年 | | 摘 要 | 日頁 | 貸方金額 |
|---|---|---|---|---|---|---|---|---|---|
| 月 | 日 | | | | 月 | 日 | | | |
| | | | | | 10 | 8 | | 1 | 26,000 |
| | | | | | | 10 | | " | 25,000 |
| | | | | | | 25 | | " | 36,000 |

應收帳款　　13

| 109年 | | 摘 要 | 日頁 | 借方金額 | 109年 | | 摘 要 | 日頁 | 貸方金額 |
|---|---|---|---|---|---|---|---|---|---|
| 月 | 日 | | | | 月 | 日 | | | |
| 10 | 10 | | 1 | 25,000 | 10 | 19 | | 1 | 25,000 |
| | | | | | | | | | |
| | | | | | | | | | |

水電瓦斯費　　53

| 109年 | | 摘 要 | 日頁 | 借方金額 | 年 | | 摘 要 | 日頁 | 貸方金額 |
|---|---|---|---|---|---|---|---|---|---|
| 月 | 日 | | | | 月 | 日 | | | |
| 10 | 28 | | 1 | 1,200 | | | | | |
| | | | | | | | | | |
| | | | | | | | | | |

業主往來　　32

| 109年 | | 摘 要 | 日頁 | 借方金額 | 109年 | | 摘 要 | 日頁 | 貸方金額 |
|---|---|---|---|---|---|---|---|---|---|
| 月 | 日 | | | | 月 | 日 | | | |
| 10 | 29 | | 1 | 800 | 10 | 28 | | 1 | 1,200 |
| | | | | | | | | | |
| | | | | | | | | | |

應付票據　　22

| 109年 | | 摘 要 | 日頁 | 借方金額 | 109年 | | 摘 要 | 日頁 | 貸方金額 |
|---|---|---|---|---|---|---|---|---|---|
| 月 | 日 | | | | 月 | 日 | | | |
| | | | | | 10 | 2 | | 1 | 46,000 |
| | | | | | | | | | |
| | | | | | | | | | |

7. (1)

| | | | | |
|---|---|---|---|---|
| 6/1 | 現　　金 | 40,000 | | |
| | 　資本主投資 | | 40,000 | |
| 6/3 | 土地成本 | 37,000 | | |
| | 　現　　金 | | 12,000 | |
| | 　應付票據 | | 25,000 | |
| 6/4 | 現　　金 | 300,000 | | |
| | 　應付票據 | | 300,000 | |
| 6/7 | 現　　金 | 60,000 | | |
| | 　門票收入 | | 60,000 | |
| 6/11 | 文具用品 | 2,000 | | |
| | 　應付款項 | | 2,000 | |
| 6/15 | 薪資支出 | 6,300 | | |
| | 租金支出 | 6,500 | | |
| | 　現　　金 | | 12,800 | |
| 6/23 | 應付票據 | 25,000 | | |
| | 　現　　金 | | 25,000 | |
| 6/26 | 應付帳款 | 800 | | |
| | 　現　　金 | | 800 | |
| 6/29 | 業主往來 | 4,000 | | |
| | 　現　　金 | | 4,000 | |

(2)

現　　金

| | | | |
|---|---|---|---|
| 6/1 | 40,000 | 6/3 | 12,000 |
| 6/4 | 300,000 | 6/15 | 12,800 |
| 6/7 | 60,000 | 6/23 | 25,000 |
| | | 6/26 | 800 |
| | | 6/29 | 4,000 |
| | 345,400 | | |

華納威秀戲院
財務狀況表
109 年 6 月 30 日

| 資產 | | 負債 | | |
|---|---|---|---|---|
| 現　　金 | $345,400 | 應付票據 | $300,000 | |
| 土地成本 | 37,000 | 應付帳款 | 1,200 | $301,200 |
| | | 業主權益 | | |
| | | 資本主投資 | $40,000 | |
| | | 業主往來 | (4,000) | |
| | | 本期損益 | 45,200 | 81,200 |
| 資產總額 | $382,400 | 資債及業主權益總額 | | $382,400 |

8. (1)銀行存款　　　1,000,000

　　　陳榆資本　　　　　　　　　1,000,000

　(2)辦公設備成本　500,000

　　　銀行存款　　　　　　　　　　50,000

　　　應付票據　　　　　　　　　450,000

　(3)運輸設備成本　200,000

　　　銀行存款　　　　　　　　　200,000

　(4)文具用品　　　1,600

　　　銀行存款　　　　　　　　　　1,600

　(5)銀行存款　　　179,600

　　　辦公設備成本　　　　　　　179,600

銀行存款

| 1,000,000 | 50,000 |
|---|---|
| | 200,000 |
| X | 1,600 |
| 928,000 | |

(6) $1,000,000 + X - (50,000 + 200,000 + 1,600) = 928,000$

　 $X - 251,600 + 72,000 = 0$

　 $X = 179,600$

9.

| 項目 | 是否影響試算表平衡 | | 影響金額 | 必要之改正分錄 | | | |
|---|---|---|---|---|---|---|---|
| | 是 | 否 | | 借方項目 | 金額 | 貸方項目 | 金額 |
| (1) | 是 | | 6,300 | 用註銷更正法將分類帳現金帳戶的借方金額$19,280更改爲$12,980 | | | |
| (2) | | 否 | | 應收帳款 | 2,000 | 銷貨收入 | 2,000 |
| (3) | 是 | | 3,200 | 用註銷更正法將分類帳應收帳款帳戶的借方金額減少$2,000 | | | |
| (D) | 是 | | 6,300 | 用註銷更正法將試算表「應付帳款」餘額用紅筆畫雙紅線將$49,200改成$42,900 | | | |
| (5) | 是 | | 1,305 | 在銷貨收入分類帳上用紅筆畫雙紅線將$145改爲$1,450 | | | |
| (6) | | 否 | | 辦公用品 | 200 | 應付帳款 | 200 |
| (7) | 是 | | 122,400 | 用註銷更正法將分類帳現金帳戶的借方金額$61,200劃去貸方塡入$61,200 | | | |
| (8) | 是 | | 56,000 | 用註銷更正法將試算表業主提取貸方用紅筆畫雙紅線將$28,000劃去而借方補記$28,000 | | | |
| (9) | 是 | | 400 | 用註銷更正法將分類帳薪資帳戶的借方金額$400劃去 | | | |
| (10) | 是 | | 580 | 在試算表補記廣告費用$580 | | | |

10.

| 應收帳款 | | 應付帳款 | | 用品盤存 | |
|---|---|---|---|---|---|
| + 4,000 | | + 4,080 | + 4,500 | + 2,040 | |
| − 4,080 | | | + 420 | 2,970 | |
| + 4,518 | | | | | |

| 現　金 | | 文具用品 | | 用品盤存 | |
|---|---|---|---|---|---|
| | 2,970 | 2,040 | | 2,040 | |
| | | | | 2,970 | |

| 維修費 | | 薪資支出 | |
|---|---|---|---|
| 63 | | 6,000 | |

|  | 借 | 貸 |
|---|---|---|
| 應收帳款 | ＋ 4,438 | |
| 應付帳款 | | ＋ 420 |
| 用品盤存 | ＋ 5,010 | |
| 現　　金 | － 2,970 | |
| 文具用品 | ＋ 2,040 | |
| 維修費 | ＋ 63 | |
| 薪資支出 | － 6,000 | |
| | ＋ 2,581 | ＋ 420 |

(1)不平衡

(2)借方少計 2,581，貸方少計 420

(3)貸方較大

11.

| 會計項目 | | 借方 | 貸方 |
|---|---|---|---|
| 現　　金 | | ? | |
| 應收帳款 | | 22,000 | |
| 預付保險費 | | 4,000 | |
| 設備成本 | | 35,000 | |
| 土地成本 | | 240,000 | |
| 房屋及建築 | | 145,000 | |
| 應付帳款 | | | 17,000 |
| 應付票據 | | | 250,000 |
| 預收收入 | | | 31,000 |
| 業主資本 | | | 250,000 |
| 業主提取 | | 40,000 | |
| 水電瓦斯費 | | 8,000 | |
| 保險費 | | 6,000 | |
| 薪資支出 | | 70,000 | |
| 服務收入 | | | 185,000 |
| 租金收入 | | | 22,000 |
| | 合計 | 755,000 | 755,000 |
| | 現金＝ 185,000 | | |

12. 每個月＝$8,000÷4＝$2,000

    $2,000×36＝$72,000 （三年）

    $72,000－($2,000×8)＝$56,000

    05/ 12/31　　預付保險費　　　56,000

    　　　　　　　　保險費　　　　　　　　56,000

13. 租金支出　　　　　3,000

    　　　預付租金　　　　　3,000

| 預付租金 | | 現　　金 | 租金費用 | |
|---|---|---|---|---|
| 1/1　6,000 | 3,000 | 2,000 | 3,000 | |
| 2,000 | | | | |
| 5,000 | | 2,000 | 3,000 | |

14. 36,000×3/12＝9,000

    12/31　　　預收租金　　　9,000

    　　　　　　租收收入　　　　　　　9,000

15. (1) 1. 租金支出　　　　800

    　　　　　預付租金　　　　　　800

    　　2. 應收利息　　　　480

    　　　　　利息收入　　　　　　480

    　　3. 折　　舊　　　　150

    　　　　　累計折舊－　　　　　150

    　　4. 利息費用　　　　250

    　　　　　應付利息　　　　　　250

    　　5. 預收收入　　　　800

    　　　　　服務收入　　　　　　800

    (2) 費用：800＋150＋250＝1,200

    　　收入：480＋800＝1,280

    　　淨利：1,280－1,200＝80

第 5 章

一、選擇題

1. (B) 2. (C) 3. (D) 4. (A) 5. (C) 6. (B) 7. (B) 8. (A) 9. (B) 10. (B) 11. (D) 12. (D) 13. (D) 14. (B) 15. (A) 16. (D) 17. (C) 18. (B) 19. (C) 20. (B) 21. (D) 22. (D) 23. (B)

二、計算題

1. 存貨週轉率＝銷貨成本／平均存貨

   6＝銷貨成本／$20,000

   銷貨成本＝$120,000

   流動資金週轉率＝銷貨淨額／（流動資產－流動負債）

   流動資金週轉率＝$120,000÷(1 － 25%)/($100,000 －$60,000)

   流動資金週轉率＝4

2. 稅後淨利＝稅前淨利×（1 －所得稅率）

   稅後淨利＝$2,000,000×(1 － 30％)＝$1,400,000

   股東權益報酬率＝稅後淨利／股東權益

   負債＝$7,000,000×1/4 ＝$1,750,000

   股東權益報酬率＝$1,400,000/($7,000,000 －$1,750,000)＝26.67％

3. (1)可供銷售商品總額為？

   | | |
   |---|---:|
   | 期初存貨 | $3,000 |
   | 進　　貨 | 15,000 |
   | 進貨費用 | 800 |
   | 進貨折讓 | (280) |
   | 可供銷售商品總額 | $ 18,520 |

   (2)銷貨成本？

   | | |
   |---|---:|
   | 可供銷售商品總額 | $ 18,520 |
   | 期末存貨 | (600) |
   | 銷貨成本 | $17,920 |

(3)銷貨毛利？

| | |
|---|---:|
| 銷　　　貨 | $25,000 |
| 銷貨折讓 | (600) |
| 銷貨淨額 | $24,400 |
| 銷貨成本 | 17,920 |
| 銷貨毛利 | $ 6,480 |

(4)本期損益？

| | | |
|---|---:|---:|
| 銷貨毛利 | | $ 6,480 |
| 水電瓦斯費 | $600 | |
| 銷貨運費 | 400 | |
| 利息支出 | 120 | (1,120) |
| 租金收入 | | 300 |
| 本期損益 | | $5,660 |

4. (1)流動比率＝流動資產÷流動負債＝$194,000÷$45,000＝4.31

(2)速動比率＝（流動資產－存貨－預付費用）÷流動負債

$$＝($194,000－$18,000－$9,000)÷$45,000＝3.71$$

(3)營運資金＝流動資產－流動負債＝$194,000－$45,000＝$149,000

(4)應收帳款週轉率＝銷貨淨額／平均應收帳款

$$＝$250,000÷[1/2($34,000＋$53,000)]$$

$$＝$250,000÷$43,500$$

$$＝5.747～6 次$$

(5)存貨週轉率＝銷貨成本÷平均存貨

$$＝$200,000÷[1/2($12,000＋$18,000)]$$

$$＝13.33～14 次$$

(6)應收帳款平均收現天數＝360 天÷6＝60 天／次

(7)存貨平均週轉天數＝360 天÷14＝25.7 天／次

# 附錄二　會計丙級學科題庫

範圍 01：會計基本概念

## 108 年度（*號為有詳解）

( )　1.下列有關企業籌設期間所發生各項費用認列之敘述何者正確　(A)認列資產不必攤銷　(B)認列資產，待企業結束時一次攤銷　(C)發生時全額認列費用　(D)認列資產分若干年逐期攤銷。

( )　2.銷貨折讓是屬於哪一類會計項目　(A)收益類　(B)資產類　(C)費損類　(D)負債類。

( )　3.帳冊的記載應符合　(A)商業會計法規定　(B)投資者及債權人的指示　(C)業主的指示　(D)稅法規定。

( )　4.帳戶式資產負債表之排列係根據　(A)資產－權益＝負債　(B)資產－負債＝權益　(C)資產＝負債－權益　(D)資產＝負債＋權益。

( )　5.曆年制又稱為　(A)一月制　(B)非曆年制　(C)十月制　(D)半年制。

( )　6.會計資訊系統使用者權限於系統上設定時，應由何人負責登錄　(A)會計主管　(B)資訊部門人員　(C)使用者本身　(D)總經理。

( )　7.淨值乃指　(A)收益減費損　(B)進貨總額減進貨退出　(C)銷貨總額減銷貨退回　(D)資產總額減負債總額。

( )　8.台中公司本月員工薪水於 1 月 5 日公司才以轉帳支付，則本年底的財務報表上有關員工本月薪資的敘述何者正確　(A)權益增加，現金增加　(B)資產減少，費損增加　(C)權益減少，負債增加　(D)權益增加，負債減少。

( )　9.銀行推出新的運動彩券業務，聘請明星代言，付現$1,000,000，則下列敘述何者有誤　(A)此廣告支出是為日後彩券業務之推動，使無形資產增加$1,000,000　(B)使權益減少$1,000,000　(C)廣告費用增加$1,000,000　(D)不影響負債。

( )　10.公司是　(A)以營利為目的之社團法人　(B)非以營利為目的之社團法人　(C)以營利為目的之行政法人　(D)以營利為目的之財團法人。

( )　11.會計循環就是　(A)會計組織　(B)經濟循環　(C)會計年度　(D)會計程序。

( ) 12. 企業應將負債作長、短期之區分，其根據之基本假設為 (A)時效性 (B)重大性 (C)可驗證性 (D)繼續經營個體。

( ) 13. 已指定特殊用途之專戶存款應以 (A)現金 (B)基金 (C)零用金 (D)銀行存款 會計項目處理。

## 107 年度

( ) 14. 財務會計最主要目的是 (A)提供投資人，債權人決策所需的參考資訊 (B)提供公司管理當局財務資訊，已制定決策 (C)強化公司內部控制與防止舞弊 (D)提供稅捐機關核定課稅所得之資料。

( ) 15. 下列敘述何者錯誤 (A)呆帳屬非預期之倒帳，應列營業外費用 (B)為求收益與費損結合，期末應以備抵法估列呆帳 (C)備抵呆帳屬資產抵減會計項目 (D)呆帳屬營業費用之會計項目。

( ) 16. 將甲公司三月一日背書轉讓給本店之票據$260,000，本日到期存入彰銀，則其分錄為 (A)借：應付帳款$260,000，貸：應付票據$260,000 (B)借：銀行存款$260,000，貸：應收票據$260,000 (C)借：銀行存款$260,000，貸：應收帳款$260,000 (D)借：應付票據$260,000，貸：銀行存款$260,000。

*( ) 17. 新生公司出售商品按定價$1,000打八折廉售，則應貸記銷貨收入 (A)$1,000 (B)$800 (C)$200 (D)$1,200。

( ) 18. 只有一個借方會計項目和一個貸方項目之分錄為 (A)簡單分錄 (B)混合分錄 (C)複雜分錄 (D)多項式分錄。

( ) 19. 當資產增加$1,000時，對其他財務報表要素之影響，最不可能為 (A)資產減少$1,000 (B)負債增加$1,000 (C)負債減少$1,000 (D)權益增加$1,000。

( ) 20. 下列有關會計處理程序，會計循環之順序排列，何者正確？a.交易事項記錄日記簿；b.將日記簿之分錄過入分類帳；c.交易發生取得原始憑證；d.編製記帳憑證；e.根據分類帳編製試算表 (A)c→d→a→b→e (B)c→d→b→a→e (C)d→c→a→e→b (D)d→c→a→b→e。

( ) 21. 根據借貸法則，下列何者屬於收益減少與資產減少 (A)溢收的佣金收入以現金退還客戶 (B)溢收的佣金收入尚待退還 (C)佣金收入誤為利息收入 (D)利息收入轉入本期損益。

( 　) 22. 實際發生呆帳時，應貸記　(A)備抵損失　(B)應收帳款　(C)預期信用減損損失　(D)現金。

( 　) 23. 下列對提列折舊之敘述何者有誤　(A)折舊可使資產成本分攤於受益年限內　(B)累計折舊為資產之抵減會計項目　(C)土地成本通常無折損問題，故不提折舊　(D)房屋若有增值潛力亦可不提折舊。

( 　) 24. 根據借貸法則，當費損發生時，不能配合發生的要素變化為　(A)資產減少　(B)收益增加　(C)權益減少　(D)負債增加。

( 　) 25. 平時之會計程序依序為　(A)分錄、過帳、試算　(B)分錄、試算、編表　(C)過帳、分錄、試算　(D)分錄、過帳、編表。

( 　) 26. 依現行一般公認會計原則規定，專利權之認列將　(A)增加不動產廠房及設備　(B)增加費用　(C)增加無形資產　(D)減少無形資產。

( 　) 27. 會計循環就是　(A)會計程序　(B)會計組織　(C)經濟循環　(D)會計年度。

( 　) 28. 民國 101 年 3 月 20 日東南商店業主代付商店 2 月份水電瓦斯費$5,000，則　(A)資產減少，權益減少　(B)費損增加，權益增加　(C)資產減少，負債減少　(D)資產減少，費損增加。

## 106 年度

( 　) 29. 曆年制又稱為　(A)十月制　(B)非曆年制　(C)一月制　(D)半年制。

( 　) 30. 民國 101 年 3 月 20 日東南商店業主代付商店 2 月份水電瓦斯費$5,000，則　(A)費損增加，權益增加　(B)資產減少，權益減少　(C)資產減少，負債減少　(D)資產減少，費損增加。

*( 　) 31. 標價$1,000 之商品連續 7.5 折、8 折、9 折，同時付款條件為 2/1，n/30，則發票金額為　(A)$540　(B)$980　(C)$550　(D)$529。

*( 　) 32. 台中商店賒售商品一批價值$50,000，言明付款條件為 2/10，n/30，若對方在扣期間付款，則台中商店將收到多少錢　(A)$49,000　(B)$47,000　(C)$48,000　(D)$50,000。

( 　) 33. 交易事項對財務報表之精確性無重大影響者　(A)不予登帳　(B)仍應精確處理　(C)可權宜處理　(D)可登帳亦可不登。

( ) 34. 下列對支付運費之敘述何者有誤 (A)取得資產之運費屬資產成本 (B)進貨運費屬進貨成本 (C)銷貨運費屬營業費用 (D)由公司支付之運費必屬成本。

( ) 35. 銷貨折讓是屬於哪一類會計項目 (A)費損類 (B)負債類 (C)資產類 (D)收益類。

( ) 36. 帳簿中所用「同上」之符號規定為 (A)@ (B)〃 (C)ˇ (D)＃。

( ) 37. 下列何者著重於計算損益 (A)政府會計 (B)非營利會計 (C)營利會計 (D)收支會計。

( ) 38. 宇宙公司三、四月份產生進項稅額之項目其銷售額如下：進貨$360,000，宴客餐費$4,000，購入辦公桌椅$12,000，購入文具$750，則該期得扣抵銷項稅額的進項稅額為 (A)$18,838 (B)$18,638 (C)$18,800 (D)$18,600。

( ) 39. 依現行一般公認會計原則規定，專利權之認列將 (A)增加無形資產 (B)增加不動產廠房及設備 (C)減少無形資產 (D)增加費用。

( ) 40. 購買者於折扣期限內付現，所享之折扣稱為 (A)商業折扣 (B)數量折扣 (C)現金折扣 (D)交易折扣。

( ) 41. 下列敘述何者錯誤 (A)公司以現金購買設備對公司帳上資產總額不會造成影響 (B)收益增加及業主增資均將使權益增加 (C)收益及費損決定損益 (D)公司向銀行借款作為週轉用，將使公司之資產減少及負債增加。

( ) 42. 下列哪一個帳戶為資產的抵減帳戶 (A)各項攤提 (B)預期信用減損損失 (C)折舊 (D)累計減損。

( ) 43. 淨值乃指 (A)銷貨總額減銷貨退回 (B)收益減費損 (C)進貨總額減進貨退出 (D)資產總額減負債總額。

( ) 44. 會計上通常所使用之單位符號是 (A)￠ (B)ˇ (C)＃ (D)@。

( ) 45. 會計基本方程式中所包含的財務報表要素，均為 (A)實帳戶 (B)混合帳戶 (C)虛帳戶 (D)暫時性帳戶。

## 105 年度

( ) 46. 帳簿中所用「同上」之符號規定為 (A)ˇ (B)〃 (C)@ (D)＃。

( ) 47. 會計循環就是 (A)會計程序 (B)會計組織 (C)會計年度 (D)經濟循環。

( 　 ) 48. 若有一付款條件為 2/10，n/30，EOM；表示折扣期間與授信期限均自 (A)年底起算　(B)貨物到目的地日起算在 30 天內一定要還款，若在 10 天內還款，給予貨款總額 2%的折扣　(C)月底起算　(D)即日起算。

*( 　 ) 49. 權益帳戶期初餘額$100,000，期末餘額$85,000，本期增資$25,000，業主又提領現金$30,000 自用，則本期發生　(A)淨損$10,000　(B)淨損$20,000 (C)淨利$10,000　(D)淨利$20,000。

( 　 ) 50. 會計上通常所使用之單位符號是　(A)ˇ　(B)@　(C)＃　(D)₵。

( 　 ) 51. 目的地交貨，運費由賣方負擔，則此費用為賣方之　(A)營業外支出　(B)銷貨收入之減項　(C)進貨成本　(D)營業費用。

*( 　 ) 52. 李君年初投資現金$150,000 成立本商店，而期末資產有$350,000，期末負債為$300,000，當年收益$50,000，則費損為　(A)$200,000　(B)$50,000 (C)$100,000　(D)$150,000。

( 　 ) 53. 現金短溢帳戶之貸方餘額通常應屬於　(A)收益類　(B)費損類　(C)資產類 (D)負債類之會計項目。

( 　 ) 54. 在採永續盤存制之企業，業主提取商品自用，應借記業主往來，貸記　(A)進貨　(B)銷貨成本　(C)存貨　(D)銷貨。

( 　 ) 55. 收到客戶尚未承兌的匯票暫列　(A)應付帳款　(B)應收票據　(C)應收帳款 (D)應付票據。

( 　 ) 56. 會計資訊認定及報導的門檻，乃指　(A)重大性　(B)時效性　(C)可比性 (D)中立性。

( 　 ) 57. 買賣成交時按定價所打的折扣，是為　(A)銷貨折扣　(B)進貨折扣　(C)現金折扣　(D)商業折扣。

( 　 ) 58. 當資產增加$1,000 時，對其他財務報表要素之影響，最不可能為　(A)資產減少$1,000　(B)負債增加$1,000　(C)權益增加$1,000　(D)負債減少$1,000。

( 　 ) 59. 下列何者著重於計算損益　(A)政府會計　(B)收支會計　(C)營利會計　(D) 非營利會計。

( 　 ) 60. 多收之存入保證金以現金退還是　(A)負債減少，資產增加　(B)負債增加，資產增加　(C)資產增加，資產減少　(D)負債減少，資產減少。

( ) 61. 處分不動產、廠房及設備損失是屬於何種會計項目類別 (A)資產類 (B)權益類 (C)費損類 (D)收益類。

( ) 62. 民國101年3月20日東南商店業主代付商店2月份水電瓦斯費$5,000，則 (A)費損增加，權益增加 (B)資產減少，負債減少 (C)資產減少，權益減少 (D)資產減少，費損增加。

## 104 年度

( ) 63. 銷貨折讓是屬於哪一類項目 (A)負債類 (B)資產類 (C)收益類 (D)費損類。

( ) 64. 下列敘述何者錯誤 (A)分類帳設置日頁欄是為了便於編製試算表 (B)分錄記載於日記簿後再過入分類帳 (C)日記簿之類頁欄為分類帳之頁數 (D)分類帳之日頁欄為日記簿之頁數。

( ) 65. 表達企業經營成果之報表為 (A)綜合損益表 (B)權益變動表 (C)財務狀況表 (D)現金流量表。

( ) 66. 會計資訊認定及報導的門檻，乃指 (A)可比性 (B)重大性 (C)時效性 (D)中立性。

( ) 67. 企業組織通常可分為 (A)股份有限公司、兩合公司、有限公司及無限公司 (B)獨資、合夥及公司 (C)股份有限公司及兩合公司 (D)股份有限公司、兩合公司及有限公司。

( ) 68. 借：應收帳款、應收票據，貸：銷貨收入，此筆分錄是屬於 (A)轉帳分錄 (B)混合分錄 (C)簡單分錄 (D)現金分錄。

( ) 69. 過帳程序是 (A)先登金額，次登日頁，再登日期 (B)先登日期，次登摘要，再登日頁 (C)先登日頁，次登日期，再登金額 (D)先登日期，次登金額，再登日頁。

( ) 70. 分類帳的主要功用為 (A)明瞭各項目的增減變化 (B)明瞭各交易的整體情形 (C)表示各項收入的來源 (D)表示各項費用的去路。

( ) 71. 會計循環就是 (A)會計程序 (B)會計年度 (C)會計組織 (D)經濟循環。

( ) 72. 借：應收帳款、應收票據，貸：銷貨收入，此筆分錄是屬於 (A)混合分錄 (B)簡單分錄 (C)現金分錄 (D)轉帳分錄。

( ) 73.日記簿記錄的時間應為 (A)每筆交易隨即記錄 (B)每月一次 (C)每週一次 (D)每一項目記錄一次。

( ) 74.試算表中之類頁欄表示 (A)餘額大小之次序 (B)分類帳之頁次 (C)日記簿之頁次 (D)試算表之項目次序。

( ) 75.編製結算工作底稿中試算餘額的資訊係來自於 (A)日記簿分錄 (B)傳票 (C)總分類帳 (D)財務報表。

( ) 76.交易事項對財務報表之精確性無重大影響者 (A)不予登帳 (B)可權宜處理 (C)可登帳亦可不登 (D)仍應精確處理。

( ) 77.試算表所能發現之錯誤是 (A)借貸方同時漏過或重過 (B)項目名稱誤用 (C)應付票據餘額計算錯誤 (D)借貸同額增加。

( ) 78.日記簿之類頁欄,其功用下列何者錯誤 (A)避免遺漏過帳 (B)可瞭解其會計軌跡,便於日後查閱 (C)每一交易事項內容 (D)避免重複過帳。

( ) 79.天然資源如:石油、礦山等,年終應提 (A)各項攤提 (B)折舊 (C)折耗 (D)預期信用減損損失。

( ) 80.企業主要財務報表包括財務狀況表、綜合損益表、權益變動表及現金流量表,其中屬於動態報表者有 (A)一種 (B)四種 (C)三種 (D)二種。

( ) 81.日記簿是每一企業的 (A)非正式帳簿 (B)備忘記錄 (C)正式帳簿 (D)補助帳簿。

( ) 82.下列何項最可能不會影響權益 (A)認列費用 (B)現購機器設備 (C)認列收入 (D)宣布發放現金股利。

( ) 83.下列何者非為主要財務報表 (A)現金流量表 (B)綜合損益表 (C)財務狀況表 (D)結算工作底稿。

( ) 84.虛帳戶指 (A)收益及權益 (B)資產、負債及權益 (C)收益及費損 (D)收益及資產。

( ) 85.調整前混合帳戶的情形有 (A)資產與收益的混合 (B)負債與費損的混合 (C)淨值與費損的混合 (D)資產與費損的混合。

( ) 86.結算是結清 (A)負債帳戶 (B)資產帳戶 (C)權益帳戶 (D)收益及費損帳戶。

( ) 87. 下列何者不屬於營利會計　(A)公用事業會計　(B)政府會計　(C)銀行會計　(D)成本會計。

( ) 88. 下列敘述何者正確　(A)所有分錄均須過帳　(B)調整分錄不須過帳　(C)結帳分錄不須過帳　(D)開業分錄不須過帳。

( ) 89. 企業短期償債能力之大小可由下列何者加以測定　(A)銷貨淨額與銷貨毛利　(B)流動資產與非流動負債　(C)非流動資產與流動負債　(D)流動資產與流動負債。

( ) 90. 淨值乃指　(A)收益減費損　(B)銷貨總額減銷貨退回　(C)資產總額減負債總額　(D)進貨總額減進貨退出。

( ) 91. 過帳乃指　(A)從日記簿之金額順查至分類帳　(B)將分類帳之餘額抄入試算表　(C)記錄日記簿上之分錄　(D)將日記簿之金額過入分類帳。

( ) 92. 下列何種作業因其流程屬大量、重複及具循環性，所以在中小企業中，可作為最先電腦化的標的　(A)生產作業　(B)研發作業　(C)會計作業　(D)採購作業。

( ) 93. 過帳應於　(A)月終時　(B)會計事項發生時　(C)每季　(D)每半月　記入帳簿。

( ) 94. 所謂「日記簿」，下列各種帳簿的名稱哪一項是不正確的　(A)序時帳簿　(B)分錄簿　(C)原始記錄簿　(D)終結記錄簿。

( ) 95. 財務狀況表與綜合損益表之連鎖關係在於　(A)業主往來　(B)本期損益　(C)銷貨成本　(D)業主資本。

( ) 96. 由賒銷所得的應收帳款，其未能收到的呆帳損失應在何時認列　(A)發生帳款當年　(B)盈餘較多的當年　(C)發生呆帳當年　(D)企業結束清算時。

( ) 97. 所謂統制帳戶是指　(A)永久性帳戶　(B)設有明細分類帳之總分類帳戶　(C)金額較大之帳戶　(D)業主權益帳戶。

( ) 98. 試算表不平衡時，檢查其錯誤次序，若採逆查法應先查　(A)明細帳　(B)分類帳　(C)試算表　(D)日記帳。

( ) 99. 下列敘述何者正確　(A)在會計實務上不允許企業在不影響所報導的資訊有用性下，彈性運用一般公認會計原則　(B)現金流量表告知閱表者一個企業在某一時點的現金變化情形　(C)企業的利害關係人，包括投資者、債權

人、經理人、員工、供應商、顧客、政府、會計師等，這些個體與企業的關係均是雙向的　(D)綜合損益表代表一個企業在某一時點的經營績效，包括產出多少收益，發生多少費損。

( ) 100. 利用比率及各式圖表方式來表達企業的財務資訊，其主要目的在使該項資訊具有　(A)時效性　(B)完整性　(C)可瞭解性　(D)攸關性。

( ) 101. 下列何者不屬於會計的交易事項　(A)商品因火災焚毀　(B)與銀行簽訂透支契約　(C)業主提用現金　(D)發放股票股利。

( ) 102. 會計資訊認定及報導的門檻，乃指　(A)可比性　(B)重大性　(C)中立性　(D)時效性。

( ) 103. 下列何項為錯誤　(A)所有分錄均應記入日記簿內　(B)日記簿之類頁欄是記載日記簿之頁數　(C)每一分錄借貸雙方金額必定相等　(D)賒購商品一批之交易，應為轉帳分錄。

( ) 104. T帳戶是指　(A)標準式　(B)帳戶式　(C)分類式　(D)餘額式　分類帳之簡化。

( ) 105. 日記簿稱為會計項目者，在分類帳稱為　(A)類別　(B)帳簿　(C)帳戶　(D)帳戶名稱。

( ) 106. 下列何者不是無形資產　(A)商標權　(B)開辦費　(C)特許權　(D)專利權。

( ) 107. 下列有關試算表之敘述，何者為非　(A)定期盤存制下，調整前試算表所列存貨金額為期初金額　(B)結帳後試算表上所列之業主資本金額為期末金額　(C)理論上結帳後試算表無收益與費損類項目，但會列示「本期損益」的項目與金額　(D)調整後試算表上所列之業主資本金額與調整前相同。

( ) 108. 下列何者為試算表所不能發現的錯誤　(A)一方數字抄寫錯誤　(B)借貸兩方均重複過帳　(C)單方重過　(D)應過借方誤過貸方。

( ) 109. 帳戶式財務狀況表之排列係根據　(A)資產＝負債－權益　(B)資產－權益＝負債　(C)資產－負債＝權益　(D)資產＝負債＋權益。

( ) 110. 下列敘述何者正確　(A)財務狀況表及綜合損益表均可因實際需要，隨時編製主表及附表　(B)財務狀況表與綜合損益表的本期損益，兩者計算方法不同，故其數額可能不相等　(C)財務狀況表和綜合損益表的表首完全相同　(D)財務狀況表及綜合損益表可根據結帳後試算表編製而來。

( ) 111. 日記簿記錄的時間應為　(A)每筆交易隨即記錄　(B)每月一次　(C)每週一次　(D)每一項目記錄一次。

( ) 112. 試算表中之類頁欄表示　(A)餘額大小之次序　(B)分類帳之頁次　(C)日記簿之頁次　(D)試算表之項目次序。

( ) 113. 編製結算工作底稿中試算餘額的資訊係來自於　(A)日記簿分錄　(B)傳票　(C)總分類帳　(D)財務報表。

( ) 114. 有關累計折舊項目性質之敘述，下列何者正確　(A)正常餘額為貸餘　(B)在財務狀況表上列為總資產之減項　(C)增加時應記入借方　(D)負債之抵減項目。

( ) 115. 日記簿之類頁欄，其功用下列何者錯誤　(A)避免遺漏過帳　(B)可瞭解其會計軌跡，便於日後查閱　(C)每一交易事項內容　(D)避免重複過帳。

( ) 116. 賒銷商品$40,000給台南商店，本店開出匯票乙紙，請其承兌，本店應借記　(A)應收帳款　(B)應付帳款　(C)應收票據　(D)應付票據。

( ) 117. 天然資源如：石油、礦山等，年終應提　(A)各項攤提　(B)折舊　(C)折耗　(D)預期信用減損損失。

( ) 118. 買賣業會計是屬於　(A)政府會計　(B)營利會計　(C)非營利會計　(D)成本會計。

( ) 119. 購買者於折扣期限內付現，所享之折扣稱為　(A)數量折扣　(B)商業折扣　(C)現金折扣　(D)交易折扣。

( ) 120. 分錄可以瞭解　(A)每一項目的總額　(B)每一交易事項內容　(C)每一財務報表要素性質　(D)每一分類帳內容。

( ) 121. 企業主要財務報表包括財務狀況表、綜合損益表、權益變動表及現金流量表，其中屬於動態報表者有　(A)一種　(B)四種　(C)三種　(D)二種。

( ) 122. 日記簿是每一企業的　(A)非正式帳簿　(B)備忘記錄　(C)正式帳簿　(D)補助帳簿。

( ) 123. 下列何項最可能不會影響權益　(A)認列費用　(B)現購機器設備　(C)認列收入　(D)宣布發放現金股利。

( ) 124. 日記簿中每一筆交易分錄其　(A)項目性質別應相同　(B)借貸方項目數應相等　(C)類頁欄數字應相同　(D)借貸方金額應相等。

( 　) 125. 不必作回轉分錄的為　(A)應收收益　(B)應付費用　(C)記實轉虛之預付利息　(D)記虛轉實之預收利息。

( 　) 126. 賒購商品於折扣期限內付款時，採總額法下所記錄的分錄為　(A)多項式分錄　(B)現金分錄　(C)轉帳分錄　(D)單項式分錄。

( 　) 127. 日記簿之記錄順序係依何者為之　(A)財務報表要素層級　(B)借貸項目多寡　(C)會計項目編號　(D)交易發生日期先後。

( 　) 128. 本年的期末存貨結轉至次年度帳上時叫做　(A)進貨　(B)銷貨成本　(C)期末存貨　(D)期初存貨。

( 　) 129. 下列敘述何者正確　(A)公用事業會計為非營利會計　(B)營利會計是指平時記載交易事項，並定期結算損益　(C)政府機關亦使用營利會計　(D)營利會計對會計交易事項均加以記載，但並未定期結算損益或無須結算損益。

( 　) 130. 下列敘述何者有誤　(A)聯合基礎可以公允表達當年損益　(B)先收到顧客款項，即使尚未提供服務，仍可將收到之款項全數認列為收入　(C)調整分錄使公司公允表達當年損益　(D)已經發生之費用，即使尚未支付，仍應於期末時調整入帳。

( 　) 131. 餘額式分類帳的金額欄有　(A)一個　(B)二個　(C)四個　(D)三個。

( 　) 132. 銷貨折讓是屬於哪一類項目　(A)負債類　(B)資產類　(C)收益類　(D)費損類。

( 　) 133. 下列敘述何者錯誤　(A)分類帳設置日頁欄是為了便於編製試算表　(B)分錄記載於日記簿後再過入分類帳　(C)日記簿之類頁欄為分類帳之頁數　(D)分類帳之日頁欄為日記簿之頁數。

( 　) 134. 表達企業經營成果之報表為　(A)綜合損益表　(B)權益變動表　(C)財務狀況表　(D)現金流量表。

( 　) 135. 調整前混合帳戶的情形有　(A)負債與費損的混合　(B)淨值與費損的混合　(C)資產與收益的混合　(D)資產與費損的混合。

( 　) 136. 日記簿中每一筆交易分錄其　(A)借貸方項目數應相等　(B)項目性質別應相同　(C)借貸方金額應相等　(D)類頁欄數字應相同。

*( 　) 137. 亞方公司發現溢收林小姐房租$1,000，林小姐亦溢收亞方公司利息$1,000，雙方同意互抵，此項交易對於亞方公司之影響為　(A)收益增加及費損減少

(B)收益減少及費損減少　(C)收益增加及費損增加　(D)資產增加及資產減少。

(　) 138. 為爭取收入而消耗之成本稱為　(A)負債　(B)資產　(C)費用　(D)損失。

(　) 139. 採用權責基礎記帳，期末將當期應享有之收入由下列何者轉為收益　(A)費損　(B)負債　(C)資產　(D)權益。

(　) 140. 下列何種單據在記錄完畢後可作為傳票記錄的依據　(A)驗收單　(B)設定期初應付款項的其他進貨登錄單　(C)報價單　(D)沒有預收貨款的訂購單。

(　) 141. 週息八厘，其百分率為　(A)0.2%　(B)0.8%　(C)8%　(D)2%。

(　) 142. 明細分類帳又稱為　(A)補助帳簿　(B)備查簿　(C)原始帳簿　(D)序時帳簿。

(　) 143. 以未經處理形式所呈現的事實或數據稱為　(A)回饋　(B)系統　(C)資訊　(D)資料。

(　) 144. 下列何者非混合帳戶　(A)存貨帳戶　(B)預收佣金　(C)預付租金　(D)應付薪資。

(　) 145. 下列哪一項錯誤會影響試算表之平衡　(A)貸方帳戶過錯　(B)整筆交易漏過　(C)借方重過　(D)借貸項目顛倒。

(　) 146. 下列何項為正確　(A)購入商品，半付現金半賒欠的交易分錄屬於單項分錄　(B)日記簿之類頁欄是記載日記簿之頁數　(C)現購辦公桌、辦公椅，其應作分錄為借：文具用品，貸：現金　(D)日記簿能表示逐日發生的所有交易之全貌。

(　) 147. 借：應收帳款、應收票據，貸：銷貨收入，此筆分錄是屬於　(A)轉帳分錄　(B)混合分錄　(C)簡單分錄　(D)現金分錄。

(　) 148. 過帳程序是　(A)先登金額，次登日頁，再登日期　(B)先登日期，次登摘要，再登日頁　(C)先登日頁，次登日期，再登金額　(D)先登日期，次登金額，再登日頁。

(　) 149. 對獨資之營利事業，下列何者應登帳　(A)以資本主名義向他人借款　(B)以資本主名義購車供企業使用　(C)子女婚慶之餐費支出　(D)與客戶簽約取得代理權。

(　) 150. 分類帳的主要功用為　(A)明瞭各項目的增減變化　(B)明瞭各交易的整體情形　(C)表示各項收入的來源　(D)表示各項費用的去路。

( ) 151. 下列敘述何者有誤　(A)為求收益與費損配合，期末應以備抵法估列預期信用減損損失　(B)預期信用減損損失屬營業費用之項目　(C)預期信用減損損失屬非預期之倒帳，應列營業外費用　(D)備抵損失屬資產抵減項目。

( ) 152. 會計循環就是　(A)會計程序　(B)會計年度　(C)會計組織　(D)經濟循環。

## 103 年度

( ) 153. 餘額式分類帳的金額欄有　(A)四個　(B)一個　(C)三個　(D)二個。

( ) 154. 費損類帳戶通常產生　(A)不一定　(B)借差　(C)無餘額　(D)貸差。

*( ) 155. 購進商品一批計$291,200，當日付現$290,000，尾數讓免，應貸記　(A)進貨折讓$1,200、現金$290,000　(B)現金$290,000、進貨退出$1,200　(C)現金$291,200　(D)現金$290,000。

*( ) 156. 某商店期末資產$60,000，負債$36,000，收益$8,000，費損$4,000，則期初業主權益為　(A)$20,000　(B)$16,000　(C)$12,000　(D)$24,000。

( ) 157. 下列何項分錄將使權益增加　(A)提列折舊　(B)調整未耗文具用品　(C)調整未過期租金收入　(D)攤銷無形資產。

( ) 158. 期末調整之目的在於　(A)減少業主的損失　(B)增加業主的利益　(C)使各期損益公允表達　(D)使損益比較好看。

( ) 159. 企業主要財務報表中下列何者屬於靜態報表　(A)財務狀況表　(B)權益變動表　(C)現金流量表　(D)綜合損益表。

( ) 160. 收到客戶償付貨欠，該筆交易會影響哪些財務報表要素　(A)資產增加、負債增加　(B)資產增加、資產減少　(C)負債增加、負債減少　(D)資產減少、負債減少。

( ) 161. 作回轉分錄的時間是在　(A)調整前　(B)期初　(C)期中　(D)期末。

( ) 162. 下列敘述何者正確　(A)現金流量表告知閱表者一個企業在某一時點的現金變化情形　(B)在會計實務上不允許企業在不影響所報導的資訊有用性下，彈性運用一般公認會計原則　(C)企業的利害關係人，包括投資者、債權人、經理人、員工、供應商、顧客、政府、會計師等，這些個體與企業的關係均是雙向的　(D)綜合損益表代表一個企業在某一時點的經營績效，包括產出多少收益，發生多少費損。

*(　　) 163. 員工出差前預支旅費$4,000，誤以薪資支出入帳，其改正分錄應　(A)借記雜費$4,000　(B)借記交際費$4,000　(C)貸記暫付款$4,000　(D)借記暫付款$4,000。

(　　) 164. 購入辦公用原子筆誤記為進貨，改正分錄為　(A)借記進貨，貸記文具用品　(B)借記進貨，貸記用品盤存　(C)借記進貨，貸記現金　(D)借記文具用品，貸記進貨。

*(　　) 165. 某商店年初之資產總額為$350,000，年底增加至$470,000，負債增加$150,000，年初之權益為$250,000，則年底之權益為　(A)$200,000　(B)$300,000　(C)$320,000　(D)$220,000。

(　　) 166. 帳列應付利息$3,600，經查溢列$600，則同一年度內發現錯誤之更正分錄為　(A)借：利息費用$600，貸：應付利息$600　(B)借：利息費用$600，貸：現金$600　(C)借：應付利息$600，貸：現金$600　(D)借：應付利息$600，貸：利息費用$600。

(　　) 167. 下列那一項目於計算可供銷售商品總額時不適用　(A)期初存貨　(B)進貨　(C)期末存貨　(D)進貨費用。

(　　) 168. 賒購商品分錄，貸方誤記為應收帳款，則　(A)試算表依然平衡　(B)可由試算表發現錯誤　(C)帳務處理正確　(D)試算表失去平衡。

(　　) 169. 現金收入$1,000，誤過入現金帳戶之貸方，將使總額式試算表　(A)借方少計$1,000，貸方多計$1,000　(B)借貸方各多計$1,000　(C)借貸方各少計$1,000　(D)借方多計$1,000，貸方少計$1,000。

(　　) 170. 提列折舊的目的在於　(A)按年分攤不動產、廠房及設備的成本　(B)增加權益　(C)累積重置設備所需之資金　(D)衡量資產的市價。

(　　) 171. 下列何者不影響權益　(A)業主墊款　(B)現金增資　(C)收入　(D)償還貨欠。

(　　) 172. 結帳後試算表之內容，應包括　(A)收益及費損帳戶　(B)虛帳戶　(C)實帳戶　(D)實帳戶與虛帳戶。

(　　) 173. T帳戶是指　(A)分類式　(B)餘額式　(C)標準式　(D)帳戶式　分類帳之簡化。

(　　) 174. 分類帳中可與原始交易記錄互相勾稽之欄位為　(A)摘要欄　(B)類頁欄　(C)日頁欄　(D)餘額欄。

\*（　）175.銷貨淨額$100,000，銷貨毛利$20,000，則成本率為　(A)25%　(B)75%　(C)20%　(D)80%。

（　）176.下列交易何者為簡單交易　(A)以現金及應付票據支付應付帳款　(B)購進商品一批，部分付現部分暫欠　(C)現銷商品一批　(D)購進一筆房地產。

（　）177.期末調整時，漏計預付費用之結果將使　(A)當期與次期淨利均多計　(B)次期淨利少計　(C)當期淨利少計　(D)當期淨利多計。

（　）178.日記簿上每記錄一筆分錄，隨後應即更新下列何種帳表　(A)綜合損益表　(B)財務狀況表　(C)分類帳　(D)試算表。

\*（　）179.台中商店賒售商品一批價值$50,000，言明付款條件為 2/10，n/30，若對方在折扣期間付款，則台中商店將收到多少錢　(A)$50,000　(B)$48,000　(C)$49,000　(D)$47,000。

（　）180.企業應將負債作長、短期之區分，其根據之基本假設為　(A)重大性　(B)繼續經營個體　(C)可驗證性　(D)時效性。

（　）181.日記簿是每一企業的　(A)補助帳簿　(B)備忘記錄　(C)正式帳簿　(D)非正式帳簿。

（　）182.本田公司自裝汽車以供公司員工上下班作交通車用，此車輛為本田公司的　(A)遞延費用　(B)無形資產　(C)流動資產　(D)不動產、廠房及設備。

（　）183.某一帳戶只有借方或只有貸方有數字，則編製總額餘額式試算表時　(A)總額、餘額均不填寫　(B)總額、餘額均須填寫　(C)只抄總額，不填餘額　(D)只抄餘額，不填總額。

（　）184.賒購商品於折扣期限內付款時，採總額法下所記錄的分錄為　(A)單項式分錄　(B)轉帳分錄　(C)現金分錄　(D)多項式分錄。

（　）185.銷貨毛利少，銷貨淨額多，表示　(A)營業費用太大　(B)銷售費用太大　(C)銷貨成本太高　(D)營業外費用太大。

（　）186.在採永續盤存制之企業，業主提取商品自用，應借記業主往來，貸記　(A)銷貨　(B)進貨　(C)銷貨成本　(D)存貨。

（　）187.銷貨運費應屬於　(A)營業費用　(B)銷貨成本　(C)銷貨收入之減項　(D)營業外支出。

( )188. 下列何者無誤　(A)應付費用和預付費用同屬於負債類項目　(B)預付費用已過期的部分屬於負債，未過期部分屬資產　(C)某公司於期末漏記應付租金，使得淨利多計，資產少計　(D)我國商業會計法規定會計基礎平時採用現金基礎入帳者，年終決算時應依權責基礎調整之。

( )189. 企業主要財務報表中下列何者屬於靜態報表　(A)財務狀況表　(B)權益變動表　(C)現金流量表　(D)綜合損益表。

( )190. 作回轉分錄的時間是在　(A)調整前　(B)期初　(C)期中　(D)期末。

( )191. 下列敘述何者正確　(A)現金流量表告知閱表者一個企業在某一時點的現金變化情形　(B)在會計實務上不允許企業在不影響所報導的資訊有用性下，彈性運用一般公認會計原則　(C)企業的利害關係人，包括投資者、債權人、經理人、員工、供應商、顧客、政府、會計師等，這些個體與企業的關係均是雙向的　(D)綜合損益表代表一個企業在某一時點的經營績效，包括產出多少收益，發生多少費損。

( )192. 帳簿中所用「同上」之符號規定為　(A)@　(B)∨　(C)＃　(D)〃。

( )193. 提列折舊的目的在於　(A)按年分攤不動產、廠房及設備的成本　(B)增加權益　(C)累積重置設備所需之資金　(D)衡量資產的市價。

( )194. 下列何者不影響權益　(A)業主墊款　(B)現金增資　(C)收入　(D)償還貨欠。

( )195. T帳戶是指　(A)分類式　(B)餘額式　(C)標準式　(D)帳戶式分類帳之簡化。

( )196. 分類帳中可與原始交易記錄互相勾稽之欄位為　(A)摘要欄　(B)類頁欄　(C)日頁欄　(D)餘額欄。

( )197. 下列交易何者為簡單交易　(A)以現金及應付票據支付應付帳款　(B)購進商品一批，部分付現部分暫欠　(C)現銷商品一批　(D)購進一筆房地產。

( )198. 企業應將負債作長、短期之區分，其根據之基本假設為　(A)重大性　(B)繼續經營個體　(C)可驗證性　(D)時效性。

( )199. 日記簿是每一企業的　(A)補助帳簿　(B)備忘記錄　(C)正式帳簿　(D)非正式帳簿。

( )200. 下列敘述何者是正確的　(A)資訊的攸關性是指資訊與資料的關係而言　(B)管理循環的順序，依序是規劃→執行→評估→控制　(C)策略規劃階層所需要的資訊範圍較作業控制階層所需範圍為廣　(D)所謂的自動化，意謂人工的處理將完全消失。

(　　) 201. 會計程序缺少調整工作，則無法　(A)編製正確的報表　(B)維持借貸平衡　(C)更正錯誤　(D)繼續經營。

(　　) 202. 賒購商品於折扣期限內付款時，採總額法下所記錄的分錄為　(A)現金分錄　(B)多項式分錄　(C)單項式分錄　(D)轉帳分錄。

(　　) 203. 溢收租金予以退回，其結果會使　(A)資產增加、收益增加　(B)資產減少、收益減少　(C)資產減少、收益增加　(D)負債減少、收益減少。

(　　) 204. 下列交易事件，何者不須經過特別授權　(A)例行性交易　(B)交易金額重大　(C)異常交易　(D)交易性質特殊。

(　　) 205. 日記簿記錄的時間應為　(A)每週一次　(B)每筆交易隨即記錄　(C)每一項目記錄一次　(D)每月一次。

(　　) 206. 分錄所用之會計項目，應與分類帳帳戶名稱　(A)完全不一致　(B)視情況而增減　(C)完全一致　(D)不完全一致。

(　　) 207. 平時之會計程序依序為　(A)分錄、過帳、編表　(B)過帳、分錄、試算　(C)分錄、過帳、試算　(D)分錄、試算、編表。

(　　) 208. 不影響借貸平衡之錯誤，於過帳後始發現者，應採用　(A)分錄更正　(B)自動抵銷　(C)擦拭後更正　(D)註銷更正。

(　　) 209. 實帳戶期末餘額結轉時，應在各該帳戶的摘要欄書寫　(A)結轉下期　(B)結轉本期損益　(C)結轉上期　(D)上期結轉。

(　　) 210. 僅列各項目借貸餘額的試算表是　(A)合計式試算表　(B)總額餘額式試算表　(C)餘額式試算表　(D)總額式試算表。

(　　) 211. 買進萬能工具$2,100，估計可用 7 年，買進時列為當期費用，是基於　(A)時效性　(B)可比性　(C)忠實表述　(D)重大性。

(　　) 212. 下列敘述何者錯誤　(A)負債－權益＝資產　(B)權益＝資產－負債　(C)資產－權益＝負債　(D)資產＝負債＋權益。

(　　) 213. 買賣業會計是屬於　(A)非營利會計　(B)營利會計　(C)成本會計　(D)政府會計。

(　　) 214. 曆年制又稱為　(A)半年制　(B)一月制　(C)非曆年制　(D)十月制。

(　　) 215. 購入商品$10,000，付現$2,000，餘欠，此項交易為　(A)混合交易　(B)轉帳交易　(C)單項交易　(D)現金交易。

( ) 216. 企業組織通常可分為 (A)獨資、合夥及公司 (B)股份有限公司及兩合公司 (C)股份有限公司、兩合公司、有限公司及無限公司 (D)股份有限公司、兩合公司及有限公司。

( ) 217. 會計循環中，蒐集和記錄交易的步驟，通常是接在那個步驟之後 (A)過入分類帳 (B)會計項目表之分類和編碼 (C)設定使用者密碼 (D)設定使用者權限。

( ) 218. 會計程序缺少調整工作，則無法 (A)編製正確的報表 (B)維持借貸平衡 (C)更正錯誤 (D)繼續經營。

( ) 219. 下列交易事件，何者不須經過特別授權 (A)例行性交易 (B)交易金額重大 (C)異常交易 (D)交易性質特殊。

( ) 220. 分錄所用之項目，應與分類帳帳戶名稱 (A)完全不一致 (B)視情況而增減 (C)完全一致 (D)不完全一致。

( ) 221. 平時之會計程序依序為 (A)分錄、過帳、編表 (B)過帳、分錄、試算 (C)分錄、過帳、試算 (D)分錄、試算、編表。

( ) 222. 銀行透支是屬於 (A)資產 (B)收益 (C)權益 (D)負債。

( ) 223. 僅列各項目借貸餘額的試算表是 (A)合計式試算表 (B)總額餘額式試算表 (C)餘額式試算表 (D)總額式試算表。

( ) 224. 與銷貨成本計算無關之商品帳戶為 (A)進貨 (B)進貨折讓 (C)期末存貨 (D)銷貨運費。

( ) 225. 買進萬能工具$2,100，估計可用7年，買進時列為當期費用，是基於 (A)時效性 (B)可比性 (C)忠實表述 (D)重大性。

( ) 226. 下列敘述何者錯誤 (A)負債－權益＝資產 (B)權益＝資產－負債 (C)資產－權益＝負債 (D)資產＝負債＋權益。

( ) 227. 下列何者之會計不屬於營利會計 (A)中華航空 (B)臺灣大學 (C)台中客運 (D)土地銀行。

( ) 228. 曆年制又稱為 (A)半年制 (B)一月制 (C)非曆年制 (D)十月制。

( ) 229. 購入商品$10,000，付現$2,000，餘欠，此項交易為 (A)混合交易 (B)轉帳交易 (C)單項交易 (D)現金交易。

( 　) 230. 企業組織通常可分為　(A)獨資、合夥及公司　(B)股份有限公司及兩合公司　(C)股份有限公司、兩合公司、有限公司及無限公司　(D)股份有限公司、兩合公司及有限公司。

( 　) 231. 會計循環中，蒐集和記錄交易的步驟，通常是接在那個步驟之後　(A)過入分類帳　(B)會計項目表之分類和編碼　(C)設定使用者密碼　(D)設定使用者權限。

## 範圍 02：平時會計處理程序

### 108 年度

*( 　) 1. 高雄商店於年初購入機器一部$350,000，估計可用 6 年，殘值$50,000，採平均法提列折舊，則第三年底調整後，帳面金額為　(A)$50,000　(B)$150,000　(C)$100,000　(D)$200,000。

( 　) 2. 如將廣告費誤記為保險費時，則更正分錄應　(A)借：保險費　(B)貸：廣告費　(C)借：廣告費　(D)貸：現金。

( 　) 3. 下列對複式傳票的敘述，何者正確　(A)一個會計項目記一張傳票　(B)可以會計項目分類整理　(C)金融業採用　(D)可表達交易的全貌。

( 　) 4. 下列哪一會計帳表上，可表達每一交易的全貌　(A)明細分類帳　(B)試算表　(C)分類帳　(D)日記簿。

( 　) 5. 試算表之功能，可以檢查出　(A)借貸雙方金額不平衡之錯誤　(B)分錄之借貸雙方重複過帳　(C)一切過帳時所發生之錯誤　(D)帳戶誤過之錯誤。

*( 　) 6. 賒銷商品$10,000，付款條件為 3/10,2/20,n/30，第 5 天客戶退回商品五分之一，倘第 10 天客戶還清貨款，則其收現金額為　(A)$7,760　(B)$7,700　(C)$8,000　(D)$7,800。

( 　) 7. 溢收利息收入$500，如數以現金退還，其分錄應　(A)借：利息收入$500，貸：現金$500　(B)借：現金$500，貸：利息收入$500　(C)借：銀行存款$500，貸：利息收入$500　(D)借：利息收入$500，貸：利息費用$500。

*( 　) 8. 12 月 1 日賒售商品$20,000，付款條件為 2/10,1/20,n/30，12 月 5 日顧客退回商品$5,000，12 月 18 日償還所欠貨款之半數，則銷貨折扣為　(A)$400　(B)$150　(C)$75　(D)$200。

( )  9. 試算表不平衡時，檢查其錯誤次序，若採逆查法應先查　(A)日記帳　(B)試算表　(C)分類帳　(D)明細帳。

( ) 10. 餘額式分類帳的金額欄有　(A)二個　(B)三個　(C)一個　(D)四個。

( ) 11. 將日記簿上借貸記錄轉登於分類帳之過程稱為　(A)結帳　(B)沖帳　(C)過帳　(D)轉帳。

( ) 12. 下列敘述何者錯誤　(A)分類帳之日頁欄為日記簿之頁數　(B)日記簿之類頁欄為分類帳之頁數　(C)分類帳設置日頁欄是為了便於編製試算表　(D)分錄記載於日記簿後再過入分類帳。

( ) 13. 將現金$600,000，存入華南銀行，開立支票存款戶，其分錄為　(A)借：應收票據$600,000，貸：銀行存款$600,000　(B)借：銀行存款$600,000，貸：應收帳款$600,000　(C)借：現金$600,000，貸：銀行存款$600,000　(D)借：銀行存款$600,000，貸：現金$600,000。

( ) 14. 支付電話費$1,890，其中半數為本店費用，半數為業主自用，此筆分錄應　(A)借：郵電費$1,890，貸：業主往來$1,890　(B)借：郵電費$945、業主往來$945，貸：現金$1,890　(C)借：水電瓦斯費$945、業主往來$945，貸：現金$1,890　(D)借：郵電費$945、業主往來$945，貸：現金$1,890。

( ) 15. 餘額式分類帳利於編製　(A)總額式試算表　(B)總額餘額式試算表　(C)合計式試算表　(D)餘式試算表。

( ) 16. 一會計項目原為借差$10,000，再過一筆貸方$3,000，則得　(A)貸差$7,000　(B)貸差$3,000　(C)借差$10,000　(D)借差$7,000。

( ) 17. 一般企業分類帳借方會計項目餘額合計數相較於貸方會計項目餘額合計數，理應　(A)借大於貸　(B)借貸相等　(C)各會計項目餘額等於零　(D)貸大於借。

( ) 18. 賒銷商品一批計$20,000，應借記　(A)應收帳款$20,000　(B)應收票據$20,000　(C)應付票據$20,000　(D)應付帳款$20,000。

( ) 19. 直接更正記帳數字錯誤的方法　(A)用褪色墨水　(B)塗改　(C)用雙紅線全部註銷　(D)用橡皮擦，並將正確數字寫在上面。

( ) 20. 試算表平衡時，不能肯定絕對無誤，乃因有　(A)不影響平衡的錯誤　(B)計算的錯誤　(C)影響平衡的錯誤　(D)單方過帳錯誤。

## 107 年度

( )  21. 購入商品$90,000，半數支票付款，半數暫欠，其分錄為　(A)借：進貨 $90,000，貸：銀行存款$45,000，應付帳款$45,000　(B)借：進貨$90,000， 貸：銀行存款$45,000，應付票據$45,000　(C)借：進貨$90,000，貸：應 付票據$45,000，應付帳款$45,000　(D)借：現金$45,000，應收帳款 $45,000 貸：銷貨$45,000。

( )  22. 下列對支付運費之敘述何者有誤　(A)取得資產之運費屬資產成本　(B)銷 貨運費屬營業費用　(C)由公司支付之運費必屬成本　(D)進貨運費屬進貨 成本。

( )  23. 餘額式分類帳之餘額計算為　(A)每月　(B)每過一筆　(C)每星期　(D)每 季計算一次。

( )  24. 通常產生借方餘額的會計項目是　(A)租金收入　(B)應付帳款　(C)建築物 (D)業主資本。

( )  25. 進貨退出$2,000，貸方誤記為銷貨退回$2,000，借方記帳無誤，將使餘額 式試算表合計數　(A)貸方多計$2,000　(B)無影響　(C)借貸方均少計$2,000 (D)借方多計$2,000。

( )  26. 調整後試算表　(A)僅列商品帳戶餘額　(B)僅列實帳戶餘額　(C)虛、實帳 戶餘額均列　(D)僅列虛帳戶餘額。

( )  27. 根據等量減等量其差必等之定理，所編製者為　(A)總額餘額式試算表　(B) 餘額式試算表　(C)總額式試算表　(D)合計式試算表。

( )  28. 餘額式現金帳戶昨日餘額$10,000，本日付現$1,000，過帳後餘額欄金額為 (A)$1,000　(B)$0　(C)$11,000　(D)$9,000。

( )  29. 分類帳是由下列何者彙集而成　(A)交易　(B)帳戶　(C)過帳　(D)分錄。

( )  30. 員工出差取得的車票存根是屬於　(A)記帳憑證　(B)對外憑證　(C)外來憑 證　(D)內部憑證。

*( )  31. 高雄商店於年初購入機器一部$350,000，估計可用 6 年，殘值$50,000，採 平均法提列折舊，則第三年底調整後，帳面金額為　(A)$200,000　(B) $50,000　(C)$150,000　(D)$100,000。

( ) 32. 調整前帳列用品盤存$800，文具用品$400，今有借：文具用品$600，貸：用品盤存$600之調整交易，於過帳時，借貸方向錯誤，將使調整後餘額式試算表合計數　(A)借方無誤，貸方少計$200　(B)借方多計$200　(C)貸方無誤，借方少計$200　(D)借貸方各多計$200。

( ) 33. 本商店於四月二十日向廠商訂貨一批，開具四月三十日支票做為訂金，則四月二十日之分錄應為　(A)借：預付貨款，貸：銀行存款　(B)借：銀行存款，貸：預收貨款　(C)借：預付貨款，貸：應付票據　(D)借：預收貨款，貸：現金。

( ) 34. 日記簿稱為會計項目者，在分類帳稱為　(A)帳戶　(B)帳戶名稱　(C)帳簿　(D)類別。

( ) 35. 設立不動產、廠房及設備明細帳之目的不是為了　(A)簡化記錄　(B)加強不動產廠房及設備之控管　(C)估計資產價值　(D)便於編表。

( ) 36. 分類帳中之每一帳戶用來　(A)所有會計項目名稱與餘額之列表　(B)彙總資產交易之金額　(C)彙總同會計項目交易之金額　(D)彙總損益交易之金額。

## 106 年度

( ) 37. 過帳程序是　(A)先登日期，次登金額，再登日頁　(B)先登日期，次登摘要，再登日頁　(C)先登日頁，次登日期，再登金額　(D)先登金額，次登日頁，再登日期。

( ) 38. 存貨若係透過銷貨成本帳戶來調整，則調整後試算表上之存貨金額係屬　(A)期初與期末存貨都有　(B)期末存貨　(C)期初存貨　(D)不一定期初或期末存貨。

( ) 39. 三月三日與客戶簽訂銷售契約，總價$800,000，約定三月二十三日交貨，簽約時應借記　(A)應收票據　(B)不須作分錄　(C)應收帳款　(D)應付帳款。

( ) 40. 下列哪一事項使餘額試算表發生不平衡　(A)償還貨欠$2,000，過帳時記入應收帳款借方$2,000，現金貸方$2,000　(B)尚未收現之佣金，借記應收帳款$2,500，貸記銷貨收入$2,500　(C)現購文具用品$500，過帳時借記文具用品$5,000，貸記現金$500　(D)現購商品$5,000，誤記現銷商品$500。

（　）41. 下列何種錯誤較易自試算表中發現　(A)不合會計原則之各項處理　(B)整筆交易漏記　(C)原始憑證與分錄不符　(D)會計項目金額應過入借方誤入貸方。

（　）42. 借：進貨，貸：現金、應付帳款，是混合分錄，也是　(A)簡單分錄　(B)現金分錄　(C)多項式分錄　(D)轉帳分錄。

（　）43. 償付貨欠\$3,000，誤記為現銷商品\$3,000，將使餘額式試算表的合計數　(A)少計\$6,000　(B)多計\$3,000　(C)多計\$6,000　(D)少計\$3,000。

（　）44. 採應計基礎下，應收帳款確定無法收回時應　(A)貸：預期信用減損損失　(B)貸：備抵損失－應收帳款　(C)借：預期信用減損損失　(D)借：備抵損失－應收帳款。

（　）45. 用以證明會計人員責任的憑證，稱為　(A)記帳憑證　(B)原始憑證　(C)會計憑證　(D)對外憑證。

（　）46. 一會計項目原為借差\$10,000，再過一筆貸方\$3,000，則得　(A)貸差\$3,000　(B)貸差\$7,000　(C)借差\$10,000　(D)借差\$7,000。

（　）47. 下列何者不屬於會計的交易事項　(A)商品因火災焚毀　(B)與銀行簽訂透支契約　(C)業主提用現金　(D)發放股票股利。

（　）48. 設買賣條件為起運點交貨，若賣方代付運費，則賣方分錄可借記　(A)進貨費用　(B)應收帳款　(C)銷貨運費　(D)應付帳款。

（　）49. 根據等量減等量其差必等之定理，所編製者為　(A)餘額式試算表　(B)總額餘額式試算表　(C)合計式試算表　(D)總額式試算表。

（　）50. 編製總額式試算表，如有某會計項目借貸總額相等時，則　(A)該會計項目不必列入　(B)該會計項目借貸總額均應列入　(C)該會計項目借貸均以零表示　(D)該會計項目借貸相抵後列入。

（　）51. 下列敘述何者正確　(A)資產負債表及綜合損益表均可因實際需要，隨時編製主表及附表　(B)資產負債表和綜合損益表的表首完全相同　(C)資產負債表及綜合損益表可根據結帳後試算表編製而來　(D)資產負債表與綜合損益表的本期損益，兩者計算方法不同，故其數額可能不相等。

（　）52. 日記簿的類頁欄是填寫下列何者的頁數　(A)試算表　(B)明細帳　(C)日記帳　(D)分類帳。

( ) 53. 所謂「日記簿」，下列各種帳簿的名稱哪一項是不正確的 (A)序時帳簿 (B)原始記錄簿 (C)分錄簿 (D)終結記錄簿。

( ) 54. 下列何者非試算表之功用 (A)可作為編製報表之依據 (B)驗證帳冊之記錄有無錯誤 (C)可瞭解營業概況 (D)瞭解一筆交易之全貌。

( ) 55. 下列何者可以反映一個企業在某一特定期間內，某一會計項目的增減變動 (A)試算表 (B)工作底稿 (C)分類帳 (D)日記簿。

( ) 56. 將日記簿上借貸記錄轉登於分類帳之過程稱為 (A)結帳 (B)轉帳 (C)沖帳 (D)過帳。

( ) 57. 過帳乃指 (A)從日記簿之金額順查至分類帳 (B)將分類帳之餘額抄入試算表 (C)將日記簿之金額過入分類帳 (D)記錄日記簿上之分錄。

## 105 年度

( ) 58. 通常產生借方餘額的會計項目是 (A)應付帳款 (B)房屋及建築成本 (C)業主資本 (D)租金收入。

( ) 59. 用以證明交易事項發生的憑證，稱為 (A)會計憑證 (B)記帳憑證 (C)傳票 (D)原始憑證。

( ) 60. 償付貨欠$3,000，誤記為現銷商品$3,000，將使餘額式試算表的合計數 (A)少計$6,000 (B)少計$3,000 (C)多計$6,000 (D)多計$3,000。

( ) 61. 過帳時，分類帳所記載之日期為 (A)記入日記簿日期 (B)交易發生日期 (C)過帳日期 (D)傳票核准日期。

( ) 62. 我國實務上所採用的傳票屬於 (A)記帳憑證 (B)原始憑證 (C)外來憑證 (D)內部憑證。

( ) 63. 試算表之編製時間，應 (A)每日一次 (B)每月一次 (C)視實際需要 (D)每年一次。

*( ) 64. 本店四月十日銷售商品$80,000，除收現$45,000外，餘款暫欠，付款條件為 2/10,1/20,n/30，於四月十八日收到現金為$24,500，則應貸記應收帳款為 (A)$24,500 (B)$25,000 (C)$35,000 (D)$35,500。

( ) 65. 日記簿之類頁欄，其功用下列何者錯誤 (A)每一交易事項內容 (B)避免重複過帳 (C)避免遺漏過帳 (D)可瞭解其會計軌跡，便於日後查閱。

( ) 66. 通常會產生貸方餘額的會計項目是　(A)文具用品　(B)應收帳款　(C)存出保證金　(D)進貨折讓。

( ) 67. 下列何項為正確　(A)購入商品，半付現金半賒欠的交易分錄屬於單項分錄　(B)日記簿能表示逐日發生的所有交易之全貌　(C)日記簿之類頁欄是記載日記簿之頁數　(D)現購辦公桌、辦公椅，其應作分錄為借：文具用品，貸：現金。

( ) 68. 過帳時，應借記設備資產會計項目$1,000，結果誤記入該設備資產會計項目之貸方，將使餘額式試算表發生何種現象　(A)借方餘額總和少$1,000　(B)貸方餘額總和少$1,000　(C)借方餘額總和少$2,000　(D)貸方餘額總和少$2,000。

( ) 69. 台中公司編製 101 年 4 月 30 日試算表時，借、貸不平衡，經檢查發現償付應付帳款$20,600，分類帳上貸記現金$20,600，貸記應付帳款$26,000。該公司於試算表上應如何更正　(A)應付帳款減少$20,600　(B)應付帳款減少$5,400　(C)應付帳款減少$26,000　(D)應付帳款減少$46,600。

( ) 70. 支付電話費$1,890，其中半數為本店費用，半數為業主自用，此筆分錄應　(A)借：郵電費$1,890，貸：業主往來$1,890　(B)借：水電瓦斯費$945、業主往來$945，貸：現金$1,890　(C)借：郵電費$945、業主往來$945，貸：現金$1,890　(D)借：郵電費$945、業主往來$945，貸：現金$1,890。

( ) 71. 分錄的主要作用在　(A)資產之歸類　(B)費用之劃分　(C)交易之記錄　(D)收益之劃分。

( ) 72. 某一帳戶，原貸方金額$5,000，借方金額$3,000，現再過入一筆貸方金額$6,000，則現有　(A)借餘$3,000　(B)借餘$8,000　(C)貸餘$11,000　(D)貸餘$8,000。

( ) 73. 分類帳中的日頁欄是填　(A)傳票　(B)分類帳　(C)試算表　(D)日記簿的頁數。

( ) 74. 費損類帳戶通常產生　(A)不一定　(B)借差　(C)貸差　(D)無餘額。

( ) 75. 賒銷商品$5,000，付款條件為 1/10,n/30，採總額法記帳，顧客於折扣期限內結清全部貨欠，嗣後發現有十分之一的商品瑕疵，故予退貨，該公司退還此部分貨款，則退貨分錄應　(A)借記銷貨退回$500　(B)借記銷貨退回$495　(C)借記銷貨折讓$5　(D)貸記應收帳款$500。

（　）76. 兼列各會計項目借貸總額和借貸餘額的試算表是　(A)總額式試算表　(B)總額餘額式試算表　(C)合計式試算表　(D)餘額式試算表。

（　）77. 下列錯誤對餘額式試算表合計數之影響何者為非　(A)賒銷誤作賒購，借貸合計數無影響　(B)現收貨欠誤為現付貨欠，使借貸各少計　(C)現銷誤作現購使借貸各少計　(D)現金投資誤作業主提現，使借貸各多計。

（　）78. 日記簿之類頁欄與分類帳之日頁欄是　(A)過完一頁再逐筆填入　(B)每日一次填入　(C)過一筆，填一筆　(D)月終一次填入。

*（　）79. 12月1日賒售商品$20,000，付款條件為2/10,1/20,n/30，12月5日顧客退回商品$5,000，12月18日償還所欠貨款之半數，則銷貨折扣為　(A)$75　(B)$150　(C)$400　(D)$200。

## 104 年度

（　）80. 賒購商品於折扣期限內付款時，採總額法下所記錄的分錄為　(A)多項式分錄　(B)現金分錄　(C)轉帳分錄　(D)單項式分錄。

（　）81. 日記簿之記錄順序係依何者為之　(A)財務報表要素層級　(B)借貸項目多寡　(C)會計項目編號　(D)交易發生日期先後。

（　）82. 下列敘述何者正確　(A)公用事業會計為非營利會計　(B)營利會計是指平時記載交易事項，並定期結算損益　(C)政府機關亦使用營利會計　(D)營利會計對會計交易事項均加以記載，但並未定期結算損益或無須結算損益。

（　）83. 顧客要求退貨，本公司發出之通知單為　(A)退貨通知單　(B)銷貨發票　(C)貸項通知單　(D)借項通知單。

（　）84. 用以證明會計人員責任的憑證，稱為　(A)記帳憑證　(B)原始憑證　(C)會計憑證　(D)對外憑證。

（　）85. 日記簿中每一筆交易分錄其　(A)借貸方項目數應相等　(B)項目性質別應相同　(C)借貸方金額應相等　(D)類頁欄數字應相同。

（　）86. 亞方公司發現溢收林小姐房租$1,000，林小姐亦溢收亞方公司利息$1,000，雙方同意互抵，此項交易對於亞方公司之影響為　(A)收益增加及費損減少　(B)收益減少及費損減少　(C)收益增加及費損增加　(D)資產增加及資產減少。

( 　 ) 87. 為爭取收入而消耗之成本稱為　(A)負債　(B)資產　(C)費用　(D)損失。

( 　 ) 88. 企業籌備期間支付因設立所發生的必要支出應以　(A)開辦費　(B)廣告費　(C)旅費　(D)其他費用項目。

＊( 　 ) 89. 賒購商品$10,000，退出$1,000，償還帳款時獲折扣$180，則此交易之進貨折扣率為　(A)1.8%　(B)5%　(C)2%　(D)1.75%。

( 　 ) 90. 下列何種單據在記錄完畢後可作為傳票記錄的依據　(A)驗收單　(B)設定期初應付款項的其他進貨登錄單　(C)報價單　(D)沒有預收貨款的訂購單。

( 　 ) 91. 週息八厘，其百分率為　(A)0.2%　(B)0.8%　(C)8%　(D)2%。

＊( 　 ) 92. 支付電話費$1,890，其中半數為本店費用，半數為業主自用，此筆分錄應　(A)借：郵電費$945、業主往來$945，貸：現金$1,890　(B)借：水電瓦斯費$945、業主往來$945，貸：現金$1,890　(C)借：郵電費$945、業主往來$945，貸：現金$1,890　(D)借：郵電費$1,890，貸：業主往來$1,890。

( 　 ) 93. 與快遞公司簽約，支付押金$1,000，簽發即期支票乙紙付訖，其分錄為　(A)借：存出保證金$1,000，貸：應付票據$1,000　(B)借：機器設備$1,000，貸：銀行存款$1,000　(C)借：存入保證金$1,000，貸：現金$1,000　(D)借：存出保證金$1,000，貸：銀行存款$1,000。

( 　 ) 94. 下列何者非混合帳戶　(A)存貨帳戶　(B)預收佣金　(C)預付房租　(D)應付薪資。

( 　 ) 95. 凱蒂貓動物美容院於 5 月 28 日收到顧客龐德委託為小貓咪美容，5 月 31 日為小貓咪完成美容，龐德在 6 月 1 日將寵物領回並於 6 月 5 日寄出$1,000 支票，美容院則於 6 月 7 日接獲支票。凱蒂貓應在什麼時候認列服務收入　(A)6 月 5 日　(B)5 月 31 日　(C)6 月 1 日　(D)5 月 28 日。

( 　 ) 96. 三月三日與客戶簽訂銷售契約，總價$800,000，約定三月二十三日交貨，簽約時應借記　(A)應收帳款　(B)不須作分錄　(C)應付帳款　(D)應收票據。

＊( 　 ) 97. 設中興商店於 100 年 10 月 1 日賒銷中台商店商品$150,000，付款條件為 3/10，2/20，n/30，同年 10 月 5 日還款$97,000，又於 10 月 15 日還款$29,400，餘欠於 10 月 25 日還清，試計算中台商店 10 月 25 日還款之數額　(A)$19,400　(B)$19,600　(C)$20,000　(D)$19,800。

( ) 98. 下列何項為正確 (A)購入商品，半付現金半賒欠的交易分錄屬於單項分錄 (B)日記簿之類頁欄是記載日記簿之頁數 (C)現購辦公桌、辦公椅，其應作分錄為借：文具用品，貸：現金 (D)日記簿能表示逐日發生的所有交易之全貌。

*( ) 99. 賒購商品，定價$6,000，商業折扣10%，現金折扣2%，在折扣期間內付款時應 (A)借記應付帳款$5,880 (B)貸記應付帳款$5,292 (C)貸記現金$5,292 (D)借記現金$5,292。

( ) 100. 下列何者不是無形資產 (A)商標權 (B)開辦費 (C)特許權 (D)專利權。

( ) 101. 下列何者屬交易事項 (A)業主提取公司商品自用 (B)訂購貨品 (C)承諾談成交易時給佣金 (D)與快遞業簽訂送貨合約。

( ) 102. 亞方公司發現溢收林小姐房租$1,000，林小姐亦溢收亞方公司利息$1,000，雙方同意互抵，此項交易對於亞方公司之影響為 (A)收益增加及費損增加 (B)收益增加及費損減少 (C)資產增加及資產減少 (D)收益減少及費損減少。

( ) 103. 收到客戶尚未承兌的匯票暫列 (A)應收票據 (B)應付帳款 (C)應收帳款 (D)應付票據。

( ) 104. 日記簿之記錄順序係依何者為之 (A)交易發生日期先後 (B)會計項目編號 (C)借貸項目多寡 (D)財務報表要素層級。

( ) 105. 下列交易事件，何者不須經過特別授權 (A)例行性交易 (B)異常交易 (C)交易性質特殊 (D)交易金額重大。

( ) 106. 廣告費及樣品贈送屬 (A)銷售費用 (B)財務費用 (C)銷貨成本 (D)管理費用。

( ) 107. 對獨資之營利事業，下列何者應登帳 (A)以資本主名義購車供企業使用 (B)子女婚慶之餐費支出 (C)與客戶簽約取得代理權 (D)以資本主名義向他人借款。

( ) 108. 會計循環中，蒐集和記錄交易的步驟，通常是接在那個步驟之後 (A)會計項目表之分類和編碼 (B)過入分類帳 (C)設定使用者密碼 (D)設定使用者權限。

( 　) 109. 賒銷商品$40,000給台南商店，本店開出匯票乙紙，請其承兌，本店應借記
　　　　(A)應收帳款　(B)應付帳款　(C)應收票據　(D)應付票據。

( 　) 110. 下列何項為正確　(A)日記簿之類頁欄是記載日記簿之頁數　(B)現購辦公
　　　　桌、辦公椅，其應作分錄為借：文具用品，貸：現金　(C)日記簿能表示逐
　　　　日發生的所有交易之全貌　(D)購入商品，半付現金半賒欠的交易分錄屬於
　　　　單項分錄。

( 　) 111. 購買者於折扣期限內付現，所享之折扣稱為　(A)數量折扣　(B)商業折扣
　　　　(C)現金折扣　(D)交易折扣。

( 　) 112. 資本主提取商品自用為　(A)混合交易　(B)對內交易　(C)非交易　(D)對
　　　　外交易。

*( 　) 113. 一年以365天計算，當付款條件為2/10,n/40時，其取得現金折扣相當於年
　　　　利率是　(A)8.62%　(B)37.24%　(C)24.83%　(D)28.65%。

( 　) 114. 日記簿中每一筆交易分錄其　(A)項目性質別應相同　(B)借貸方項目數應
　　　　相等　(C)類頁欄數字應相同　(D)借貸方金額應相等。

*( 　) 115. 償還貨欠而取得尾款折讓$830，誤記為$380，其改正分錄應貸記　(A)應
　　　　付帳款$450　(B)進貨折讓$450　(C)銷貨折讓$450　(D)現金$450。

( 　) 116. 客戶訂購商品預先支付訂金應　(A)貸記存入保證金　(B)借記存入保證金
　　　　(C)借記預收貨款　(D)貸記預收貨款。

( 　) 117. 已指定特殊用途之專戶存款應以　(A)零用金　(B)銀行存款　(C)基金　(D)
　　　　現金　會計項目處理。

*( 　) 118. 已知某項交易借記資產$200，貸記負債$300，若要完成該筆交易之記錄，
　　　　應　(A)貸記費用$100　(B)借記另一項資產$100　(C)貸記收入$100　(D)
　　　　借記另一項負債$300。

( 　) 119. 本田公司自裝汽車以供公司員工上下班作交通車用，此車輛為本田公司的
　　　　(A)遞延費用　(B)無形資產　(C)不動產、廠房及設備　(D)流動資產。

*( 　) 120. 某會計項目應借記$50,000，誤借記$500，則試算表之借貸方總額的差額，
　　　　可為下列哪些數字除盡　(A)9及11　(B)9　(C)9及111　(D)11及111。

*( 　) 121. 預收佣金帳戶中，期初餘額$12,000，期末餘額$8,000，綜合損益表中佣金
　　　　收入為$25,000，則本年度實際收現佣金為　(A)$17,000　(B)$21,000
　　　　(C)$29,000　(D)$33,000。

( ) 122. 本店會計將支付的存出保證金$2,000誤借記為存入保證金$2,000，則更正分錄為　(A)借：存入保證金$2,000，貸：存出保證金$2,000　(B)借：現金$2,000，貸：存入保證金$2,000　(C)借：存出保證金$2,000，貸：現金$2,000　(D)借：存出保證金$2,000，貸：存入保證金$2,000。

( ) 123. 收入應該何時認列　(A)當賺得收入時　(B)當收到現金時　(C)於支付所得稅時　(D)於每月底時。

( ) 124. 對於獨資之營利事業，下列何者應入帳　(A)資本主為了爭取業務以企業名義購買禮品餽贈顧客之交際費用　(B)以資本主名義跟銀行借款　(C)以資本主名義買入汽車供資本主私人使用　(D)以資本主名義買入之古董字畫但實際上供私人收藏之用。

*( ) 125. 本年10月1日簽發八個月期票$24,000，年息一分二厘，年終應付利息為　(A)$2,480　(B)$2,880　(C)$720　(D)$1,200。

*( ) 126. 購進商品一批計$291,200，當日付現$290,000，尾數讓免，應貸記　(A)進貨折讓$1,200、現金$290,000　(B)現金$290,000、進貨退出$1,200　(C)現金$291,200　(D)現金$290,000。

( ) 127. 設運送條件為起運點交貨之銷貨行為，若買方支付運費，則分錄應貸記現金，借記　(A)進貨費用　(B)暫收款　(C)銷貨運費　(D)其他應收款。

*( ) 128. 甲公司之流動比率為3，存貨占流動資產之25%，預付費用為$50,000，流動負債$200,000，則速動資產為　(A)$200,000　(B)$300,000　(C)$500,000　(D)$400,000。

( ) 129. 收到楊某匯來款項$30,000，未言明其用途，即轉入本店存款帳戶，則應貸記　(A)預付貨款$30,000　(B)暫收款$30,000　(C)暫付款$30,000　(D)預收貨款$30,000。

( ) 130. 賒銷商品一批計$20,000，應借記　(A)應付票據$20,000　(B)應付帳款$20,000　(C)應收帳款$20,000　(D)應收票據$20,000。

*( ) 131. 賒購商品，定價$6,000，商業折扣10%，現金折扣2%，在折扣期間內付款時應　(A)借記應付帳款$5,880　(B)貸記應付帳款$5,292　(C)貸記現金$5,292　(D)借記現金$5,292。

(　　) 132. 借：應收帳款、應收票據，貸：銷貨收入，此筆分錄是屬於　(A)混合分錄　(B)簡單分錄　(C)現金分錄　(D)轉帳分錄。

(　　) 133. 下列何者屬交易事項　(A)業主提取公司商品自用　(B)訂購貨品　(C)承諾談成交易時給佣金　(D)與快遞業簽訂送貨合約。

(　　) 134. 亞方公司發現溢收林小姐房租$1,000，林小姐亦溢收亞方公司利息$1,000，雙方同意互抵，此項交易對於亞方公司之影響為　(A)收益增加及費損增加　(B)收益增加及費損減少　(C)資產增加及資產減少　(D)收益減少及費損減少。

(　　) 135. 收到客戶尚未承兌的匯票暫列　(A)應收票據　(B)應付帳款　(C)應收帳款　(D)應付票據。

(　　) 136. 日記簿之記錄順序係依何者為之　(A)交易發生日期先後　(B)會計項目編號　(C)借貸項目多寡　(D)財務報表要素層級。

(　　) 137. 帳冊的記載應符合　(A)業主的指示　(B)商業會計法規定　(C)投資者及債權人的指示　(D)稅法規定。

(　　) 138. 下列交易事件，何者不須經過特別授權　(A)例行性交易　(B)異常交易　(C)交易性質特殊　(D)交易金額重大。

(　　) 139. 廣告費及樣品贈送屬　(A)推銷費用　(B)財務費用　(C)銷貨成本　(D)管理費用。

(　　) 140. 對獨資之營利事業，下列何者應登帳　(A)以資本主名義購車供企業使用　(B)子女婚慶之餐費支出　(C)與客戶簽約取得代理權　(D)以資本主名義向他人借款。

(　　) 141. 會計循環中，蒐集和記錄交易的步驟，通常是接在那個步驟之後　(A)會計項目表之分類和編碼　(B)過入分類帳　(C)設定使用者密碼　(D)設定使用者權限。

*(　　) 142. 進口機器設備一部，購價$100,000，進口關稅$2,000，安裝費$1,500，試車費$1,000，則應借記機器設備成本　(A)$100,000　(B)$102,000　(C)$103,500　(D)$104,500。

(　　) 143. 資本主提取商品自用為　(A)混合交易　(B)對內交易　(C)非交易　(D)對外交易。

*(　)144.一年以365天計算，當付款條件為2/10,n/40時，其取得現金折扣相當於年利率是　(A)8.62%　(B)37.24%　(C)24.83%　(D)28.65%。

(　)145.償還貨欠而取得尾款折讓$830，誤記為$380，其改正分錄應貸記　(A)應付帳款$450　(B)進貨折讓$450　(C)銷貨折讓$450　(D)現金$450。

(　)146.旻昌公司本年度賒銷金額為$1,200,000，年底未提呆帳前應收帳款$300,000，未提列呆帳前備抵損失－應收帳款借餘$6,000，若以銷貨百分比法或應收帳款餘額百分比法提列預期信用減損損失，且呆帳率皆為2%，則兩種方法所認列之呆帳費用相差多少　(A)$18,000　(B)$24,000　(C)$12,000　(D)$6,000。

(　)147.若帳冊紀錄上僅發生應借記五百萬元而借記五千元的錯誤，則試算表的借貸方總額之差額可為哪些數字除盡　(A)9及99　(B)90及11　(C)9及111　(D)99。

(　)148.支付廣告費誤記為水電瓦斯費之更正分錄，應　(A)借：廣告費，貸：現金　(B)借：水電瓦斯費，貸：廣告費　(C)借：水電瓦斯費，貸：現金　(D)借：廣告費，貸：水電瓦斯費。

(　)149.顧客要求退貨，本公司發出之通知單為　(A)退貨通知單　(B)銷貨發票　(C)貸項通知單　(D)借項通知單。

(　)150.用以證明會計人員責任的憑證，稱為　(A)記帳憑證　(B)原始憑證　(C)會計憑證　(D)對外憑證。

(　)151.預付費用已過期的部分為　(A)費損　(B)資產　(C)負債　(D)收益。

(　)152.企業籌備期間支付因設立所發生的必要支出應以　(A)開辦費　(B)廣告費　(C)旅費　(D)其他費用項目入帳。

*(　)153.賒購商品$10,000，退出$1,000，償還帳款時獲折扣$180，則此交易之進貨折扣率為　(A)1.8%　(B)5%　(C)2%　(D)1.75%。

*(　)154.台中公司之流動資產$10,000，流動負債$5,000，存貨$2,000，應收帳款$1,000，則其速動比率為　(A)1.6　(B)1.7　(C)1.4　(D)1.5。

*(　)155.支付電話費$1,890，其中半數為本店費用，半數為業主自用，此筆分錄應　(A)借：郵電費$945、業主往來$945，貸：現金$1,890　(B)借：水電瓦斯費$945、業主往來$945，貸：現金$1,890　(C)借：郵電費$945、業主往來$945，貸：現金$1,890　(D)借：郵電費$1,890，貸：業主往來$1,890。

( ) 167. 收到客戶償付貨欠，該筆交易會影響哪些財務報表要素 (A)資產增加、負債增加 (B)資產增加、資產減少 (C)負債增加、負債減少 (D)資產減少、負債減少。

( ) 168. 員工出差前預支旅費$4,000，誤以薪資支出入帳，其改正分錄應 (A)借記雜費$4,000 (B)借記交際費$4,000 (C)貸記暫付款$4,000 (D)借記暫付款$4,000。

( ) 169. 購入辦公用原子筆誤記為進貨，改正分錄為 (A)借記進貨，貸記文具用品 (B)借記進貨，貸記用品盤存 (C)借記進貨，貸記現金 (D)借記文具用品，貸記進貨。

( ) 170. 賒銷商品在單式傳票下，應編製幾張傳票 (A)四張 (B)一張 (C)二張 (D)三張。

( ) 171. 過帳時，分類帳所記載之日期為 (A)過帳日期 (B)記入日記簿日期 (C)傳票核准日期 (D)交易發生日期。

( ) 172. 交易事項對財務報表之精確性無重大影響者 (A)可登帳亦可不登 (B)仍應精確處理 (C)不予登帳 (D)可權宜處理。

( ) 173. 下列那一項目於計算可供銷售商品總額時不適用 (A)期初存貨 (B)進貨 (C)期末存貨 (D)進貨費用。

( ) 174. 會計事項應按發生次序逐日登帳，至遲不得超過幾個月 (A)三個月 (B)一個月 (C)二個月 (D)四個月。

( ) 175. 用以證明會計人員責任的憑證，稱為 (A)會計憑證 (B)原始憑證 (C)記帳憑證 (D)對外憑證。

( ) 176. 愛心晚會時，本店捐款$20,000，應借記 (A)捐贈$20,000 (B)交際費$20,000 (C)廣告費$20,000 (D)稅捐$20,000。

* ( ) 177. 台中商店賒售商品一批價值$50,000，言明付款條件為 2/10，n/30，若對方在折扣期間付款，則台中商店將收到多少錢 (A)$50,000 (B)$48,000 (C)$49,000 (D)$47,000。

( ) 178. 本田公司自裝汽車以供公司員工上下班作交通車用，此車輛為本田公司的 (A)遞延費用 (B)無形資產 (C)流動資產 (D)不動產、廠房及設備。

( ) 179. 在採永續盤存制之企業，業主提取商品自用，應借記業主往來，貸記 (A)銷貨 (B)進貨 (C)銷貨成本 (D)存貨。

( ) 180. 銷貨運費應屬於 (A)營業費用 (B)銷貨成本 (C)銷貨收入之減項 (D)營業外支出。

*( ) 181. 賒銷商品$10,000，付款條件為3/10,2/20,n/30，第5天客戶退回商品五分之一，倘第10天客戶還清貨款，則其收現金額為 (A)$7,800 (B)$7,700 (C)$8,000 (D)$7,760。

( ) 182. 溢收利息收入$500，如數以現金退還，其分錄應 (A)借：現金$500，貸：利息收入$500 (B)借：利息收入$500，貸：利息費用$500 (C)借：銀行存款$500，貸：利息收入$500 (D)借：利息收入$500，貸：現金$500。

( ) 183. 賒購商品分錄，貸方誤記為應收帳款，則 (A)可由試算表發現錯誤 (B)帳務處理正確 (C)試算表依然平衡 (D)試算表失去平衡。

( ) 184. 償還貨欠，並取得現金折扣1%，採複式傳票應編製 (A)現金收入傳票 (B)分錄轉帳傳票 (C)現金轉帳傳票 (D)現金支出傳票。

( ) 185. 對獨資之營利事業，下列何者應登帳 (A)子女婚慶之餐費支出 (B)與客戶簽約取得代理權 (C)以資本主名義購車供企業使用 (D)以資本主名義向他人借款。

( ) 186. 銀行透支是屬於 (A)資產 (B)收益 (C)權益 (D)負債。

*( ) 187. 六月二十五日付清六月十五日之貨欠$70,000，付款條件為1/10,n/30，其分錄是 (A)借：應付帳款$70,000，貸：現金$70,000 (B)借：應付帳款$69,600，貸：現金$69,600 (C)借：應付帳款$70,000，貸：現金$69,300、進貨折讓$700 (D)借：應付帳款$70,000，貸：現金$69,600、進貨折讓$400。

( ) 188. 本商店開立10天期的本票償還前欠貨款，應貸記 (A)應付帳款 (B)應收票據 (C)應付票據 (D)應收帳款。

*( ) 189. 公司支付租金支出$28,000，代扣10%租賃所得稅，其分錄為 (A)借：租金支出$23,800，貸：現金$23,800 (B)借：租金支出$28,000，貸：現金$28,000 (C)借：租金支出$28,000，貸：現金$25,200，代收款—所得稅

$2,800　(D)借：租金支出$28,000，貸：現金$25,200，當期所得稅負債$2,800。

(　)190.1月2日山茶商店先行支付3個月房租，共計$30,000，採記實轉虛，下列敘述何者有誤　(A)1月2日借記預付房租，貸記現金　(B)1月2日資產將增加$30,000　(C)如1月份需出具報表，則須於1月底將$10,000調整為費用　(D)1月2日資產金額不變。

(　)191.客戶以未到期之本票償還其前欠本店貨款，應貸記　(A)應付票據　(B)應付帳款　(C)應收帳款　(D)應收票據。

(　)192.下列有關開辦費認列之敘述何者正確　(A)發生時全額認列費用　(B)認列資產分若干年逐期攤銷　(C)認列資產，待企業結束時一次攤銷　(D)認列資產不必攤銷。

(　)193.溢收租金予以退回，其結果會使　(A)資產增加、收益增加　(B)資產減少、收益減少　(C)資產減少、收益增加　(D)負債減少、收益減少。

*(　)194.賒銷商品$10,000，付款條件為3/10,2/20,n/30，第5天客戶退回商品五分之一，倘第10天客戶還清貨款，則其收現金額為　(A)$7,800　(B)$7,700　(C)$8,000　(D)$7,760。

(　)195.現付員工薪資$26,000，代扣6%所得稅，其分錄為　(A)借：薪資支出$26,000，貸：現金$26,000　(B)借：薪資支出$26,000，貸：現金$25,844、代收款$156　(C)借：薪資支出$26,000，貸：現金$24,440、代收款$1,560　(D)借：應付帳款$26,000，貸：現金$26,000。

(　)196.日記簿記錄的時間應為　(A)每週一次　(B)每筆交易隨即記錄　(C)每一項目記錄一次　(D)每月一次。

(　)197.溢收利息收入$500，如數以現金退還，其分錄應　(A)借：現金$500，貸：利息收入$500　(B)借：利息收入$500，貸：利息費用$500　(C)借：銀行存款$500，貸：利息收入$500　(D)借：利息收入$500，貸：現金$500。

(　)198.賒購商品分錄，貸方誤記為應收帳款，則　(A)可由試算表發現錯誤　(B)帳務處理正確　(C)試算表依然平衡　(D)試算表失去平衡。

(　)199.償還貨欠，並取得現金折扣1%，採複式傳票應編製　(A)現金收入傳票　(B)分錄轉帳傳票　(C)現金轉帳傳票　(D)現金支出傳票。

( 　 ) 200. 對獨資之營利事業，下列何者應登帳　(A)子女婚慶之餐費支出　(B)與客戶簽約取得代理權　(C)以資本主名義購車供企業使用　(D)以資本主名義向他人借款。

*( 　 ) 201. 六月二十五日付清六月十五日之貨欠$70,000，付款條件為 1/10,n/30，其分錄是　(A)借：應付帳款$70,000，貸：現金$70,000　(B)借：應付帳款$69,600，貸：現金$69,600　(C)借：應付帳款$70,000，貸：現金$69,300、進貨折讓$700　(D)借：應付帳款$70,000，貸：現金$69,600、進貨折讓$400。

( 　 ) 202. 本商店開立 10 天期的本票償還前欠貨款，應貸記　(A)應付帳款　(B)應收票據　(C)應付票據　(D)應收帳款。

( 　 ) 203. 客戶以未到期之本票償還其前欠本店貨款，應貸記　(A)應付票據　(B)應付帳款　(C)應收帳款　(D)應收票據。

( 　 ) 204. 下列有關開辦費認列之敘述何者正確　(A)發生時全額認列費用　(B)認列資產分若干年逐期攤銷　(C)認列資產，待企業結束時一次攤銷　(D)認列資產不必攤銷。

## 範圍 03：期末會計處理程序

## 108 年度

*( 　 ) 1. 若銷貨毛利率（銷貨毛利÷銷貨淨額）為 25%，則銷貨成本毛利率(銷貨毛利÷銷貨成本)為　(A)20%　(B)75%　(C)33%　(D)80%。

( 　 ) 2. 實帳戶期末餘額結轉時，應在各該帳戶的摘要欄書寫　(A)結轉上期　(B)結轉本期損益　(C)結轉下期　(D)上期結轉。

( 　 ) 3. 黑貓公司 1 月份水電費為$500,000，但公司於次月 5 日支付，若要公允表達 1 月份損益，下列敘述何者正確　(A)1 月份負債金額不受此水電費之影響　(B)因屬 1 月份發生之費用，應將費用記錄於 1 月　(C)1 月份損益不受此水電費之影響　(D)2 月份支付水電費，因此將費用記錄於 2 月即可。

( 　 ) 4. 費用業已發生，但尚未入帳，期末調整應　(A)貸：負債　(B)貸：費損　(C)借：收益　(D)借：資產。

( 　 ) 5. 結帳後費損帳戶　(A)沒有餘額　(B)發生貸餘　(C)不一定　(D)發生借餘。

( ) 6.誤將資產作費損入帳,使當年帳面上之淨利數 (A)不變 (B)增加 (C)不一定增加或減少 (D)減少。

( ) 7.編製結算工作底稿中試算餘額的資訊係來自於 (A)日記簿分錄 (B)總分類帳 (C)傳票 (D)財務報表。

( ) 8.假設期初存貨為\$0,期末存貨為本期進貨1/2,進貨運費誤記為銷貨運費,對綜合損益表的影響 (A)銷貨毛利無影響 (B)銷貨成本多計 (C)營業費用少計 (D)銷貨毛利多計。

*( ) 9.台中商店本期銷貨全為賒銷,本期銷貨淨額\$660,000,期初應收帳款\$100,000,期初預收貨款\$30,000,期末應收帳款\$50,000,期末無預收貨款,則本期有關銷貨之收現額為 (A)\$520,000 (B)\$680,000 (C)\$620,000 (D)\$480,000。

( ) 10.下列何種結帳分錄需借記本期損益 (A)勞務收入 (B)應收帳款 (C)租金支出 (D)其他收入。

*( ) 11.台北公司之用品盤存期初金額\$60,000,本期增購\$30,000以文具用品入帳,期末盤點用品盤存餘\$50,000,則有關調整分錄之敘述何者正確 (A)借方為文具用品\$40,000 (B)借方為文具用品\$20,000 (C)貸方為用品盤存\$40,000 (D)借方為文具用品\$10,000。

( ) 12.台中公司於年初購買一組機器設備,成本共計\$600,000,無殘值,耐用年限6年,採直線法,下列敘述何者有誤 (A)期末時無須調整認列機器設備成本之折舊費用 (B)期末時因該機器之調整分錄將使公司資產帳面金額減少\$100,000 (C)期末時因該機器之調整分錄將增加公司之費用\$100,000 (D)期末時應調整認列機器設備成本之折舊費用\$100,000。

( ) 13.企業主要財務報表中下列何者屬於靜態報表 (A)資產負債表 (B)權益變動表 (C)現金流量表 (D)綜合損益表。

( ) 14.平時即設有存貨明細帳,隨時可由明細帳記錄得知存貨結存數的盤存方法為 (A)永續盤存制 (B)混合制 (C)實地盤存制 (D)定期盤存制。

*( ) 15.台中公司毛利為成本之25%,其他相關帳戶餘額如下:期初存貨\$11,000,進貨\$102,000,進貨退出\$4,000,銷貨淨額\$150,000,則期末存貨為 (A)\$88,000 (B)\$95,500 (C)\$72,000 (D)\$56,000。

( ) 16. 下列敘述何者正確 (A)資產負債表和綜合損益表的表首完全相同 (B)資產負債表及綜合損益表可根據結帳後試算表編製而來 (C)資產負債表與綜合損益表的本期損益，兩者計算方法不同，故其數額可能不相等 (D)資產負債表及綜合損益表均可因實際需要，隨時編製主表及附表。

( ) 17. 利息費用應列示於綜合損益表之 (A)營業費用項下 (B)銷貨成本項下 (C)營業外支出項下 (D)利息收入減項。

( ) 18. 結算是結清 (A)資產帳戶 (B)權益帳戶 (C)負債帳戶 (D)收益及費損帳戶。

( ) 19. 銷貨成本加期末存貨等於 (A)可銷售商品總額 (B)進貨成本 (C)銷貨收入總額 (D)銷貨毛利。

*( ) 20. 大安公司於 11 月 1 日，簽發一張面額$30,000，票面利率12%三個月期的票據，向銀行借款$30,000，其 12 月底應做之調整分錄為 (A)借：應付利息$600，貸：利息費用$600 (B)借：利息費用$600，貸:應付利息$600 (C)借：利息費用$900，貸:應付利息$900 (D)借：利息費用$300，貸：應付利息$300。

## 107 年度

( ) 21. 結算工作底稿 (A)主要報表 (B)結算前的草稿 (C)試算前的草稿 (D)備忘紀錄。

( ) 22. 下列何者不是結算工作底稿的作用 (A)便於作調整及結帳分錄 (B)檢查過帳有無錯誤 (C)便於編製決算表 (D)提早明瞭企業之營業成果及財務狀況。

( ) 23. 結帳時應結轉下期的會計項目為 (A)其他損失 (B)折舊 (C)預收貨款 (D)減損損失。

*( ) 24. 已知進貨退出及折讓$7,360，進貨費用$3,840，銷貨成本$67,040，進貨$104,000，期末存貨$61,520，則期初存貨為 (A)$28,008 (B)$32,000 (C)$28,080 (D)$28,800。

( ) 25. 充作長期借款質押之定期存款應列於 (A)現金 (B)銀行存款 (C)非流動資產項下之其他資產 (D)流動資產。

( ) 26. 下列哪一帳戶在編製結帳分錄結清其餘額時,需要貸記本期損益帳戶 (A)利息費用 (B)租金支出 (C)預收貨款 (D)股利收入。

( ) 27. 期末時,借記本期損益,貸記保險費是 (A)調整分錄 (B)結帳分錄 (C)開帳分錄 (D)開業分錄。

( ) 28. 機器多計折舊$5,000,預期信用減損損失少估$2,000,漏計租金支出$1,000,另佣金收入$4,000,誤記為預收租金,則本期淨利 (A)少計$6,000 (B)少計$12,000 (C)多計$6,000 (D)多計$12,000。

( ) 29. 銷貨運費誤記為進貨費用,將使綜合損益表上 (A)營業費用多計 (B)銷貨毛利多計 (C)銷貨毛利少計 (D)銷貨毛利不變。

( ) 30. 進貨費用應列為 (A)營業費用 (B)營業外支出 (C)進貨的加項 (D)進貨的減項。

( ) 31. 年底結帳時,少計減損損失$200,000,少計其他收入$20,000,則年度淨利 (A)多計$180,000 (B)少計$180,000 (C)多計$220,000 (D)少計$220,000。

( ) 32. 預收收益中,已實現的部分為 (A)費損 (B)資產 (C)負債 (D)收益。

( ) 33. 賒購商品$1,500,誤以現銷入帳,將使餘額式試算表合計數 (A)沒有影響 (B)借貸雙方各少計$1,500 (C)貸方多計$1,500 (D)借方多計$1,500。

*( ) 34. 期初存貨$26,000,本期進貨$500,000,進貨退出$30,000,進貨折讓$10,000,進貨費用$20,000,期末存貨$20,000,銷貨退回$30,000,銷貨折讓$10,000,銷貨運費$60,000,試問可供銷貨商品成本為 (A)$486,000 (B)$526,000 (C)$506,000 (D)$566,000。

*( ) 35. 喬巴公司期末備抵損失－應收帳款貸方餘額為$2,500,期末應收帳款餘額為$600,000,依應收帳款餘額1.5%提列預期信用減損損失,期末調整分錄為 (A)借記預期信用減損損失$6,500,貸記備抵損失－應收帳款$6,500 (B)借記預期信用減損損失$9,000,貸記備抵損失－應收帳款$9,000 (C)借記預期信用減損損失$6,000,貸記備抵損失－應收帳款$6,000 (D)借記預期信用減損損失$11,500,貸記備抵損失－應收帳款$11,500。

* ( )　36. 銷貨收入$308,600，銷貨退回$20,000，銷貨折讓$500，銷貨運費$8,000，銷貨淨額為　(A)$304,600　(B)$288,100　(C)$329,100　(D)$284,100。

* ( )　37. 當毛利為成本之40%，則表示毛利約為售價多少比例　(A)40%　(B)29%　(C)30%　(D)71%。

( )　38. 結算工作底稿中損益表欄的借方總額大於貸方總額表示　(A)銷貨毛利　(B)本期淨利　(C)銷貨毛損　(D)本期淨損。

## 106 年度

( )　39. 設調整前預收租金貸餘$4,500，調整後貸餘$3,000，則調整分錄　(A)貸：租金收入$3,000　(B)借：租金收入$1,500　(C)貸：預收租金$3,000　(D)借：預收租金$1,500。

( )　40. 結帳後，銷貨成本帳戶　(A)有借餘　(B)有貸餘　(C)沒有餘額　(D)不一定有餘額。

( )　41. 何種企業的綜合損益表應包括銷貨收入、銷貨成本、營業費用三個主要部分　(A)買賣業　(B)營造業　(C)金融業　(D)服務業。

( )　42. 為使期末決算工作順利進行所編的表為　(A)盈餘分配表　(B)結算工作底稿　(C)綜合損益表　(D)財務狀況表。

( )　43. 依稅法規定，預期信用減損損失之計提，不得超過應收帳款及應收票據總額的　(A)5%　(B)2%　(C)3%　(D)1%。

( )　44. 漏記應付費用，會使本期淨利　(A)無影響　(B)虛增　(C)可能虛增，也可能虛減　(D)虛減。

( )　45. 與銷貨成本計算無關之商品帳戶為　(A)進貨　(B)銷貨運費　(C)期末存貨　(D)進貨折讓。

( )　46. 天然資源如：石油、礦山等，年終應提　(A)折舊　(B)呆帳　(C)折耗　(D)各項攤提。

( )　47. 結算是結清　(A)權益帳戶　(B)收益及費損帳戶　(C)負債帳戶　(D)資產帳戶。

( )　48. 大安公司於11月1日，簽發一張面額$30,000，票面利率12%三個月期的票據，向銀行借款$30,000，其12月底應做之調整分錄為　(A)借：利息費

用$900，貸：應付利息$900　(B)借：利息費用$600，貸：應付利息$600
(C)借：利息費用$300，貸：應付利息$300　(D)借：應付利息$600，貸：
利息費用$600。

*(　) 49. 大新公司本年度利息收入$75,000，年初有應收利息$5,000，預收利息
$4,000，年底有應收利息$2,000，該年度共收現金利息$76,000，則年終
預收利息應為　(A)$4,000　(B)$3,000　(C)$5,000　(D)$2,000。

(　) 50. 期末修正帳載金額之分錄是　(A)開帳分錄　(B)調整分錄　(C)結帳分錄
(D)開業分錄。

(　) 51. 期末調整之目的在於　(A)增加業主的利益　(B)使各期損益公允表達　(C)
減少業主的損失　(D)使損益比較好看。

(　) 52. 下列何項分錄將使權益增加　(A)調整未耗文具用品　(B)調整未過期租金
收入　(C)攤銷無形資產　(D)提列折舊。

*(　) 53. 銷貨收入$72,000，銷貨退回$12,000，銷貨運費$5,000，銷貨成本$42,000，
則毛利率為　(A)30%　(B)60%　(C)25%　(D)72%。

(　) 54. 企業主要財務報表包括財務狀況表、綜合損益表、權益變動表及現金流量
表，其中屬於動態報表者有　(A)四種　(B)三種　(C)二種　(D)一種。

(　) 55. 明昌公司本年度有保險費$10,000，租金支出$60,000，薪資支出$120,000，
雜項費用$25,000，銷貨收入$230,000，利息收入$5,000，下列之敘述何
者有誤　(A)費用結清時借方之本期損益$215,000　(B)本期損益為借餘
$20,000　(C)收入結清時貸方之本期損益$235,000　(D)本期損益為貸餘
$20,000。

(　) 56. 以起運點交貨為條件，賒購商品一批，商品尚在運輸途中，進貨尚未入帳，
期末存貨亦未列入，對當年度綜合損益表有何影響　(A)無影響　(B)銷貨
成本高估　(C)淨利高估　(D)淨利低估。

(　) 57. 下列何者為先虛後實法下應作之調整分錄　(A)借：用品盤存，貸：文具用
品　(B)借：預收租金，貸：租金收入　(C)借：佣金收入，貸：應收佣金
(D)借：保險費，貸：預付保險費。

## 105 年度

( )　58. 預付保險費$60,000，本期耗用$15,000，則下列有關調整分錄之敘述何者正確　(A)借方保險費$15,000　(B)貸方預付保險費$45,000　(C)調整後之預付保險費餘額$15,000　(D)借方保險費$45,000。

( )　59. 在計算毛利率時，以何者金額作為100%　(A)銷貨毛利　(B)銷貨收入淨額　(C)本期淨利　(D)銷貨收入總額。

*( )　60. 年底存貨低估$17,000，綜合損益表原列純損$34,000，則正確損益數字應為　(A)純損$17,000　(B)純損$41,000　(C)純益$17,000　(D)純益$41,000。

*( )　61. 台中公司有關資料如下：銷貨收入$410,000，銷貨運費$40,000，銷貨折讓$5,000，銷貨退回$15,000。假設毛利率為30%，則銷貨成本為　(A)$252,000　(B)$266,000　(C)$273,000　(D)$238,000。

( )　62. 結算工作底稿中損益表欄的借方總額大於貸方總額表示　(A)本期淨損　(B)銷貨毛利　(C)銷貨毛損　(D)本期淨利。

( )　63. 銷貨毛利少，銷貨淨額多，表示　(A)銷售費用太大　(B)營業費用太大　(C)銷貨成本太高　(D)營業外費用太大。

( )　64. 期末修正帳載金額之分錄是　(A)開業分錄　(B)調整分錄　(C)結帳分錄　(D)開帳分錄。

( )　65. 以起運點交貨為條件，賒購商品一批，商品尚在運輸途中，進貨尚未入帳，期末存貨亦未列入，對當年度綜合損益表有何影響　(A)淨利低估　(B)無影響　(C)銷貨成本高估　(D)淨利高估。

( )　66. 未作應計收入之調整分錄會導致　(A)負債高估且收益低估　(B)資產低估且收益低估　(C)本期淨利高估　(D)負債低估且收益低估。

( )　67. 無論現金已否收付，只要有交易事實存在，而有責任或權利的發生，就要記帳的是　(A)修正現金基礎　(B)現金收付基礎　(C)權責發生基礎　(D)混合基礎。

( )　68. 調整前試算表顯示貸方餘額欄上預收租金帳戶有$5,000的餘額，而本年間已實現其中半數，如漏作調整，則資產負債表上　(A)資產高估$5,000　(B)負債低估$2,500　(C)負債高估$5,000　(D)權益低估$2,500。

( ) 69. 銷貨毛利多，營業利益少表示　(A)銷貨成本太大　(B)營業費用太大　(C)營業外支出太大　(D)財務收入太少。

( ) 70. 台中商店流動比率為 2，速動比率為 1，若以現金預付貨款後，將使　(A)兩種比率均下降　(B)流動比率下降　(C)速動比率下降　(D)兩種比率均不變。

*( ) 71. 台中公司有關資料如下：銷貨淨額$180,000，進貨費用$4,500，進貨折讓$2,500，期末存貨$14,000，設銷貨毛利為銷貨淨額的 40%，則可供銷售商品成本為　(A)$96,000　(B)$120,000　(C)$84,000　(D)$122,000。

*( ) 72. 期末應收帳款借餘$200,000，調整前備抵損失－應收帳款借餘$4,000，按應收帳款餘額計提 3%之備抵損失，則調整後備抵損失－應收帳款餘額為　(A)貸餘$10,000　(B)貸餘$6,000　(C)借餘$6,000　(D)借餘$10,000。

( ) 73. 明昌公司本年度有保險費$10,000，租金支出$60,000，薪資支出$120,000，雜項費用$25,000，銷貨收入$230,000，利息收入$5,000，下列之敘述何者有誤　(A)費用結清時借方之本期損益$215,000　(B)收入結清時貸方之本期損益$235,000　(C)本期損益為借餘$20,000　(D)本期損益為貸餘$20,000。

*( ) 74. 辦公設備成本$35,000，估計可用 4 年，殘值$5,000 按直線法提列折舊，第 3 年初帳面金額為　(A)$12,500　(B)$15,000　(C)$22,500　(D)$20,000。

( ) 75. 在結算工作底稿中，備抵損失應填在　(A)損益欄貸方　(B)資產負債欄貸方　(C)損益欄借方　(D)資產負債欄借方。

*( ) 76. 索隆公司期末備抵損失－應收帳款借方餘額為$1,500，期末應收帳款餘額為$450,000，依應收帳款餘額 1%提列預期信用減損損失，期末調整分錄為　(A)借記預期信用減損損失$7,500，貸記備抵損失－應收帳款$7,500　(B)借記預期信用減損損失$4,500，貸記備抵損失－應收帳款$4,500　(C)借記預期信用減損損失$3,000，貸記備抵損失－應收帳款$3,000　(D)借記預期信用減損損失$6,000，貸記備抵損失－應收帳款$6,000。

*( ) 77. 7 月 1 日以現金購入機器一台，設使用年限 5 年，殘值$5,000，年底依直線法提折舊，折舊費用為$10,000，則此部機器成本為　(A)$50,000　(B)$55,000　(C)$100,000　(D)$105,000。

( ) 78. 期末時，借記本期損益，貸記保險費是　(A)開業分錄　(B)開帳分錄　(C)調整分錄　(D)結帳分錄。

*( ) 79. 高雄商店於年初購入機器一部$350,000，估計可用 6 年，殘值$50,000，採平均法提列折舊，則第三年底調整後，帳面金額為　(A)$150,000　(B)$100,000　(C)$50,000　(D)$200,000。

*( ) 80. 台中公司速動資產$15,000，流動負債$15,000，今有一筆交易使存貨及應付帳款各增加$5,000，則其速動比率為　(A)0.75　(B)1.33　(C)1　(D)0.8。

( ) 81. 費用業已發生，但尚未入帳，期末調整應　(A)借：收益　(B)貸：負債　(C)貸：費損　(D)借：資產。

*( ) 82. 魯夫商店本期購貨全部為賒購，本期銷貨成本$400,000，期初存貨比期末存貨少$25,000，期初應付帳款$36,000，期末應付帳款$65,000，則本期應付帳款付現數額　(A)$396,000　(B)$404,000　(C)$465,000　(D)$454,000。

## 104 年度

*( ) 83. 旻昌公司本年度賒銷金額為$1,200,000，年底未提預期信用減損損失前應收帳款$300,000，未提列預期信用減損損失前備抵損失－應收帳款借餘$6,000，若以銷貨百分比法或應收帳款餘額百分比法提列預期信用減損損失，且損失率皆為 2%，則兩種方法所認列之預期信用減損損失相差多少　(A)$18,000　(B)$24,000　(C)$12,000　(D)$6,000。

( ) 84. 若帳冊紀錄上僅發生應借記五百萬元而借記五千元的錯誤，則試算表的借貸方總額之差額可為哪些數字除盡　(A)9 及 99　(B)90 及 11　(C)9 及 111　(D)99。

*( ) 85. 明昌管理顧問公司於年初收到中星公司支付之$300,000 現金，同意未來 2 年擔任該公司的財務諮詢顧問。明昌管理顧問公司當年度綜合損益表上可承認的顧問收益為　(A)$150,000　(B)$0　(C)$300,000　(D)$100,000。

( ) 86. 本年的期末存貨結轉至次年度帳上時叫做　(A)進貨　(B)銷貨成本　(C)期末存貨　(D)期初存貨。

( ) 87. 年終不提預期信用減損損失將使　(A)資產多計　(B)損益不受影響　(C)費損多計　(D)資產少計。

*（　）88. 台北公司之用品盤存期初金額$60,000，本期增購$30,000以文具用品入帳，期末盤點用品盤存餘$50,000，則有關調整分錄之敘述何者正確　(A)借方為文具用品$10,000　(B)借方為文具用品$20,000　(C)借方為文具用品$40,000　(D)貸方為用品盤存$40,000。

（　）89. 支付廣告費誤記為水電瓦斯費之更正分錄，應　(A)借：廣告費，貸：現金　(B)借：水電瓦斯費，貸：廣告費　(C)借：水電瓦斯費，貸：現金　(D)借：廣告費，貸：水電瓦斯費。

（　）90. 下列敘述何者有誤　(A)聯合基礎可以公允表達當年損益　(B)先收到顧客款項，即使尚未提供服務，仍可將收到之款項全數認列為收入　(C)調整分錄使公司公允表達當年損益　(D)已經發生之費用，即使尚未支付，仍應於期末時調整入帳。

（　）91. 餘額式分類帳的金額欄有　(A)一個　(B)二個　(C)四個　(D)三個。

（　）92. 預付費用已過期的部分為　(A)費損　(B)資產　(C)負債　(D)收益。

（　）93. 調整前混合帳戶的情形有　(A)負債與費損的混合　(B)淨值與費損的混合　(C)資產與收益的混合　(D)資產與費損的混合。

*（　）94. 12月1日收到6個月到期的附息票據$45,000，年息1分2厘，則年底應收利息為　(A)$450　(B)$2,700　(C)$225　(D)$900。

（　）95. 下列何種調整分錄，會使資產減少而權益也減少　(A)預收收益的調整　(B)折舊的調整　(C)應收收益的調整　(D)應付費用的調整。

*（　）96. 台中公司之流動資產$10,000，流動負債$5,000，存貨$2,000，應收帳款$1,000，則其速動比率為　(A)1.6　(B)1.7　(C)1.4　(D)1.5。

（　）97. 採用權責基礎記帳，期末將當期應享有之收入由下列何者轉為收益　(A)費損　(B)負債　(C)資產　(D)權益。

*（　）98. 結算工作底稿的試算欄中顯示辦公設備成本$4,000，本期計提折舊$400，並單獨列示累計折舊辦公設備項目，則結算工作底稿之財務狀況表一欄中，列示辦公設備成本金額為　(A)貸$4,000　(B)貸$3,600　(C)借$4,000　(D)借$3,600。

（　）99. 存貨若係透過銷貨成本帳戶來調整，則調整前試算表上之存貨金額係屬　(A)期末存貨　(B)期初存貨　(C)不一定期初或期末存貨　(D)期初與期末存貨都有。

*( ) 100. 毛利率 25%，銷貨收入$18,000，銷貨退回$3,000，則銷貨成本為　(A)$11,250　(B)$3,750　(C)$15,000　(D)$5,000。

( ) 101. 明細分類帳又稱為　(A)補助帳簿　(B)備查簿　(C)原始帳簿　(D)序時帳簿。

( ) 102. 編製結算工作底稿，應先彙列之資料是　(A)調整後試算表　(B)結帳分錄　(C)調整分錄　(D)調整前試算表。

( ) 103. 現購商品$5,000，誤記為償還貨欠，將使餘額式試算表合計數　(A)平衡，但較正確金額多$5,000　(B)借方較貸方多$5,000　(C)貸方較借方多$5,000　(D)平衡，但較正確金額少$5,000。

( ) 104. 年終結算獲利$30,600，但發現呆帳高估$50，利息費用$2,000誤記為佣金支出，期末存貨$4,520誤記為$4,250，則正確淨利應為　(A)$30,920　(B)$35,920　(C)$33,920　(D)$37,920。

( ) 105. 天然資源如：石油、礦山等，年終應提　(A)預期信用減損損失　(B)折耗　(C)各項攤提　(D)折舊。

*( ) 106. 銷貨淨額$100,000，銷貨毛利$20,000，則成本率為　(A)20%　(B)75%　(C)80%　(D)25%。

*( ) 107. 期初存貨$60,000，本期進貨$750,000，進貨退出$20,000，進貨運費$30,000，期末存貨$60,000，銷貨收入$820,000，銷貨折讓$20,000，銷貨運費$30,000，試問毛利率為　(A)3%　(B)5%　(C)4%　(D)6%。

( ) 108. 下列哪一項錯誤會影響試算表之平衡　(A)貸方帳戶過錯　(B)整筆交易漏過　(C)借方重過　(D)借貸項目顛倒。

( ) 109. 償付應付帳款$5,000時，借方誤記為應收帳款$5,000，則此項錯誤對餘額式試算表之影響是　(A)借方多計$5,000，貸方多計$5,000　(B)借方少計$5,000，貸方無影響　(C)借方少計$5,000，貸方少計$5,000　(D)借貸方均無影響。

*( ) 110. 魯夫公司期末備抵損失－應收帳款貸方餘額為$5,000，本年度銷貨收入為$3,000,000，依銷貨收入金額1%提列預期信用減損損失，期末調整分錄為　(A)借記預期信用減損損失$25,000，貸記備抵損失－應收帳款$25,000　(B)借記預期信用減損損失$30,000，貸記備抵損失－應收帳款$30,000　(C)借記預期信用減損損失$3,000，貸記備抵損失－應收帳款$3,000　(D)借記預期信用減損損失$35,000，貸記備抵損失－應收帳款$35,000。

*(　) 111. 大安公司於 11 月 1 日，簽發一張面額$30,000，票面利率 12%三個月期的票據，向銀行借款$30,000，其 12 月底應做之調整分錄為　(A)借：利息費用$900，貸:應付利息$900　(B)借：應付利息$600，貸：利息費用$600　(C)借：利息費用$300，貸：應付利息$300　(D)借：利息費用$600，貸：應付利息$600。

(　) 112. 下列敘述何者有誤　(A)為求收益與費損配合，期末應以備抵法估列預期信用減損損失　(B)預期信用減損損失屬營業費用之項目　(C)預期信用減損損失屬非預期之倒帳，應列營業外費用　(D)備抵損失屬資產抵減項目。

(　) 113. 假設期初存貨為 0，期末存貨為本期進貨 1/2，進貨運費誤記為銷貨運費，對綜合損益表的影響　(A)銷貨成本多計　(B)銷貨毛利多計　(C)銷貨毛利無影響　(D)營業費用少計。

(　) 114. 期末權益與期初權益之差額，下列何者最佳　(A)本期淨利　(B)本期淨利減業主提取　(C)業主提取　(D)業主提取減本期淨利。

(　) 115. 下列有關試算表之敘述，何者為非　(A)定期盤存制下，調整前試算表所列存貨金額為期初金額　(B)結帳後試算表上所列之業主資本金額為期末金額　(C)理論上結帳後試算表無收益與費損類項目，但會列示「本期損益」的項目與金額　(D)調整後試算表上所列之業主資本金額與調整前相同。

(　) 116. 下列錯誤對餘額式試算表合計數之影響何者為非　(A)現收貨欠誤為現付貨欠，使借貸各少計　(B)賒銷誤作賒購，借貸合計數無影響　(C)現金投資誤作業主提現，使借貸各多計　(D)現銷誤作現購使借貸各少計。

*(　) 117. 台北公司之用品盤存期初金額$60,000，本期增購$30,000 以文具用品入帳，期末盤點用品盤存餘$50,000，則有關調整分錄之敘述何者正確　(A)借方為文具用品$40,000　(B)貸方為用品盤存$40,000　(C)借方為文具用品$10,000　(D)借方為文具用品$20,000。

*(　) 118. 租金支出帳戶內計有$24,000，其中屬於本期負擔者佔 1/3，則調整時預付租金之金額為　(A)$24,000　(B)$32,000　(C)$8,000　(D)$16,000。

(　) 119. 按應收帳款餘額$10,000，提備抵損失 3%，原備抵損失－應收帳款借餘$200，則本期應提預期信用減損損失　(A)$600　(B)$500　(C)$300　(D)$100。

( 　 ) 120. 下列何者為試算表所不能發現的錯誤　(A)借貸之一方金額記載錯誤　(B)試算表漏列一項目　(C)會計項目運用不當　(D)金額之移位或換位。

( 　 ) 121. 如果在結算工作底稿上遺漏未將本期淨利轉列資產負債欄，則該欄的金額將會　(A)借方大於貸方　(B)借方小於貸方　(C)不受影響　(D)借貸維持平衡。

*( 　 ) 122. 已知進貨退出及折讓$7,360，進貨費用$3,840，銷貨成本$67,040，進貨$104,000，期末存貨$61,520，則期初存貨為　(A)$28,008　(B)$32,000　(C)$28,800　(D)$28,080。

*( 　 ) 123. 某年初購機器一台成本$100,000，運費及安裝費$5,000，預計可使用 10 年，殘值$10,000，按直線法提折舊，第 6 年初機器的帳面金額為　(A)$50,000　(B)$57,500　(C)$47,500　(D)$40,000。

( 　 ) 124. 下列何者為試算表所不能發現的錯誤　(A)一方數字抄寫錯誤　(B)借貸兩方均重複過帳　(C)單方重過　(D)應過借方誤過貸方。

( 　 ) 125. 進貨退出$2,000，貸方誤記為銷貨退回$2,000，借方記帳無誤，將使餘額式試算表合計數　(A)借方多計$2,000　(B)借貸方均少計$2,000　(C)無影響　(D)貸方多計$2,000。

( 　 ) 126. 帳戶式財務狀況表之排列係根據　(A)資產＝負債－權益　(B)資產－權益＝負債　(C)資產－負債＝權益　(D)資產＝負債＋權益。

( 　 ) 127. 下列敘述何者正確　(A)財務狀況表及綜合損益表均可因實際需要，隨時編製主表及附表　(B)財務狀況表與綜合損益表的本期損益，兩者計算方法不同，故其數額可能不相等　(C)財務狀況表和綜合損益表的表首完全相同　(D)財務狀況表及綜合損益表可根據結帳後試算表編製而來。

*( 　 ) 128. 銷貨淨額$100,000，銷貨毛利$20,000，則成本率為　(A)20%　(B)80%　(C)25%　(D)75%。

*( 　 ) 129. 某商店期末資產$60,000，負債$36,000，收益$8,000，費損$4,000，則期初業主權益為　(A)$24,000　(B)$16,000　(C)$20,000　(D)$12,000。

( 　 ) 130. 編製餘額式試算表時，係彙列　(A)總分類帳各帳戶之總額　(B)總分類帳各帳戶餘額　(C)總分類帳各帳戶之總額及餘額　(D)總分類帳及明細分類帳各帳戶之餘額。

*( ) 131. 台中公司於年初購買一組機器設備，成本共計$600,000，無殘值，耐用年限 6 年，採直線法，下列敘述何者有誤　(A)期末時因該機器之調整分錄將使公司資產帳面金額減少$100,000　(B)期末時因該機器之調整分錄將增加公司之費用$100,000　(C)期末時無須調整認列機器設備成本之折舊費用　(D)期末時應調整認列機器設備成本之折舊費用$100,000。

( ) 132. 有關累計折舊項目性質之敘述，下列何者正確　(A)正常餘額為貸餘　(B)在財務狀況表上列為總資產之減項　(C)增加時應記入借方　(D)負債之抵減項目。

( ) 133. 銷貨毛利少，銷貨淨額多，表示　(A)推銷費用太大　(B)銷貨成本太高　(C)營業外費用太大　(D)營業費用太大。

( ) 134. 下列敘述何者有誤　(A)先收到顧客款項，即使尚未提供服務，仍可將收到之款項全數認列為收入　(B)聯合基礎可以公允表達當年損益　(C)調整分錄使公司公允表達當年損益　(D)已經發生之費用，即使尚未支付，仍應於期末時調整入帳。

*( ) 135. 結算工作底稿中，調整前試算表欄之預收租金$9,800，其調整分錄欄借方列示預收租金$5,300，在資產負債欄之預收租金為　(A)貸方$4,500　(B)貸方$9,800　(C)借方$5,300　(D)借方$4,500。

*( ) 136. 綜合損益表內，銷貨收入：銷貨退回＝9：1，期初存貨：進貨淨額＝1：3，進貨淨額：期末存貨＝6：1，毛利率為 30%，期初存貨較期末存貨多$10,000，則銷貨收入為　(A)$30,000　(B)$112,500　(C)$100,000　(D)$111,111。

*( ) 137. 成功公司某年度之銷貨為$250,000，備抵損失－應收帳款調整前為借餘$600，調整後為貸餘$2,400，依銷貨百分比法計提預期信用減損損失，則損失率為　(A)1.4%　(B)2%　(C)0.96%　(D)1.2%。

*( ) 138. 用品盤存帳戶，過帳後正確餘額為借餘$1,000，若貸方重複過入$3,000時，則此項錯誤對餘額式試算表的影響是　(A)借方少$1,000，貸方多$2,000　(B)借方少$2,000，貸方無誤　(C)借方少$2,000，貸方多$1,000　(D)借方無誤，貸方多$2,000。

( 　 ) 139. 發現試算表不平衡時先從試算表開始檢查，稱爲　(A)逆查法　(B)推計法　(C)經驗法　(D)順查法。

* ( 　 ) 140. 期末應收帳款借餘$200,000，調整前備抵損失－應收帳款借餘$4,000，按應收帳款餘額計提3%之備抵損失，則調整後備抵損失－應收帳款餘額爲　(A)借餘$10,000　(B)貸餘$10,000　(C)借餘$6,000　(D)貸餘$6,000。

( 　 ) 141. 試算表不平衡時，檢查其錯誤次序，若採逆查法應先查　(A)日記帳　(B)明細帳　(C)試算表　(D)分類帳。

* ( 　 ) 142. 利華商店調整前淨利$32,000，今有二筆調整分錄一爲借：利息費用$4,000，貸：應付利息$4,000，一爲借：預付租金$6,000，貸：租金支出$6,000，則調整後正確淨利爲　(A)$34,000　(B)$38,000　(C)$30,000　(D)$36,000。

( 　 ) 143. 分錄可以瞭解　(A)每一項目的總額　(B)每一交易事項內容　(C)每一財務報表要素性質　(D)每一分類帳內容。

* ( 　 ) 144. 喬巴公司期末備抵損失－應收帳款貸方餘額爲$2,500，期末應收帳款餘額爲$600,000，依應收帳款餘額1.5%提列預期信用減損損失，期末調整分錄爲　(A)借記預期信用減損損失$11,500，貸記備抵損失－應收帳款$11,500　(B)借記預期信用減損損失$6,500，貸記備抵損失－應收帳款$6,500　(C)借記預期信用減損損失$6,000，貸記備抵損失－應收帳款$6,000　(D)借記預期信用減損損失$9,000，貸記備抵損失－應收帳款$9,000。

( 　 ) 145. 期末時，借記本期損益，貸記保險費是　(A)結帳分錄　(B)開帳分錄　(C)開業分錄　(D)調整分錄。

( 　 ) 146. 不必作回轉分錄的爲　(A)應收收益　(B)應付費用　(C)記實轉虛之預付利息　(D)記虛轉實之預收利息。

( 　 ) 147. 下列何種資產不需提列折舊　(A)土地成本　(B)房屋及建築成本　(C)辦公設備成本　(D)運輸設備成本。

( 　 ) 148. 若流動資產大於流動負債，則以現金償還應付帳款會造成下列何種影響　(A)營運資金增加　(B)營運資金減少　(C)流動比率減少　(D)流動比率增加。

* ( 　 ) 149. 應過入應付帳款貸方$10,000，卻誤過入借方，對餘額式試算表之影響爲何　(A)貸方總數比借方總數多$20,000　(B)借方總數比貸方總數多$20,000　(C)借方總數比貸方總數多$10,000　(D)貸方總數比借方總數多$10,000。

( ) 150. 發現試算表不平衡時先從試算表開始檢查，稱為 (A)逆查法 (B)推計法 (C)經驗法 (D)順查法。

( ) 151. 若帳冊紀錄上僅發生應借記五百萬元而借記五千元的錯誤，則試算表的借貸方總額之差額可為哪些數字除盡 (A)9及111 (B)90及11 (C)9及99 (D)99。

*( ) 152. 賒銷商品$10,000，誤記為現銷商品$1,000，對餘額式試算表借貸方合計數有何影響 (A)借貸方均少計$9,000 (B)借方少計$9,000 (C)借貸方均無多或少計 (D)貸方多計$9,000。

( ) 153. 銷貨運費應屬於 (A)銷貨成本 (B)營業外支出 (C)營業費用 (D)銷貨收入之減項。

( ) 154. 多收之存入保證金以現金退還是 (A)資產增加，資產減少 (B)負債減少，資產減少 (C)負債減少，資產增加 (D)負債增加，資產增加。

( ) 155. 下列有關試算的敘述何者錯誤 (A)試算表均為每月編製一次 (B)若發生數字移位時，試算表借貸方總額的差數可被 9 除盡 (C)應收帳款收現$6,100，誤記為應付帳款付現，將使餘額式試算表借方總額虛減$6,100 (D)原始憑證的錯誤，無法經由試算發現。

( ) 156. 存貨若係透過銷貨成本帳戶來調整，則調整前試算表上之存貨金額係屬 (A)不一定期初或期末存貨 (B)期末存貨 (C)期初與期末存貨都有 (D)期初存貨。

*( ) 157. 台中公司毛利為成本之25%，其他相關帳戶餘額如下：期初存貨$110,000，進貨$102,000，進貨退出$4,000，銷貨淨額$150,000，則期末存貨為 (A)$95,500 (B)$56,000 (C)$88,000 (D)$72,000。

( ) 158. 下列哪一帳戶在編製結帳分錄結清其餘額時，需要貸記本期損益帳戶 (A)預收貨款 (B)租金支出 (C)股利收入 (D)利息費用。

*( ) 159. 年初用品盤存$950，未作回轉分錄，該年度購入文具用品$2,000，記入文具用品帳戶，年終盤點尚存$500，則期末調整分錄 (A)借：用品盤存$450，貸：文具用品$450 (B)借：文具用品$450，貸：用品盤存$450 (C)借：用品盤存$500，貸：文具用品$500 (D)借：文具用品$950，貸：用品盤存$950。

( 　) 160. 不動產、廠房及設備用直線法計算折舊，則每年終調整後之帳面金額　(A)各年相等　(B)逐年遞增　(C)不一定　(D)逐年遞減。

( 　) 161. 下列敘述何者錯誤　(A)結帳後試算表上所列的存貨為期末存貨　(B)在結算工作底稿的調整欄內，期初存貨應列於借方　(C)調整前試算表的存貨為期初存貨　(D)運用銷貨成本法結算商品帳戶時，應將進貨帳戶結轉至銷貨成本借方。

*( 　) 162. 成功公司某年度之銷貨為$250,000，備抵損失－應收帳款調整前為借餘$600，調整後為貸餘$2,400，依銷貨百分比法計提預期信用減損損失，則損失率為　(A)1.2%　(B)2%　(C)1.4%　(D)0.96%。

*( 　) 163. 哈特利忍者事務所成立至今已滿一年，該店原始投資額為$600,000，年度中經營所得之收益共計$150,000，費損則為$150,000，此外期中業主曾經提取$30,000 自用，年底時則因看好未來景氣，而再投資$200,000，哈特利忍者事務所年底的權益為　(A)$830,000　(B)$920,000　(C)$800,000　(D)$770,000。

*( 　) 164. 台中商店本期銷貨全為賒銷，本期銷貨淨額$660,000，期初應收帳款$100,000，期初預收貨款$30,000，期末應收帳款$50,000，期末無預收貨款，則本期有關銷貨之收現額為　(A)$480,000　(B)$620,000　(C)$680,000　(D)$520,000。

( 　) 165. 應收帳款$2,000，經收回$800，此對於財務狀況表的影響為　(A)總資產減少，負債和權益不變　(B)應收帳款減少$800，權益也減少$800　(C)現金增加$800，權益也增加$800　(D)總資產、負債及權益均無變動。

*( 　) 166. 期初備抵損失－應收帳款為貸餘$4,200，調整後期末貸餘$5,800，期末提列預期信用減損損失$3,000，則本年度沖銷無法收回之帳款為　(A)$4,600　(B)$7,200　(C)$1,400　(D)$7,800。

*( 　) 167. 某年初購機器一台成本$100,000，運費及安裝費$5,000，預計可使用 10年，殘值$10,000，按直線法提折舊，第 6 年初機器的帳面金額為　(A)$50,000　(B)$57,500　(C)$40,000　(D)$47,500。

*( 　) 168. 辦公設備成本$35,000，估計可用 4 年，殘值$5,000 按直線法提列折舊，第3 年初帳面金額為　(A)$22,500　(B)$15,000　(C)$12,500　(D)$20,000。

（　）169. 下列何項調整分錄同時涉及資產及收益會計項目　(A)預收收入之調整　(B)應付費用之調整　(C)預付費用之調整　(D)應收收入之調整。

（　）170. 下列何者非混合帳戶　(A)預收佣金　(B)應付薪資　(C)存貨帳戶　(D)預付房租。

（　）171. 期末權益與期初權益之差額，下列何者最佳　(A)本期淨利　(B)本期淨利減業主提取　(C)業主提取　(D)業主提取減本期淨利。

（　）172. 下列錯誤對餘額式試算表合計數之影響何者為非　(A)現收貨欠誤為現付貨欠，使借貸各少計　(B)賒銷誤作賒購，借貸合計數無影響　(C)現金投資誤作業主提現，使借貸各多計　(D)現銷誤作現購使借貸各少計。

*（　）173. 台北公司之用品盤存期初金額$60,000，本期增購$30,000以文具用品入帳，期末盤點用品盤存餘$50,000，則有關調整分錄之敘述何者正確　(A)借方為文具用品$40,000　(B)貸方為用品盤存$40,000　(C)借方為文具用品$10,000　(D)借方為文具用品$20,000。

*（　）174. 租金支出帳戶內計有$24,000，其中屬於本期負擔者佔1/3，則調整時預付租金之金額為　(A)$24,000　(B)$32,000　(C)$8,000　(D)$16,000。

*（　）175. 按應收帳款餘額$10,000，提備抵損失3%，原備抵損失－應收帳款借餘$200，則本期應提預期信用減損損失　(A)$600　(B)$500　(C)$300　(D)$100。

（　）176. 下列何者為試算表所不能發現的錯誤　(A)借貸之一方金額記載錯誤　(B)試算表漏列一項目　(C)會計項目運用不當　(D)金額之移位或換位。

（　）177. 如果在結算工作底稿上遺漏未將本期淨利轉列資產負債欄，則該欄的金額將會　(A)借方大於貸方　(B)借方小於貸方　(C)不受影響　(D)借貸維持平衡。

*（　）178. 已知進貨退出及折讓$7,360，進貨費用$3,840，銷貨成本$67,040，進貨$104,000，期末存貨$61,520，則期初存貨為　(A)$28,008　(B)$32,000　(C)$28,800　(D)$28,080。

*（　）179. 某年初購機器一台成本$100,000，運費及安裝費$5,000，預計可使用10年，殘值$10,000，按直線法提折舊，第6年初機器的帳面金額為　(A)$50,000　(B)$57,500　(C)$47,500　(D)$40,000。

( ) 180. 利用電腦處理會計作業，下列敘述何者錯誤 (A)期末不必作調整分錄與登錄傳票 (B)比人工記帳節省時間 (C)可以隨時查詢帳簿或報表資料 (D)電腦會將傳票資料轉入日記簿及分類帳。

( ) 181. 進貨退出$2,000，貸方誤記爲銷貨退回$2,000，借方記帳無誤，將使餘額式試算表合計數 (A)借方多計$2,000 (B)借貸方均少計$2,000 (C)無影響 (D)貸方多計$2,000。

*( ) 182. 銷貨淨額$100,000，銷貨毛利$20,000，則成本率爲 (A)20% (B)80% (C)25% (D)75%。

( ) 183. 某商店期末資產$60,000，負債$36,000，收益$8,000，費損$4,000，則期初業主權益爲 (A)$24,000 (B)$16,000 (C)$20,000 (D)$12,000。

( ) 184. 編製餘額式試算表時，係彙列 (A)總分類帳各帳戶之總額 (B)總分類帳各帳戶餘額 (C)總分類帳各帳戶之總額及餘額 (D)總分類帳及明細分類帳各帳戶之餘額。

*( ) 185. 台中公司於年初購買一組機器設備，成本共計$600,000，無殘值，耐用年限6年，採直線法，下列敘述何者有誤 (A)期末時因該機器之調整分錄將使公司資產帳面金額減少$100,000 (B)期末時因該機器之調整分錄將增加公司之費用$100,000 (C)期末時無須調整認列機器設備之折舊費用 (D)期末時應調整認列機器設備之折舊費用$100,000。

( ) 186. 交易事項對財務報表之精確性無重大影響者 (A)不予登帳 (B)可權宜處理 (C)可登帳亦可不登 (D)仍應精確處理。

( ) 187. 銷貨毛利少，銷貨淨額多，表示 (A)銷售費用太大 (B)銷貨成本太高 (C)營業外費用太大 (D)營業費用太大。

( ) 188. 下列敘述何者有誤 (A)先收到顧客款項，即使尚未提供服務，仍可將收到之款項全數認列爲收入 (B)聯合基礎可以公允表達當年損益 (C)調整分錄使公司公允表達當年損益 (D)已經發生之費用，即使尚未支付，仍應於期末時調整入帳。

*( ) 189. 結算工作底稿中，調整前試算表欄之預收租金$9,800，其調整分錄欄借方列示預收租金$5,300，在資產負債欄之預收租金爲 (A)貸方$4,500 (B)貸方$9,800 (C)借方$5,300 (D)借方$4,500。

(　) 190. 試算表所能發現之錯誤是　(A)借貸方同時漏過或重過　(B)項目名稱誤用　(C)應付票據餘額計算錯誤　(D)借貸同額增加。

＊(　) 191. 綜合損益表內，銷貨收入：銷貨退回＝9：1，期初存貨：進貨淨額＝1：3，進貨淨額：期末存貨＝6：1，毛利率為30%，期初存貨較期末存貨多$10,000，則銷貨收入為　(A)$30,000　(B)$112,500　(C)$100,000　(D)$111,111。

＊(　) 192. 成功公司某年度之銷貨為$250,000，備抵損失－應收帳款調整前為借餘$600，調整後為貸餘$2,400，依銷貨百分比法計提呆帳，則呆帳率為　(A)1.4%　(B)2%　(C)0.96%　(D)1.2%。

(　) 193. 用品盤存帳戶，過帳後正確餘額為借餘$1,000，若貸方重複過入$3,000時，則此項錯誤對餘額式試算表的影響是　(A)借方少$1,000，貸方多$2,000　(B)借方少$2,000，貸方無誤　(C)借方少$2,000，貸方多$1,000　(D)借方無誤，貸方多$2,000。

(　) 194. 下列何項為正確　(A)日記簿之類頁欄是記載日記簿之頁數　(B)現購辦公桌、辦公椅，其應作分錄為借：文具用品，貸：現金　(C)日記簿能表示逐日發生的所有交易之全貌　(D)購入商品，半付現金半賒欠的交易分錄屬於單項分錄。

(　) 195. 發現試算表不平衡時先從試算表開始檢查，稱為　(A)逆查法　(B)推計法　(C)經驗法　(D)順查法。

＊(　) 196. 期末應收帳款借餘$200,000，調整前備抵損失－應收帳款借餘$4,000，按應收帳款餘額計提3%之備抵損失，則調整後備抵損失－應收帳款餘額為　(A)借餘$10,000　(B)貸餘$10,000　(C)借餘$6,000　(D)貸餘$6,000。

(　) 197. 試算表不平衡時，檢查其錯誤次序，若採逆查法應先查　(A)日記帳　(B)明細帳　(C)試算表　(D)分類帳。

＊(　) 198. 利華商店調整前淨利$32,000，今有二筆調整分錄一為借：利息費用$4,000，貸：應付利息$4,000，一為借：預付租金$6,000，貸：租金支出$6,000，則調整後正確淨利為　(A)$34,000　(B)$38,000　(C)$30,000　(D)$36,000。

＊(　) 199. 喬巴公司期末備抵損失－應收帳款貸方餘額為$2,500，期末應收帳款餘額為$600,000，依應收帳款餘額1.5%提列預期信用減損損失，期末調整分錄

爲　(A)借記預期信用減損損失$11,500，貸記備抵損失－應收帳款$11,500　(B)借記預期信用減損損失$6,500，貸記備抵損失－應收帳款$6,500　(C)借記預期信用減損損失$6,000，貸記備抵損失－應收帳款$6,000　(D)借記預期信用減損損失$9,000，貸記備抵損失－應收帳款$9,000。

(　) 200. 期末時，借記本期損益，貸記保險費是　(A)結帳分錄　(B)開帳分錄　(C)開業分錄　(D)調整分錄。

* (　) 201. 明昌管理顧問公司於年初收到中星公司支付之$300,000現金，同意未來2年擔任該公司的財務諮詢顧問。明昌管理顧問公司當年度綜合損益表上可承認的顧問收益爲　(A)$150,000　(B)$0　(C)$300,000　(D)$100,000。

(　) 202. 年終不提預期信用減損損失將使　(A)資產多計　(B)損益不受影響　(C)費損多計　(D)資產少計。

(　) 203. 台北公司之用品盤存期初金額$60,000，本期增購$30,000以文具用品入帳，期末盤點用品盤存餘$50,000，則有關調整分錄之敘述何者正確　(A)借方爲文具用品$10,000　(B)借方爲文具用品$20,000　(C)借方爲文具用品$40,000　(D)貸方爲用品盤存$40,000。

* (　) 204. 12月1日收到6個月到期的附息票據$45,000，年息1分2厘，則年底應收利息爲　(A)$450　(B)$2,700　(C)$225　(D)$900。

(　) 205. 下列何種調整分錄，會使資產減少而權益也減少　(A)預收收益的調整　(B)折舊的調整　(C)應收收益的調整　(D)應付費用的調整。

* (　) 206. 結算工作底稿的試算欄中顯示辦公設備$4,000，本期計提折舊$400，並單獨列示累計折舊－辦公設備項目，則結算工作底稿之財務狀況表一欄中，列示辦公設備成本金額爲　(A)貸$4,000　(B)貸$3,600　(C)借$4,000　(D)借$3,600。

(　) 207. 存貨若係透過銷貨成本帳戶來調整，則調整前試算表上之存貨金額係屬　(A)期末存貨　(B)期初存貨　(C)不一定期初或期末存貨　(D)期初與期末存貨都有。

* (　) 208. 毛利率25%，銷貨收入$18,000，銷貨退回$3,000，則銷貨成本爲　(A)$11,250　(B)$3,750　(C)$15,000　(D)$5,000。

* (　) 209. 帳列應付費用原有貸餘$600，今有預付費用$1,000誤借記應付費用帳戶，則對餘額試算表之影響爲　(A)借方合計數少計$400　(B)借貸雙方之合計數均少計$600　(C)貸方合計數少計$1,000　(D)貸方合計數少計$400。

( ) 210. 編製結算工作底稿，應先彙列之資料是　(A)調整後試算表　(B)結帳分錄　(C)調整分錄　(D)調整前試算表。

( ) 211. 現購商品$5,000，誤記為償還貨欠，將使餘額式試算表合計數　(A)平衡，但較正確金額多$5,000　(B)借方較貸方多$5,000　(C)貸方較借方多$5,000　(D)平衡，但較正確金額少$5,000。

*( ) 212. 年終結算獲利$30,600，但發現呆帳高估$50，利息費用$2,000誤記為佣金支出，期末存貨$4,520誤記為$4,250，則正確淨利應為　(A)$30,920　(B)$35,920　(C)$33,920　(D)$37,920。

( ) 213. 天然資源如：石油、礦山等，年終應提　(A)預期信用減損損失　(B)折耗　(C)各項攤提　(D)折舊。

*( ) 214. 銷貨淨額$100,000，銷貨毛利$20,000，則成本率為　(A)20%　(B)75%　(C)80%　(D)25%。

( ) 215. 期初存貨$60,000，本期進貨$750,000，進貨退回$20,000，進貨費用$30,000，期末存貨$60,000，銷貨收入$820,000，銷貨折讓$20,000，銷貨運費$30,000，試問毛利率為　(A)3%　(B)5%　(C)4%　(D)6%。

( ) 216. 償付應付帳款$5,000時，借方誤記為應收帳款$5,000，則此項錯誤對餘額式試算表之影響是　(A)借方多計$5,000，貸方多計$5,000　(B)借方少計$5,000，貸方無影響　(C)借方少計$5,000，貸方少計$5,000　(D)借貸方均無影響。

*( ) 217. 魯夫公司期末備抵損失－應收帳款貸方餘額為$5,000，本年度銷貨收入為$3,000,000，依銷貨收入金額1%提列預期信用減損損失，期末調整分錄為　(A)借記預期信用減損損失$25,000，貸記備抵損失－應收帳款$25,000　(B)借記預期信用減損損失$30,000，貸記備抵損失－應收帳款$30,000　(C)借記預期信用減損損失$3,000，貸記備抵損失－應收帳款$3,000　(D)借記預期信用減損損失$35,000，貸記備抵損失－應收帳款$35,000。

*( ) 218. 大安公司於11月1日，簽發一張面額$30,000，票面利率12%三個月期的票據，向銀行借款$30,000，其12月底應做之調整分錄為　(A)借：利息費用$900，貸：應付利息$900　(B)借：應付利息$600，貸：利息費用$600　(C)借：利息費用$300，貸：應付利息$300　(D)借：利息費用$600，貸：應付利息$600。

( 　) 219. 假設期初存貨為 0，期末存貨為本期進貨 1/2，進貨費用誤記為銷貨運費，對綜合損益表的影響　(A)銷貨成本多計　(B)銷貨毛利多計　(C)銷貨毛利無影響　(D)營業費用少計。

## 103 年度

( 　) 220. 結帳後存貨帳戶的餘額為　(A)銷貨成本　(B)期初存貨　(C)期末存貨　(D)銷貨毛利。

( 　) 221. 期末試算表，發現借方餘額大於貸方餘額$200，則可能之錯誤為　(A)應付帳款貸方$200 過入借方　(B)應付帳款貸方$100 過入借方　(C)應收帳款借方$200 過入貸方　(D)應收帳款借方$100 過入貸方。

*( 　) 222. 期初備抵損失－應收帳款為貸餘$4,200，調整後期末貸餘$5,800，期末提列呆帳$3,000，則本年度沖銷無法收回之帳款為　(A)$1,400　(B)$7,200　(C)$4,600　(D)$7,800。

( 　) 223. 已知期末應收收入有$7,200，已收現收入$46,000 中，尚有四分之三為預收性質，以權責基礎計算，則本期已實現之收入為　(A)$18,700　(B)$34,500　(C)$41,700　(D)$11,500。

*( 　) 224. 香吉士公司期末備抵損失－應收帳款借方餘額為$3,000，本年度銷貨收入為$2,000,000，依銷貨收入金額 1%提列呆帳費用，期末調整分錄為　(A)借記預期信用減損損失$23,000，貸記備抵損失－應收帳款$23,000　(B)借記預期信用減損損失$2,000，貸記備抵損失－應收帳款$2,000　(C)借記預期信用減損損失$20,000，貸記備抵損失－應收帳款$20,000　(D)借記預期信用減損損失$17,000，貸記備抵損失－應收帳款$17,000。

*( 　) 225. 台北公司之用品盤存期初金額$60,000，本期增購$30,000 以文具用品入帳，期末盤點用品盤存餘$50,000，則有關調整分錄之敘述何者正確　(A)借方為文具用品$10,000　(B)借方為文具用品$40,000　(C)貸方為用品盤存$40,000　(D)借方為文具用品$20,000。

*( 　) 226. 預付保險費$60,000，本期耗用$15,000，則下列有關調整分錄之敘述何者正確　(A)貸方預付保險費$45,000　(B)調整後之預付保險費餘額$15,000　(C)借方保險費用$45,000　(D)借方保險費用$15,000。

( ) 227. 期初用品盤存$840，本期購入文具用品$1,760，採記實轉虛法處理。期末盤點尚餘文具用品$540，則期末調整分錄應 (A)借記用品盤存$540 (B)借記文具用品$1,260 (C)借記文具用品$2,060 (D)貸記用品盤存$300。

*( ) 228. 7月1日以現金購入機器一台，設使用年限5年，殘值$5,000，年底依直線法提折舊，折舊費用為$10,000，則此部機器成本為 (A)$55,000 (B)$50,000 (C)$100,000 (D)$105,000。

*( ) 229. 結算工作底稿中，調整前試算表欄的預付廣告費為$12,500及廣告費$2,000，調整分錄欄貸方列預付廣告費$7,000，在損益表欄之廣告費應為 (A)貸方$7,000 (B)借方$9,000 (C)借方$7,000 (D)借方$5,000。

( ) 230. 年終有應收未收之利息$2,500，調整分錄應 (A)借：利息收入 (B)借：應收利息 (C)借：應付利息 (D)貸：應付利息。

*( ) 231. 本年內購入文具用品$3,600，年初用品盤存為年底用品盤存的3倍，本年已耗用文具用品為年初庫存數額的2倍，則年底庫存額為 (A)$900 (B)$600 (C)$450 (D)$800。

( ) 232. 在結算工作底稿中，累計折耗應填在 (A)損益表欄貸方 (B)損益表欄借方 (C)財務狀況表欄借方 (D)財務狀況表欄貸方。

*( ) 233. 調整前帳列用品盤存$800，文具用品$400，今有借：文具用品$600，貸：用品盤存$600之調整交易，於過帳時，借貸方向錯誤，將使調整後餘額式試算表合計數 (A)借方多計$200 (B)借貸方各多計$200 (C)貸方無誤，借方少計$200 (D)借方無誤，貸方少計$200。

( ) 234. 結帳後存貨帳戶的餘額為 (A)銷貨成本 (B)期初存貨 (C)期末存貨 (D)銷貨毛利。

( ) 235. 下列錯誤對餘額式試算表合計數之影響何者為非 (A)現金投資誤作業主提現，使借貸各多計 (B)賒銷誤作賒購，借貸合計數無影響 (C)現收貨欠誤為現付貨欠，使借貸各少計 (D)現銷誤作現購使借貸各少計。

( ) 236. 餘額式分類帳的金額欄有 (A)四個 (B)一個 (C)三個 (D)二個。

( ) 237. 期末試算表，發現借方餘額大於貸方餘額$200，則可能之錯誤為 (A)應付帳款貸方$200過入借方 (B)應付帳款貸方$100過入借方 (C)應收帳款借方$200過入貸方 (D)應收帳款借方$100過入貸方。

* ( ) 238. 期初備抵損失－應收帳款為貸餘$4,200，調整後期末貸餘$5,800，期末提列預期信用減損損失$3,000，則本年度沖銷無法收回之帳款為 (A)$1,400 (B)$7,200 (C)$4,600 (D)$7,800。

* ( ) 239. 已知期末應收收入有$7,200，已收現收入$46,000中，尚有四分之三為預收性質，以權責基礎計算，則本期已實現之收入為 (A)$18,700 (B)$34,500 (C)$41,700 (D)$11,500。

( ) 240. 費損類帳戶通常產生 (A)不一定 (B)借差 (C)無餘額 (D)貸差。

* ( ) 241. 某商店期末資產$60,000，負債$36,000，收益$8,000，費損$4,000，則期初業主權益為 (A)$20,000 (B)$16,000 (C)$12,000 (D)$24,000。

* ( ) 242. 香吉士公司期末備抵損失－應收帳款借方餘額為$3,000，本年度銷貨收入為$2,000,000，依銷貨收入金額1%提列預期信用減損損失，期末調整分錄為 (A)借記預期信用減損損失$23,000，貸記備抵損失－應收帳款$23,000 (B)借記預期信用減損損失$2,000，貸記備抵損失－應收帳款$2,000 (C)借記預期信用減損損失$20,000，貸記備抵損失－應收帳款$20,000 (D)借記預期信用減損損失$17,000，貸記備抵損失－應收帳款$17,000。

( ) 243. 下列何項分錄將使權益增加 (A)提列折舊 (B)調整未耗文具用品 (C)調整未過期租金收入 (D)攤銷無形資產。

( ) 244. 期末調整之目的在於 (A)減少業主的損失 (B)增加業主的利益 (C)使各期損益公允表達 (D)使損益比較好看。

* ( ) 245. 台北公司之用品盤存期初金額$60,000，本期增購$30,000以文具用品入帳，期末盤點用品盤存餘$50,000，則有關調整分錄之敘述何者正確 (A)借方為文具用品$10,000 (B)借方為文具用品$40,000 (C)貸方為用品盤存$40,000 (D)借方為文具用品$20,000。

* ( ) 246. 預付保險費$60,000，本期耗用$15,000，則下列有關調整分錄之敘述何者正確 (A)貸方預付保險費$45,000 (B)調整後之預付保險費餘額$15,000 (C)借方保險費用$45,000 (D)借方保險費用$15,000。

* ( ) 247. 期初用品盤存$840，本期購入文具用品$1,760，採記實轉虛法處理。期末盤點尚餘文具用品$540，則期末調整分錄應 (A)借記用品盤存$540 (B)借記文具用品$1,260 (C)借記文具用品$2,060 (D)貸記用品盤存$300。

* (　) 248. 7月1日以現金購入機器一台，設使用年限5年，殘值$5,000，年底依直線法提折舊，折舊費用為$10,000，則此部機器成本為　(A)$55,000　(B)$50,000　(C)$100,000　(D)$105,000。

* (　) 249. 某商店年初之資產總額為$350,000，年底增加至$470,000，負債增加$150,000，年初之權益為$250,000，則年底之權益為　(A)$200,000　(B)$300,000　(C)$320,000　(D)$220,000。

* (　) 250. 帳列應付利息$3,600，經查溢列$600，則同一年度內發現錯誤之更正分錄為　(A)借：利息費用$600，貸：應付利息$600　(B)借：利息費用$600，貸：現金$600　(C)借：應付利息$600，貸：現金$600　(D)借：應付利息$600，貸：利息費用$600。

* (　) 251. 結算工作底稿中，調整前試算表欄的預付廣告費為$12,500及廣告費$2,000，調整分錄欄貸方列預付廣告費$7,000，在損益表欄之廣告費應為　(A)貸方$7,000　(B)借方$9,000　(C)借方$7,000　(D)借方$5,000。

(　) 252. 賒購商品分錄，貸方誤記為應收帳款，則　(A)試算表依然平衡　(B)可由試算表發現錯誤　(C)帳務處理正確　(D)試算表失去平衡。

(　) 253. 現金收入$1,000，誤過入現金帳戶之貸方，將使總額式試算表　(A)借方少計$1,000，貸方多計$1,000　(B)借貸方各多計$1,000　(C)借貸方各少計$1,000　(D)借方多計$1,000，貸方少計$1,000。

(　) 254. 結帳後試算表之內容，應包括　(A)收益及費損帳戶　(B)虛帳戶　(C)實帳戶　(D)實帳戶與虛帳戶。

* (　) 255. 銷貨淨額$100,000，銷貨毛利$20,000，則成本率為　(A)25%　(B)75%　(C)20%　(D)80%。

(　) 256. 年終有應收未收之利息$2,500，調整分錄應　(A)借：利息收入　(B)借：應收利息　(C)借：應付利息　(D)貸：應付利息。

(　) 257. 期末調整時，漏計預付費用之結果將使　(A)當期與次期淨利均多計　(B)次期淨利少計　(C)當期淨利少計　(D)當期淨利多計。

(　) 258. 某一帳戶只有借方或只有貸方有數字，則編製總額餘額式試算表時　(A)總額、餘額均不填寫　(B)總額、餘額均須填寫　(C)只抄總額，不填餘額　(D)只抄餘額，不填總額。

*( ) 259. 期初存貨$3,800，進貨費用$1,000，期末存貨$5,300，銷貨成本$13,500，則本期進貨 (A)$13,000 (B)$15,000 (C)$17,000 (D)$14,000。

( ) 260. 本年內購入文具用品$3,600，年初用品盤存為年底用品盤存的 3 倍，本年已耗用文具用品為年初庫存數額的 2 倍，則年底庫存額為 (A)$900 (B)$600 (C)$450 (D)$800。

( ) 261. 賒購商品於折扣期限內付款時，採總額法下所記錄的分錄為 (A)單項式分錄 (B)轉帳分錄 (C)現金分錄 (D)多項式分錄。

( ) 262. 在結算工作底稿中，累計折耗應填在 (A)損益表欄貸方 (B)損益表欄借方 (C)財務狀況表欄借方 (D)財務狀況表欄貸方。

*( ) 263. 調整前帳列用品盤存$800，文具用品$400，今有借：文具用品$600，貸：用品盤存$600 之調整交易，於過帳時，借貸方向錯誤，將使調整後餘額式試算表合計數 (A)借方多計$200 (B)借貸方各多計$200 (C)貸方無誤，借方少計$200 (D)借方無誤，貸方少計$200。

( ) 264. 銷貨毛利少，銷貨淨額多，表示 (A)營業費用太大 (B)銷售費用太大 (C)銷貨成本太高 (D)營業外費用太大。

*( ) 265. 餘額式現金帳戶昨日餘額$10,000，本日付現$1,000，過帳後餘額欄金額為 (A)$1,000 (B)$0 (C)$11,000 (D)$9,000。

( ) 266. 台中公司採銷貨百分比法提列預期信用減損損失，年底調整前備抵損失借餘$400，該年度銷貨收入$1,200,000，估計預期信用減損損失為銷貨收入的 2%，則調整後備抵損失餘額為 (A)貸餘$23,600 (B)貸餘$24,400 (C)借餘$24,400 (D)借餘$23,600。

*( ) 267. 現付員工薪資$26,000，代扣 6%所得稅，其分錄為 (A)借：薪資支出$26,000，貸：現金$26,000 (B)借：薪資支出$26,000，貸：現金$25,844、代收款$156 (C)借：薪資支出$26,000，貸：現金$24,440、代收款$1,560 (D)借：應付帳款$26,000，貸：現金$26,000。

( ) 268. 在結算工作底稿中，備抵損失應填在 (A)資產負債欄貸方 (B)資產負債欄借方 (C)損益欄貸方 (D)損益欄借方。

*( ) 269. 年底結帳時，多計折舊$800，多計佣金收入$100，則年度淨利 (A)多計$700 (B)少計$900 (C)多計$900 (D)少計$700。

( ) 270. 下列何種錯誤較易自試算表中發現　(A)整筆交易漏記　(B)原始憑證與分錄不符　(C)項目金額應過入借方誤入貸方　(D)不合會計原則之各項處理。

( ) 271. 下列有關無形資產之攤銷何者錯誤　(A)有限年限者，應於耐用期間內，按合理而有系統之方法攤銷　(B)非確定年限者，不得攤銷　(C)企業至少於會計年度終了時評估攤銷期間及攤銷方法　(D)耐用年限與原評估不同時，視為會計政策之變動。

*( ) 272. 當毛利為成本之40%，則表示毛利約為售價多少比例　(A)40%　(B)71%　(C)29%　(D)30%。

( ) 273. 下列何者為試算表所不能發現的錯誤　(A)會計項目運用不當　(B)借貸之一方金額記載錯誤　(C)金額之移位或換位　(D)試算表漏列一項目。

*( ) 274. 03年底期末存貨$21,000，淨利$7,200，嗣於04年中發現03年期末存貨應為$20,000，則03年度正確淨利為　(A)$6,000　(B)$6,100　(C)$6,300　(D)$6,200。

*( ) 275. 台中商店於某月1日付2年保險費，如採不同方法入帳，於年終調整時，其分錄先虛後實法為借：預付保險費$21,000，貸：保險費$21,000，先實後虛法為借：保險費$3,000，貸：預付保險費$3,000，由此推知此店每月保費及投保月份　(A)保費$2,000，3月1日投保　(B)保費$2,000，10月1日投保　(C)保費$1,000，8月1日投保　(D)保費$1,000，10月1日投保。

*( ) 276. 年終結算獲利$30,600，但發現呆帳高估$50，利息費用$2,000誤記為佣金支出，期末存貨$4,520誤記為$4,250，則正確淨利應為　(A)$37,920　(B)$33,920　(C)$30,920　(D)$35,920。

*( ) 277. 台南公司之用品盤存期初金額$50,000，本期耗用$10,000，則有關調整分錄之敘述何者有誤　(A)貸方為用品盤存$10,000　(B)經調整分錄後，期末用品盤存餘額為$40,000　(C)借方為文具用品$10,000　(D)貸方為累計費用－用品盤存$10,000。

( ) 278. 餘額式分類帳利於編製　(A)合計式試算表　(B)餘額式試算表　(C)總額式試算表　(D)總額餘額式試算表。

( ) 279. 進貨退出$2,000，貸方誤記為銷貨退回$2,000，借方記帳無誤，將使餘額式試算表合計數　(A)借方多計$2,000　(B)借貸方均少計$2,000　(C)貸方多計$2,000　(D)無影響。

* (　) 280. 若企業採用先實後虛法記帳，於9月1日支付1年的保險費$24,000，則期末調整分錄應借　(A)保險費$8,000　(B)預付保險費$8,000　(C)預付保險費$16,000　(D)保險費$16,000。

* (　) 281. 台中公司速動資產$15,000，流動負債$15,000，今有一筆交易使存貨及應付帳款各增加$5,000，則其速動比率為　(A)1.33　(B)0.8　(C)1　(D)0.75。

* (　) 282. 已知銷貨為$44,800，銷貨退回$3,000，銷貨運費$2,800，而備抵損失借餘$400，今按銷貨淨額1%提列預期信用減損損失，則應提列之金額為　(A)$418　(B)$818　(C)$790　(D)$390。

(　) 283. 應收帳款帳戶，過帳後正確餘額為借餘$2,000，若貸方重複過帳$1,000，則此項錯誤對總額式試算表的影響為何　(A)借方無誤，貸方多$1,000　(B)借方無誤，貸方少$1,000　(C)借方少$1,000，貸方少$1,000　(D)借方少$1,000，貸方無誤。

* (　) 284. 銷貨淨額$100,000，銷貨毛利$20,000，則成本率為　(A)20%　(B)80%　(C)75%　(D)25%。

(　) 285. 與銷貨成本計算無關之商品帳戶為　(A)進貨　(B)進貨折讓　(C)期末存貨　(D)銷貨運費。

(　) 286. 下列敘述何者為非　(A)交際費之進項稅額，不得扣抵銷項稅額　(B)營業人自用或贈送的貨物、勞務，可免徵營業稅　(C)我國現行營業稅計算係採稅額相減法　(D)出售土地不必繳納營業稅。

* (　) 287. 現金$1,000償付應付帳款，過帳時貸方誤記為$100，則餘額式試算表　(A)借方少$900，貸方無誤　(B)借方多$900，貸方無誤　(C)借貸雙方均無影響　(D)貸方多$900，借方無誤。

* (　) 288. 銷貨收入$72,000，銷貨退回$12,000，銷貨運費$5,000，銷貨成本$42,000，則毛利率為　(A)25%　(B)60%　(C)72%　(D)30%。

(　) 289. 1月份發現上年底盤點存貨時，漏點$12,000，則在上年度，期初存貨、期末存貨、銷貨成本、淨利等各項餘額中，有幾項被高估　(A)3項　(B)2項　(C)4項　(D)1項。

* (　) 290. 期初用品盤存$840，本期購入文具用品$1,760，採記實轉虛法處理。期末盤點尚餘文具用品$540，則期末調整分錄應　(A)貸記用品盤存$300　(B)借記文具用品$1,260　(C)借記用品盤存$540　(D)借記文具用品$2,060。

( ) 291. 期末修正帳載金額之分錄是　(A)調整分錄　(B)開帳分錄　(C)結帳分錄　(D)開業分錄。

* ( ) 292. 若帳冊紀錄上僅發生應借記五百萬元而借記五千元的錯誤，則試算表的借貸方總額之差額可爲哪些數字除盡　(A)9及99　(B)99　(C)90及11　(D)9及111。

( ) 293. 現金交易其中有一筆支出$2,000，誤過入現金帳戶的借方，則總額式試算表　(A)借方少計$2,000，貸方多計$2,000　(B)借方、貸方各少$2,000　(C)借方、貸方各多$2,000　(D)借方多計$2,000，貸方少計$2,000。

( ) 294. 索隆公司期末備抵損失－應收帳款借方餘額爲$1,500，期末應收帳款餘額爲$450,000，依應收帳款餘額1%提列預期信用減損損失，期末調整分錄爲 (A)借記預期信用減損損失$6,000，貸記備抵損失－應收帳款$6,000　(B)借記預期信用減損損失$4,500，貸記備抵損失－應收帳款$4,500　(C)借記預期信用減損損失$7,500，貸記備抵損失－應收帳款$7,500　(D)借記預期信用減損損失$3,000，貸記備抵損失－應收帳款$3,000。

* ( ) 295. 期末存貨多計$1,600，折舊費用多計$2,000，又漏作應付利息$500之調整分錄，將使本期淨利　(A)少計$3,100　(B)多計$100　(C)少計$900　(D)少計$4,100。

( ) 296. 賒銷商品$5,000，誤記爲賒購商品，將使餘額式試算表之借貸方餘額　(A)借方少計$5,000，貸方多計$5,000　(B)各多記$5,000　(C)各少記$5,000　(D)均無影響。

( ) 297. 賒購商品於折扣期限內付款時，採總額法下所記錄的分錄爲　(A)現金分錄　(B)多項式分錄　(C)單項式分錄　(D)轉帳分錄。

* ( ) 298. 台中公司採銷貨百分比法提列預期信用減損損失，年底調整前備抵損失借餘$400，該年度銷貨收入$1,200,000，估計預期信用減損損失爲銷貨收入的2%，則調整後備抵損失餘額爲　(A)貸餘$23,600　(B)貸餘$24,400　(C)借餘$24,400　(D)借餘$23,600。

* ( ) 299. 毛利率25%，銷貨收入$18,000，銷貨退回$3,000，則銷貨成本爲　(A)$15,000　(B)$11,250　(C)$3,750　(D)$5,000。

( ) 300. 在結算工作底稿中，備抵損失應填在 (A)資產負債欄貸方 (B)資產負債欄借方 (C)損益欄貸方 (D)損益欄借方。

*( ) 301. 年底結帳時，多計折舊$800，多計佣金收入$100，則年度淨利 (A)多計$700 (B)少計$900 (C)多計$900 (D)少計$700。

( ) 302. 下列何種錯誤較易自試算表中發現 (A)整筆交易漏記 (B)原始憑證與分錄不符 (C)項目金額應過入借方誤入貸方 (D)不合會計原則之各項處理。

( ) 303. 下列有關無形資產之攤銷何者錯誤 (A)有限年限者，應於耐用期間內，按合理而有系統之方法攤銷 (B)非確定年限者，不得攤銷 (C)企業至少於會計年度終了時評估攤銷期間及攤銷方法 (D)耐用年限與原評估不同時，視爲會計政策之變動。

*( ) 304. 當毛利爲成本之40%，則表示毛利約爲售價多少比例 (A)40% (B)71% (C)29% (D)30%。

( ) 305. 下列何者爲試算表所不能發現的錯誤 (A)會計項目運用不當 (B)借貸之一方金額記載錯誤 (C)金額之移位或換位 (D)試算表漏列一項目。

*( ) 306. 03年底期末存貨$21,000，淨利$7,200，嗣於04年中發現03年期末存貨應爲$20,000，則03年度正確淨利爲 (A)$6,000 (B)$6,100 (C)$6,300 (D)$6,200。

( ) 307. 台中商店於某月1日付2年保險費，如採不同方法入帳，於年終調整時，其分錄先虛後實法爲借：預付保險費$21,000，貸：保險費$21,000，先實後虛法爲借：保險費$3,000，貸：預付保險費$3,000，由此推知此店每月保費及投保月份 (A)保費$2,000，3月1日投保 (B)保費$2,000，10月1日投保 (C)保費$1,000，8月1日投保 (D)保費$1,000，10月1日投保。

*( ) 308. 年終結算獲利$30,600，但發現預期信用減損損失高估$50，利息費用$2,000誤記爲佣金支出，期末存貨$4,520誤記爲$4,250，則正確淨利應爲 (A)$37,920 (B)$33,920 (C)$30,920 (D)$35,920。

( ) 309. 台南公司之用品盤存期初金額$50,000，本期耗用$10,000，則有關調整分錄之敘述何者有誤 (A)貸方爲用品盤存$10,000 (B)經調整分錄後，期末用品盤存餘額爲$40,000 (C)借方爲文具用品$10,000 (D)貸方爲累計費用－用品盤存$10,000。

( ) 310. 餘額式分類帳利於編製 (A)合計式試算表 (B)餘額式試算表 (C)總額式試算表 (D)總額餘額式試算表。

( ) 311. 進貨退出$2,000，貸方誤記為銷貨退回$2,000，借方記帳無誤，將使餘額式試算表合計數 (A)借方多計$2,000 (B)借貸方均少計$2,000 (C)貸方多計$2,000 (D)無影響。

*( ) 312. 若企業採用先實後虛法記帳，於9月1日支付1年的保險費$24,000，則期末調整分錄應借 (A)保險費$8,000 (B)預付保險費$8,000 (C)預付保險費$16,000 (D)保險費$16,000。

( ) 313. 不影響借貸平衡之錯誤，於過帳後始發現者，應採用 (A)分錄更正 (B)自動抵銷 (C)擦拭後更正 (D)註銷更正。

( ) 314. 台中公司速動資產$15,000，流動負債$15,000，今有一筆交易使存貨及應付帳款各增加$5,000，則其速動比率為 (A)1.33 (B)0.8 (C)1 (D)0.75。

*( ) 315. 已知銷貨為$44,800，銷貨退回$3,000，銷貨運費$2,800，而備抵損失借餘$400，今按銷貨淨額1%提列預期信用減損損失，則應提列之金額為 (A)$418 (B)$818 (C)$790 (D)$390。

( ) 316. 實帳戶期末餘額結轉時，應在各該帳戶的摘要欄書寫 (A)結轉下期 (B)結轉本期損益 (C)結轉上期 (D)上期結轉。

( ) 317. 應收帳款帳戶，過帳後正確餘額為借餘$2,000，若貸方重複過帳$1,000，則此項錯誤對總額式試算表的影響為何 (A)借方無誤，貸方多$1,000 (B)借方無誤，貸方少$1,000 (C)借方少$1,000，貸方少$1,000 (D)借方少$1,000，貸方無誤。

*( ) 318. 銷貨淨額$100,000，銷貨毛利$20,000，則成本率為 (A)20% (B)80% (C)75% (D)25%。

( ) 319. 下列敘述何者為非 (A)交際費之進項稅額，不得扣抵銷項稅額 (B)營業人自用或贈送的貨物、勞務，可免徵營業稅 (C)我國現行營業稅計算係採稅額相減法 (D)出售土地不必繳納營業稅。

( ) 320. 現金$1,000償付應付帳款，過帳時貸方誤記為$100，則餘額式試算表 (A)借方少$900，貸方無誤 (B)借方多$900，貸方無誤 (C)借貸雙方均無影響 (D)貸方多$900，借方無誤。

\*（　）321. 銷貨收入$72,000，銷貨退回$12,000，銷貨運費$5,000，銷貨成本$42,000，則毛利率為　(A)25%　(B)60%　(C)72%　(D)30%。

（　）322. 1月份發現上年底盤點存貨時，漏點$12,000，則在上年度，期初存貨、期末存貨、銷貨成本、淨利等各項餘額中，有幾項被高估　(A)3項　(B)2項　(C)4項　(D)1項。

\*（　）323. 期初用品盤存$840，本期購入文具用品$1,760，採記實轉虛法處理。期末盤點尚餘文具用品$540，則期末調整分錄應　(A)貸記用品盤存$300　(B)借記文具用品$1,260　(C)借記用品盤存$540　(D)借記文具用品$2,060。

（　）324. 期末修正帳載金額之分錄是　(A)調整分錄　(B)開帳分錄　(C)結帳分錄　(D)開業分錄。

\*（　）325. 公司支付租金支出$28,000，代扣10%租賃所得稅，其分錄為　(A)借：租金支出$23,800，貸：現金$23,800　(B)借：租金支出$28,000，貸：現金$28,000　(C)借：租金支出$28,000，貸：現金$25,200，代收款—所得稅$2,800　(D)借：租金支出$28,000，貸：現金$25,200，當期所得稅負債$2,800。

（　）326. 若帳冊紀錄上僅發生應借記五百萬元而借記五千元的錯誤，則試算表的借貸方總額之差額可為哪些數字除盡　(A)9及99　(B)99　(C)90及11　(D)9及111。

\*（　）327. 1月2日山茱商店先行支付3個月房租，共計$30,000，採記實轉虛，下列敘述何者有誤　(A)1月2日借記預付租金，貸記現金　(B)1月2日資產將增加$30,000　(C)如1月份需出具報表，則須於1月底將$10,000調整為費用　(D)1月2日資產金額不變。

（　）328. 現金交易其中有一筆支出$2,000，誤過入現金帳戶的借方，則總額式試算表　(A)借方少計$2,000，貸方多計$2,000　(B)借方、貸方各少$2,000　(C)借方、貸方各多$2,000　(D)借方多計$2,000，貸方少計$2,000。

\*（　）329. 索隆公司期末備抵損失—應收帳款借方餘額為$1,500，期末應收帳款餘額為$450,000，依應收帳款餘額1%提列預期信用減損損失，期末調整分錄為　(A)借記預期信用減損損失$6,000，貸記備抵損失—應收帳款$6,000　(B)借記預期信用減損損失$4,500，貸記備抵損失—應收帳款$4,500　(C)借記

預期信用減損損失\$7,500，貸記備抵損失－應收帳款\$7,500　(D)借記預期信用減損損失\$3,000，貸記備抵損失－應收帳款\$3,000。

*(　)330.期末存貨多計\$1,600，折舊費用多計\$2,000，又漏作應付利息\$500之調整分錄，將使本期淨利　(A)少計\$3,100　(B)多計\$100　(C)少計\$900　(D)少計\$4,100。

(　)331.賒銷商品\$5,000，誤記為賒購商品，將使餘額式試算表之借貸方餘額　(A)借方少計\$5,000，貸方多計\$5,000　(B)各多記\$5,000　(C)各少記\$5,000　(D)均無影響。

## 範圍 04：會計資訊系統概念

## 108 年度

(　)　1.會計部門即將建置一套有關會計帳務系統，則應由誰決定此會計資訊系統的資訊需求　(A)電腦化執行委員會　(B)會計主管　(C)董事長　(D)總經理。

(　)　2.在 Windows 作業系統中，「重新命名」指令不可更改下列哪一選項的名稱　(A)捷徑名稱　(B)資料夾名稱　(C)磁碟機代號　(D)檔案名稱。

(　)　3.電腦化總帳系統中的檔案有　(A)日記簿交易檔　(B)支票交易檔　(C)發票交易檔　(D)存貨交易檔。

(　)　4.下列何者是指企業內部網路的系統　(A)Intranet　(B)Internet　(C)Extranet　(D)WAN。

(　)　5.到銀行提款時，該電腦系統係採用　(A)即時批次處理　(B)即時連線處理　(C)離線處理　(D)批次處理。

(　)　6.如系統有明細分類帳之工作視窗，則應付帳款的餘額為下列哪項之計算結果　(A)貸方－借方　(B)借方＋貸方　(C)期初＋貸方－借方　(D)期初＋借方＋貸方。

(　)　7.下列何者能分辨資料和資訊　(A)資料和資訊是一樣的　(B)資料比資訊對決策者更有用　(C)資料是會計資訊系統的最主要產物　(D)資訊是會計資訊系統的重要輸出。

(　)　8.當企業僅實施單一會計總帳系統電腦化，於首次使用時，若有期初銀行存款餘額，最可能進入下列哪一個系統來處理　(A)採購作業　(B)銷售作業　(C)會計總帳　(D)庫存作業。

( 　 ) 　9. 銀行提供的各種服務方式中，下列何者對銀行而言，交易成本最低　(A)傳統櫃台服務　(B)網路銀行服務　(C)到府服務　(D)自動提款機服務。

## 107 年度

( 　 ) 　10. 企業首次使用電腦化會計作業時，會計人員首先應　(A)了解過帳方法　(B)注意財務報表可編成哪些格式　(C)注意是否有傳票格式　(D)設定會計年度。

( 　 ) 　11. 下列何者為系統設計時，會計總帳作業系統「輸入」設計的內容　(A)會計年度設定　(B)檔案設計　(C)會計項目編碼設計　(D)財務報表設計。

( 　 ) 　12. 電子商務採用電子付款交易協定最主要的原因是　(A)確保交易安全　(B)防止病毒　(C)便於備份資料　(D)確保資料的正確性。

( 　 ) 　13. 電腦化會計作業中，日記帳之設定最不可能具有下列何種功能　(A)設定以傳票編號先後順序記錄交易　(B)設定以傳票種類記錄交易　(C)設定以時間先後順序記錄交易　(D)設定以會計項目餘額大小順序排列。

( 　 ) 　14. 在 Windows 作業系統中，下列哪些項目不可拖曳至資源回收筒而將其刪除　(A)磁碟機　(B)捷徑　(C)資料夾　(D)檔案。

( 　 ) 　15. 依資料準備及資料處理、編表之處理時間不同，電腦化交易處理之方式可分為整批處理、即時鍵入整批處理及即時處理三種，有關此三種方式的敘述下列何者是正確的　(A)國家劇院之電影售票系統，採用的是即時處理系統，如此才不會有重複售票的情形發生　(B)即時鍵入、整批處理系統，以彙總性資料而言，可以提供最新的資料　(C)即時鍵入、整批處理系統的優點包括資料處理成本最低，且資料鍵入較不會形成工作瓶頸　(D)整批處理方式，資料的時效性較差，但因不用立即處理每一筆，所以不會有作業上的瓶頸產生。

( 　 ) 　16. 會計電腦化下，何者可以完全由電腦處理　(A)會計傳票之審核　(B)分錄之過帳　(C)原始憑證之取得及審核　(D)傳票之登錄。

( 　 ) 　17. 哪一種網路硬體裝置，可以透過電話線，將電腦連上 ISP 與網際網路　(A)數據機　(B)伺服器　(C)多媒體閘道器　(D)網路卡。

( 　 ) 　18. 會計循環中，蒐集和記錄交易的步驟，通常是接在那個步驟之後　(A)設定使用者權限　(B)會計項目表之分類和編碼　(C)過入分類帳　(D)設定使用者密碼。

( ) 19. 當我們需要列印複寫式多聯報表紙時，要利用何種印表機　(A)噴墨印表機　(B)雷射印表機　(C)點矩陣印表機　(D)條碼印表機。

( ) 20. 在建立新檔完畢後，若日後需更改「公司設定」的資料時，最可能由下列哪一個作業進入　(A)採購作業　(B)會計總帳　(C)銷售作業　(D)系統設定。

( ) 21. 會計資訊系統使用者權限之界定應由何人負責最佳　(A)總經理　(B)資訊部門人員　(C)使用者本身　(D)銷售主管。

( ) 22. 在電腦化會計作業中，系統設計時，應設計企業之會計人員可於何時編製財務報表　(A)季底　(B)月底　(C)年底　(D)任何時間。

## 106 年度

( ) 23. 在 Windows 作業系統中，下列哪些項目不可拖曳至資源回收筒而將其刪除　(A)檔案　(B)磁碟機　(C)資料夾　(D)捷徑。

( ) 24. 下列何者不包含在「會計循環」中　(A)試算　(B)編表　(C)訂正　(D)過帳。

( ) 25. 使用 Windows 作業系統中裝置管理員來查看週邊裝置時，若某個裝置的圖示上面出現了一個驚嘆號，此驚嘆號代表的意義為下列何項　(A)該裝置是針對 Windows 作業系統特別設計的　(B)該裝置無法正常運作　(C)該裝置正以 16 位元的方式在運作　(D)該裝置已被移除

( ) 26. 下列敘述何者是正確的　(A)所謂的自動化，意謂人工的處理將完全消失　(B)策略規劃階層所需要的資訊範圍較作業控制階層所需範圍為廣　(C)管理循環的順序，依序是規劃→執行→評估→控制　(D)資訊的攸關性是指資訊與資料的關係而言。

( ) 27. 當企業僅實施單一會計總帳系統電腦化，於首次使用時，若有期初銀行存款餘額，最可能進入下列哪一個系統來處理　(A)庫存作業　(B)銷售作業　(C)採購作業　(D)會計總帳。

( ) 28. 依據「商業使用電子方式處理會計資料辦法」，下列何者不屬於商業使用會計軟體之基本功能　(A)記帳憑證之登錄、分錄之過帳　(B)各種帳冊、表單與財務報表之顯示及列印　(C)會計資料之檢查及控制　(D)預算編列。

( ) 29. 利用電腦處理會計作業之錯誤常起因於　(A)電腦軟體　(B)電腦硬體　(C)檔案自動更新　(D)會計人員輸入錯誤的資料。

( 　) 30. 會計部門即將建置一套有關會計帳務系統，則應由誰決定此會計資訊系統的資訊需求　(A)會計主管　(B)總經理　(C)董事長　(D)電腦化執行委員會。

( 　) 31. 企業首次使用電腦化會計作業時，會計人員首先應　(A)注意財務報表可編成哪些格式　(B)注意是否有傳票格式　(C)設定會計年度　(D)瞭解過帳方法

( 　) 32. 使用電腦化會計作業時，如需設定密碼，則設定密碼時，應　(A)可設定空白密碼，避免以後使用時忘記　(B)使用者輸入密碼時，為避免輸入錯誤，螢幕上應顯示出所輸入之密碼文字　(C)由公司分配密碼　(D)避免輸入錯誤，應有再次輸入密碼確認之機制。

( 　) 33. 電子商務採用電子付款交易協定（SET）最主要的原因是　(A)防止病毒　(B)便於備份資料　(C)確保資料庫的正確性　(D)確保交易安全。

( 　) 34. 下列何者為總帳作業系統必須具備的功能　(A)會計項目資料　(B)客戶基本資料　(C)供應商基本資料　(D)存貨基本資料。

( 　) 35. 企業建置系統過程中，最後工作為　(A)系統建置計畫　(B)硬體安置地點的選擇　(C)可行性研究　(D)系統軟硬體測試。

( 　) 36. 在 Windows 作業系統中，欲改變顯示器之螢幕區域及色彩的設定，可在桌面按滑鼠右鍵，選擇快顯功能表中的「內容」後，必須在下列哪一個頁籤進行設定　(A)設定值　(B)背景　(C)螢幕保護裝置　(D)外觀。

## 105 年度

( 　) 37. 下列何種架構同時處理寄出帳單及收現等活動　(A)電子資料處理（EDP）　(B)電子資金移轉（FEDI）　(C)可延伸式企業報告語言（XBRL）　(D)電子資料交換（EDI）。

( 　) 38. 以下何者不屬於通訊網路的組成元件　(A)網路作業系統　(B)電腦設備　(C)傳輸媒介　(D)多媒體設備。

( 　) 39. 下列交易事件何者應經過特別授權　(A)例行性交易　(B)在執行權責範圍內之交易　(C)交易金額小　(D)異常交易。

( 　) 40. 會計資訊系統使用者權限之界定應由何人負責最佳　(A)銷售主管　(B)資訊部門人員　(C)總經理　(D)使用者本身。

( 　) 41. 如果兩個以上的區域網路連結在一起，則稱之為　(A)廣域網路（WAN）　(B)網際網路（Internet）　(C)內部資訊網（Intranet）　(D)外部網路（Extranet）。

( ) 42. 在 Windows 作業系統中，下列哪一種是無法分享的資源　(A)光碟機　(B)印表機　(C)鍵盤　(D)硬碟。

( ) 43. 下列何項不是 Internet 所賦予的良性功能　(A)遠端上機　(B)傳輸檔案　(C)電子郵件　(D)減少網路病毒傳播。

( ) 44. 目前主要的網路通訊協定為　(A)ERP　(B)TCP/IP　(C)XBRL　(D)EDP。

( ) 45. 以帳號及密碼控制系統存取的權限，有助於保護資訊安全，下列何者不是正確的密碼設定原則　(A)使用個人資訊，例如身份證號碼或電話比較不會忘記　(B)必須不定期更換密碼　(C)密碼的長度要足夠　(D)密碼由使用者自行設定，非他人設定。

( ) 46. 會計循環中，蒐集和記錄交易的步驟，通常是接在那個步驟之後　(A)會計項目表之分類和編碼　(B)設定使用者密碼　(C)過入分類帳　(D)設定使用者權限。

( ) 47. 下列何者能分辨資料和資訊　(A)資料是會計資訊系統的最主要產物　(B)資訊是會計資訊系統的重要輸出　(C)資料比資訊對決策者更有用　(D)資料和資訊是一樣的。

( ) 48. 下列何種單據在記錄完畢後可作為傳票記錄的依據　(A)報價單　(B)設定期初應付款項的其他進貨登錄單　(C)沒有預收貨款的訂購單　(D)驗收單。

( ) 49. 使用電子方式處理會計資料之商業，應編定會計資料處理作業手冊，並配合處理作業之變動隨時更新，下列何者非處理作業手冊應包含內容　(A)輸入、輸出資料之格式　(B)原始應用程式碼　(C)資料備份及復原之程式　(D)會計項目代號與其中文名稱對照表。

## 104 年度

( ) 50. 商業使用電子方式處理會計資料後，下列敘述何者錯誤　(A)應編定會計資料處理作業手冊　(B)傳票經入帳複核後，如發現錯誤可以直接更改，不必經過審核　(C)資料應備份儲存　(D)資料儲存媒體內所儲存之各項會計憑證至少保存五年。

( ) 51. 系統設計時，有關會計總帳作業之財務報表，下列敘述何者有誤　(A)綜合損益表主要以單站式格式為主　(B)現金流量表主要報導一特定期間內，有關企業之營業、投資、籌資活動的現金流量　(C)權益變動表是一個連結綜

合損益表和財務狀況表之報表 (D)財務狀況表必須呈現企業在一特定日期之資產、負債及權益等財務狀況。

( ) 52. 在電腦化會計作業下何者仍需由人工處理 (A)原始憑證的取得 (B)編表 (C)記入日記簿 (D)過帳。

( ) 53. 到銀行提款時,該電腦系統係採用 (A)批次處理 (B)即時批次處理 (C)離線處理 (D)即時連線處理。

( ) 54. 下列何種架構同時處理寄出帳單及收現等活動 (A)電子資料交換(EDI) (B)電子資金移轉(FEDI) (C)電子資料處理(EDP) (D)可延伸式企業報告語言(XBRL)。

( ) 55. 企業在使用電腦化會計作業前,軟硬體需求調查為系統開發循環的哪一階段 (A)系統規劃 (B)系統重置 (C)系統分析 (D)系統營運。

( ) 56. 首次使用會計資訊系統時,下列何者非必要之設定 (A)匯率設定 (B)會計年度設定 (C)公司名稱設定 (D)會計項目設定。

( ) 57. 下列何者是總帳作業系統輸出設計的內容 (A)原始憑證的設計 (B)螢幕顯示 (C)項目編碼設計 (D)檔案設計。

( ) 58. 有關各企業的會計資訊系統,下列敘述何者正確 (A)有類似的資料處理流程 (B)必須有相同的會計項目編碼 (C)有完全相同的成本處理流程 (D)有類似的組織型態。

( ) 59. 帳列應付費用原有貸餘$600,今有預付費用$1,000誤借記應付費用帳戶,則對餘額試算表之影響為 (A)借方合計數少計$400 (B)借貸雙方之合計數均少計$600 (C)貸方合計數少計$1,000 (D)貸方合計數少計$400。

( ) 60. 使用電腦化會計作業時,下列何者不是買賣業所輸出之資料 (A)綜合損益表 (B)客戶別應收帳款明細表 (C)財務狀況表 (D)客戶所發訂單。

( ) 61. 以未經處理形式所呈現的事實或數據稱為 (A)回饋 (B)系統 (C)資訊 (D)資料。

( ) 62. 下列何種通訊設備的通訊距離最短 (A)智慧型 3G 手機 (B)藍芽耳機 (C)無線網路卡 (D)警用對講機。

( ) 63. 財務會計最主要目的是 (A)提供稅捐機關核定課稅所得之資料 (B)提供公司管理當局財務資訊,以制訂決策 (C)強化公司內部控制與防止舞弊 (D)提供投資人、債權人決策所需的參考資訊。

( ) 64. 當業務人員薪資組成包括業績獎金時，下列那些檔案和計算業務人員的薪資有關 (A)驗收交易檔 (B)採購訂單檔 (C)存貨主檔 (D)銷貨交易檔。

( ) 65. 使用會計資訊系統，如忘記密碼時，應如何處理 (A)暫時不使用系統，先以人工方式處理 (B)暫時先使用同樣工作性質的同事密碼，避免延遲處理工作 (C)盜用他人密碼 (D)重新申請密碼。

( ) 66. 當企業僅有會計總帳作業電腦化，下列何種作業無法由電腦取代人工 (A)傳票內容輸入 (B)過帳 (C)編製試算表 (D)編製財務狀況表。

( ) 67. 下列何者非會計資訊系統基本的執行功能 (A)提供決策資訊 (B)提供系統足夠的控管 (C)預算編列 (D)蒐集並處理有關商業活動的資料。

( ) 68. 利用電腦處理會計作業，下列敘述何者錯誤 (A)期末不必作調整分錄與登錄傳票 (B)比人工記帳節省時間 (C)可以隨時查詢帳簿或報表資料 (D)電腦會將傳票資料轉入日記簿及分類帳。

( ) 69. 下列何者是指企業內部網路的系統 (A)Intranet (B)Internet (C)Extranet (D)WAN。

( ) 70. 依據「商業使用電子方式處理會計資料辦法」，會計資料處理作業手冊應載明事項不包含 (A)商店採用各式之會計方法 (B)輸入、輸出資料之格式 (C)會計項目代號與其中文名稱對照表 (D)以電子方式處理會計資料之操作程序。

( ) 71. 會計電腦化下，何者可以完全由電腦處理 (A)會計傳票之審核 (B)分錄之過帳 (C)傳票之登錄 (D)原始憑證之取得及審核。

( ) 72. 採用電腦化會計作業時，下列何者最不可能是會計帳務處理的一部分 (A)收取現金 (B)產生應付票據明細 (C)列印總分類帳 (D)產生應收帳款對帳單。

( ) 73. 當資訊系統採用即時連線（On-line Real Time）處理較批次處理的風險大，主要的原因是因為即時連線處理的 (A)硬體較為複雜 (B)傳輸過程易遭受外來的侵入與截取 (C)系統文件較不完整 (D)軟體較為複雜。

( ) 74. 每發出一封信件，平均所耗用單位變動成本最小者是 (A)快遞 (B)郵遞 (C)傳真 (D)電子郵件。

( ) 75. 依「商業使用電子方式處理會計資料辦法」規定，下列何者非商業使用會計軟體之基本功能應包括內容 (A)建立客戶基本資料 (B)會計分錄之過帳 (C)會計資料之檢查及控制 (D)會計項目之建檔。

( 　 ) 76. 整個系統存續期間，花費最多資源的是　(A)系統分析　(B)系統營運及維護　(C)系統建置及轉換　(D)系統設計。

( 　 ) 77. 管理資訊系統中何者為資訊之最終處理系統　(A)製造資訊系統　(B)會計資訊系統　(C)行銷資訊系統　(D)人力資源系統。

( 　 ) 78. 下列何者是使用資料庫的優點　(A)程式與檔案結構結合在一起　(B)可以防止電腦病毒　(C)可達成資料一致性　(D)重複性資料可以不受限制輸入。

( 　 ) 79. 下列何者不是電子商務活動　(A)電子資料處理（EDP）　(B)電子市集（eMall）　(C)電子資金移轉（FEDI）　(D)電子資料交換（EDI）。

( 　 ) 80. 首次使用會計資訊系統時，下列何者非必要之設定　(A)公司名稱設定　(B)會計年度設定　(C)匯率設定　(D)會計項目設定。

( 　 ) 81. 系統建置後之系統維護的工作應由哪個部門負責　(A)最初負責系統開發小組　(B)資訊部門　(C)系統使用者得自行維護　(D)負責設備維護之部門。

( 　 ) 82. 下列何者並非會計總帳作業系統必須具備的功能　(A)核對資料　(B)分類資料　(C)蒐集資料　(D)記錄資料。

( 　 ) 83. 下列何種情況，安裝了防毒軟體還是無法偵測到病毒　(A)病毒嵌入在程式的資料庫中　(B)病毒不在檔案中　(C)不知病毒檔案的延伸檔名　(D)病毒太新而不在防毒軟體的資料庫中。

( 　 ) 84. 商業使用電子方式處理會計資料後，下列敘述何者正確　(A)資料儲存媒體內所儲存之各項會計帳簿及財務報表，應於年度決算程序辦理終了後，至少保存五年　(B)資料應永久備份儲存　(C)無須編定會計資料處理作業手冊　(D)如發現錯誤應經審核後輸入更正之，並作成紀錄以供查核。

( 　 ) 85. 當企業僅實施單一會計總帳系統電腦化，於首次使用時，若有期初銀行存款餘額，最可能進入下列哪一個系統來處理　(A)會計總帳　(B)採購作業　(C)庫存作業　(D)銷售作業。

( 　 ) 86. 在設定各項起始資料時，財務狀況表與綜合損益表的各項餘額最可能進入下列哪一個子系統來處理　(A)採購作業　(B)銷售作業　(C)庫存作業　(D)系統設定或會計總帳。

( 　 ) 87. 以下何項非為電子商務的優點　(A)自動分配產品數量　(B)自動化的銷售　(C)促進電子紙的發展　(D)提供顧客需求的資訊。

( ) 88. 有關各企業的會計資訊系統，下列敘述何者正確　(A)有類似的組織型態　(B)必須有相同的會計項目編碼　(C)有類似的資料處理流程　(D)有完全相同的成本處理流程。

( ) 89. 當業務人員薪資組成包括業績獎金時，下列那些檔案和計算業務人員的薪資有關　(A)驗收交易檔　(B)採購訂單檔　(C)存貨主檔　(D)銷貨交易檔。

( ) 90. 使用會計資訊系統，如忘記密碼時，應如何處理　(A)暫時不使用系統，先以人工方式處理　(B)暫時先使用同樣工作性質的同事密碼，避免延遲處理工作　(C)盜用他人密碼　(D)重新申請密碼。

( ) 91. 當企業僅有會計總帳作業電腦化，下列何種作業無法由電腦取代人工　(A)傳票內容輸入　(B)過帳　(C)編製試算表　(D)編製財務狀況表。

( ) 92. 下列何者非會計資訊系統基本的執行功能　(A)提供決策資訊　(B)提供系統足夠的控管　(C)預算編列　(D)蒐集並處理有關商業活動的資料。

( ) 93. 下列何者是指企業內部網路的系統　(A)Intranet　(B)Internet　(C)Extranet　(D)WAN。

( ) 94. 會計電腦化下，何者可以完全由電腦處理　(A)會計傳票之審核　(B)分錄之過帳　(C)傳票之登錄　(D)原始憑證之取得及審核。

( ) 95. 採用電腦化會計作業時，下列何者最不可能是會計帳務處理的一部分　(A)收取現金　(B)產生應付票據明細　(C)列印總分類帳　(D)產生應收帳款對帳單。

( ) 96. 當資訊系統採用即時連線（Online Real Time）處理較批次處理的風險大，主要的原因是因為即時連線處理的　(A)硬體較為複雜　(B)傳輸過程易遭受外來的侵入與截取　(C)系統文件較不完整　(D)軟體較為複雜。

( ) 97. 每發出一封信件，平均所耗用單位變動成本最小者是　(A)快遞　(B)郵遞　(C)傳真　(D)電子郵件。

( ) 98. 整個系統存續期間，花費最多資源的是　(A)系統分析　(B)系統營運及維護　(C)系統建置及轉換　(D)系統設計。

( ) 99. 管理資訊系統中何者為資訊之最終處理系統　(A)製造資訊系統　(B)會計資訊系統　(C)行銷資訊系統　(D)人力資源系統。

（　）100. 商業使用電子方式處理會計資料後，下列敘述何者錯誤　(A)應編定會計資料處理作業手冊　(B)傳票經入帳複核後，如發現錯誤可以直接更改，不必經過審核　(C)資料應備份儲存　(D)資料儲存媒體內所儲存之各項會計憑證至少保存五年。

（　）101. 系統設計時，有關會計總帳作業之財務報表，下列敘述何者有誤　(A)綜合損益表主要以單站式格式為主　(B)現金流量表主要報導一特定期間內，有關企業之營業、投資、籌資活動的現金流量　(C)權益變動表是一個連結綜合損益表和財務狀況表之報表　(D)財務狀況表必須呈現企業在一特定日期之資產、負債及權益等財務狀況。

（　）102. 在電腦化會計作業下何者仍需由人工處理　(A)原始憑證的取得　(B)編表　(C)記入日記簿　(D)過帳。

（　）103. 到銀行提款時，該電腦系統係採用　(A)批次處理　(B)即時批次處理　(C)離線處理　(D)即時連線處理。

（　）104. 下列何種架構同時處理寄出帳單及收現等活動　(A)電子資料交換（EDI）　(B)電子資金移轉（FEDI）　(C)電子資料處理（EDP）　(D)可延伸式企業報告語言（XBRL）。

（　）105. 企業在使用電腦化會計作業前，軟硬體需求調查為系統開發循環的哪一階段　(A)系統規劃　(B)系統重置　(C)系統分析　(D)系統營運。

（　）106. 會計資訊認定及報導的門檻，乃指　(A)可比性　(B)重大性　(C)時效性　(D)中立性。

（　）107. 首次使用會計資訊系統時，下列何者非必要之設定　(A)匯率設定　(B)會計年度設定　(C)公司名稱設定　(D)會計項目設定。

（　）108. 下列何者是總帳作業系統輸出設計的內容　(A)原始憑證的設計　(B)螢幕顯示　(C)項目編碼設計　(D)檔案設計。

（　）109. 有關各企業的會計資訊系統，下列敘述何者正確　(A)有類似的資料處理流程　(B)必須有相同的會計項目編碼　(C)有完全相同的成本處理流程　(D)有類似的組織型態。

（　）110. 使用電腦化會計作業時，下列何者不是買賣業所輸出之資料　(A)綜合損益表　(B)客戶別應收帳款明細表　(C)財務狀況表　(D)客戶所發訂單。

( ) 111. 下列何種通訊設備的通訊距離最短　(A)智慧型 3G 手機　(B)藍芽耳機　(C)無線網路卡　(D)警用對講機。

( ) 112. 財務會計最主要目的是　(A)提供稅捐機關核定課稅所得之資料　(B)提供公司管理當局財務資訊，以制訂決策　(C)強化公司內部控制與防止舞弊　(D)提供投資人、債權人決策所需的參考資訊。

## 103 年度

( ) 113. 商業使用電子方式處理會計資料後，下列敘述何者錯誤　(A)資料應備份儲存　(B)傳票經入帳複核後，如發現錯誤可以直接更改，不必經過審核　(C)資料儲存媒體內所儲存之各項會計憑證至少保存五年　(D)應編定會計資料處理作業手冊。

( ) 114. 企業對企業間需要電子資料交換的功能是因為　(A)不希望員工看到此類資料　(B)需要速度快、錯誤率低的大量資料被交換　(C)交易通常是不再發生的事件　(D)交易的金額可能很大。

( ) 115. 在電腦化會計作業中，會計人員可在何時查閱財務報表內容　(A)月底　(B)任何時間　(C)年底　(D)管理當局需要時。

( ) 116. 下列何者並非總帳作業系統必須具備的功能　(A)儲存資料　(B)輸入資料　(C)預測現金餘額　(D)編製財務報表。

( ) 117. 在 Windows 作業系統中，欲改變顯示器之螢幕區域及色彩的設定，可在桌面按滑鼠右鍵，選擇快顯功能表中的「內容」後，必須在下列哪一個頁籤進行設定　(A)背景　(B)設定值　(C)螢幕保護裝置　(D)外觀。

( ) 118. 電腦化總帳系統中的檔案有　(A)總分類帳主檔、日記簿交易檔　(B)預算主檔、支票檔　(C)預算主檔、日記簿交易檔　(D)責任中心主檔、發票檔。

( ) 119. 在會計資訊系統中，銷售流程起自　(A)運送貨品給客戶　(B)收到客戶貨款　(C)確定客戶信用程度　(D)收到客戶訂單。

( ) 120. 以未經處理形式所呈現的事實或數據稱為　(A)資料　(B)系統　(C)資訊　(D)回饋。

( ) 121. 當公司的會計帳務處理由人工作業改為電腦作業時，下列哪項最能確保帳務資料皆正確地移轉至新系統　(A)交由非資料處理單位的使用者控制　(B)在轉換期間逐筆輸入資料　(C)在轉換期間採用批次加總控制　(D)檢視新舊系統所列印出的會計帳務資料。

( 　 )122. 下列敘述何者是正確的　(A)資訊的攸關性是指資訊與資料的關係而言　(B)管理循環的順序，依序是規劃→執行→評估→控制　(C)策略規劃階層所需要的資訊範圍較作業控制階層所需範圍爲廣　(D)所謂的自動化，意謂人工的處理將完全消失。

( 　 )123. 使用 Windows 作業系統中裝置管理員來查看週邊裝置時，若某個裝置的圖示上面出現了一個驚嘆號，此驚嘆號代表的意義爲下列何項　(A)該裝置正以 16 位元的方式在運作　(B)該裝置是針對 Windows 作業系統特別設計的　(C)該裝置無法正常運作　(D)該裝置已被移除。

( 　 )124. 假若公司的會計電腦化起始日期爲 98/1/1，但在建立新檔時不愼將該日期設定爲 99/1/1，此時最可能作如何處理　(A)只要在交易表單中更改交易日期即可　(B)更改電腦主機的系統日期　(C)重新建立一個新檔　(D)重新開機。

( 　 )125. 在 Windows 作業系統中，下列哪一種是無法分享的資源　(A)鍵盤　(B)光碟機　(C)硬碟　(D)印表機。

( 　 )126. 商業使用電子方式處理會計資料後，下列敘述何者錯誤　(A)資料應備份儲存　(B)傳票經入帳複核後，如發現錯誤可以直接更改，不必經過審核　(C)資料儲存媒體內所儲存之各項會計憑證至少保存五年　(D)應編定會計資料處理作業手冊。

( 　 )127. 企業對企業間需要電子資料交換的功能是因爲　(A)不希望員工看到此類資料　(B)需要速度快、錯誤率低的大量資料被交換　(C)交易通常是不再發生的事件　(D)交易的金額可能很大。

( 　 )128. 在電腦化會計作業中，會計人員可在何時查閱財務報表內容　(A)月底　(B)任何時間　(C)年底　(D)管理當局需要時。

( 　 )129. 下列何者並非總帳作業系統必須具備的功能　(A)儲存資料　(B)輸入資料　(C)預測現金餘額　(D)編製財務報表。

( 　 )130. 在 Windows 作業系統中，欲改變顯示器之螢幕區域及色彩的設定，可在桌面按滑鼠右鍵，選擇快顯功能表中的「內容」後，必須在下列哪一個頁籤進行設定　(A)背景　(B)設定值　(C)螢幕保護裝置　(D)外觀。

( ) 131. 電腦化總帳系統中的檔案有　(A)總分類帳主檔、日記簿交易檔　(B)預算主檔、支票檔　(C)預算主檔、日記簿交易檔　(D)責任中心主檔、發票檔。

( ) 132. 在會計資訊系統中，銷售流程起自　(A)運送貨品給客戶　(B)收到客戶貨款　(C)確定客戶信用程度　(D)收到客戶訂單。

( ) 133. 以未經處理形式所呈現的事實或數據稱為　(A)資料　(B)系統　(C)資訊　(D)回饋。

( ) 134. 當公司的會計帳務處理由人工作業改為電腦作業時，下列哪項最能確保帳務資料皆正確地移轉至新系統　(A)交由非資料處理單位的使用者控制　(B)在轉換期間逐筆輸入資料　(C)在轉換期間採用批次加總控制　(D)檢視新舊系統所列印出的會計帳務資料。

( ) 135. 使用 Windows 作業系統中裝置管理員來查看週邊裝置時，若某個裝置的圖示上面出現了一個驚嘆號，此驚嘆號代表的意義為下列何項　(A)該裝置正以 16 位元的方式在運作　(B)該裝置是針對 Windows 作業系統特別設計的　(C)該裝置無法正常運作　(D)該裝置已被移除。

( ) 136. 假若公司的會計電腦化起始日期為 98/1/1，但在建立新檔時不慎將該日期設定為 99/1/1，此時最可能作如何處理　(A)只要在交易表單中更改交易日期即可　(B)更改電腦主機的系統日期　(C)重新建立一個新檔　(D)重新開機。

( ) 137. 在 Windows 作業系統中，下列哪一種是無法分享的資源　(A)鍵盤　(B)光碟機　(C)硬碟　(D)印表機。

( ) 138. 會計資訊系統使用者權限於系統上設定時，應由何人負責登錄　(A)使用者本身　(B)總經理　(C)資訊部門人員　(D)會計主管。

( ) 139. 毛利率 25%，銷貨收入\$18,000，銷貨退回\$3,000，則銷貨成本為　(A)\$15,000　(B)\$11,250　(C)\$3,750　(D)\$5,000。

( ) 140. 系統設計時，有關會計總帳作業之財務報表，下列敘述何者有誤　(A)財務狀況表必須呈現企業在一特定日期之資產、負債及權益等財務狀況　(B)綜合損益表主要以單站式格式為主　(C)現金流量表主要報導一特定期間內，有關企業之營業、投資、籌資活動的現金流量　(D)權益變動表是一個連結綜合損益表和財務狀況表之報表。

( ) 141. 一般會計人員在企業導入資訊系統時所扮演的角色為 (A)程式設計人員 (B)系統評估者 (C)系統規劃者 (D)系統開發人員。

( ) 142. 企業採用電腦化會計處理時,收益與費損必須經過下列何種程序,才能產生真實的財務報表 (A)調整 (B)過帳 (C)編表 (D)試算。

( ) 143. 在 Windows 作業系統中,若因操作不慎而刪除重要的檔案,在資源回收筒尚未清除的狀況下,可先開啓資源回收筒,選取欲還原的檔案後,在選取下列「檔案」選項中的何項指令還原該檔案 (A)刪除 (B)內容 (C)復原 (D)清理資源回收筒。

( ) 144. 會計部門即將建置一套有關會計帳務系統,則應由誰決定此會計資訊系統的資訊需求 (A)電腦化執行委員會 (B)總經理 (C)董事長 (D)會計主管。

( ) 145. 下列何項是專屬於架設區域網路所需的構成元件 (A)伺服器 (B)螢幕 (C)滑鼠 (D)視訊卡。

( ) 146. 網路使用者為了能夠共享、交換資源,而相互約定遵守的共同規則稱為 (A)資源協定 (B)通訊協定 (C)網際協定 (D)交易協定。

( ) 147. 期末調整交易要匯入總帳循環,屬於下列那一種處理方式 (A)即時連線 (B)即時處理 (C)整批連線 (D)即時離線。

( ) 148. 下列何者是使用資料庫的優點 (A)可以防止電腦病毒 (B)程式與檔案結構結合在一起 (C)可達成資料一致性 (D)重複性資料可以不受限制輸入。

( ) 149. 會計資訊系統使用者權限之界定應由何人負責最佳 (A)使用者本身 (B)總經理 (C)資訊部門人員 (D)銷售主管。

( ) 150. 會計資訊系統使用者權限於系統上設定時,應由何人負責登錄 (A)使用者本身 (B)總經理 (C)資訊部門人員 (D)會計主管。

( ) 151. 系統設計時,有關會計總帳作業之財務報表,下列敘述何者有誤 (A)財務狀況表必須呈現企業在一特定日期之資產、負債及權益等財務狀況 (B)綜合損益表主要以單站式格式為主 (C)現金流量表主要報導一特定期間內,有關企業之營業、投資、籌資活動的現金流量 (D)權益變動表是一個連結綜合損益表和財務狀況表之報表。

( ) 152. 一般會計人員在企業導入資訊系統時所扮演的角色為 (A)程式設計人員 (B)系統評估者 (C)系統規劃者 (D)系統開發人員。

( ) 153. 企業採用電腦化會計處理時，收益與費損必須經過下列何種程序，才能產生真實的財務報表　(A)調整　(B)過帳　(C)編表　(D)試算。

( ) 154. 在 Windows 作業系統中，若因操作不慎而刪除重要的檔案，在資源回收筒尚未清除的狀況下，可先開啓資源回收筒，選取欲還原的檔案後，在選取下列「檔案」選項中的何項指令還原該檔案　(A)刪除　(B)內容　(C)復原 (D)清理資源回收筒。

( ) 155. 會計部門即將建置一套有關會計帳務系統，則應由誰決定此會計資訊系統的資訊需求　(A)電腦化執行委員會　(B)總經理　(C)董事長　(D)會計主管。

( ) 156. 下列何項是專屬於架設區域網路所需的構成元件　(A)伺服器　(B)螢幕 (C)滑鼠　(D)視訊卡。

( ) 157. 網路使用者爲了能夠共享、交換資源，而相互約定遵守的共同規則稱爲 (A)資源協定　(B)通訊協定　(C)網際協定　(D)交易協定。

( ) 158. 期末調整交易要匯入總帳循環，屬於下列那一種處理方式　(A)即時連線 (B)即時處理　(C)整批連線　(D)即時離線。

( ) 159. 下列何者是使用資料庫的優點　(A)可以防止電腦病毒　(B)程式與檔案結構結合在一起　(C)可達成資料一致性　(D)重複性資料可以不受限制輸入。

## 範圍 05：相關法令之規定

### 108 年度

( ) 1. 商業支出超過下列何種金額以上者，應使用匯票、本票、支票、劃撥或其他經主管機關核定之支付工具或方法，並載明受款人　(A)一萬　(B)十萬 (C)一仟萬　(D)一佰萬。

( ) 2. 依「商業使用電子方式處理會計資料辦法」規定資料儲存媒體內所儲存之各項會計憑證，除應永久保存或有關未結會計事項者外，應於年度決算程序辦理終了後，至少保存　(A)五年　(B)七年　(C)一年　(D)十年。

### 107 年度

( ) 3. 商業得使用電子方式處理全部或部分會計資料，下列何者爲非　(A)使用電子方式處理會計資料，如發現錯誤應經審核後輸入更正之，並作成紀錄以供查核　(B)得不適用「會計憑證，應按日或按月裝訂成冊，有原始憑證者，應附於記帳憑證之後」之規定　(C)不須取得或給予原始憑證　(D)應建立內部控制。

(　　) 4. 會計事項應按發生次序逐日登帳，至遲不得超過幾個月 (A)四個月 (B)一個月 (C)二個月 (D)三個月。

## 106 年度

(　　) 5. 使用電子方式處理會計資料之商業，主辦會計人員故意毀損、滅失、塗改貯存體之會計資料，致使財務報表發生不實之結果 (A)處三年以下有期徒刑、拘役或科或併科新臺幣十五萬元以下罰金 (B)處三年以下有期徒刑、拘役或科或併科新臺幣六十萬元以下罰金 (C)處五年以下有期徒刑、拘役或科或併科新臺幣六十萬元以下罰金 (D)處三年以下有期徒刑、拘役或科或併科新臺幣三十萬元以下罰金。

## 105 年度

(　　) 6. 商業會計事務不得委由下列何者辦理 (A)依法取得代他人處理會計事務之人 (B)商業設置之會計人員 (C)會計師 (D)其他代客記帳業者。

(　　) 7. 會計帳簿之應收帳款分類帳，應於年度決算程序辦理終了後，至少保存 (A)一年 (B)五年 (C)十五年 (D)十年。

## 104 年度

(　　) 8. 依現行一般公認會計原則規定，專利權之認列將 (A)減少無形資產 (B)增加費用 (C)增加不動產廠房及設備 (D)增加無形資產。

(　　) 9. 下列何者為會計人員可從事之行為 (A)不按時記帳 (B)不取得原始憑證或給予他人憑證 (C)不編製報表 (D)依規定裝訂或保管會計憑證。

(　　) 10. 使用電子方式處理會計資料之商業，主辦會計人員故意毀損、滅失、塗改貯存體之會計資料，致使財務報表發生不實之結果 (A)處三年以下有期徒刑、拘役或科或併科新臺幣十五萬元以下罰金 (B)處三年以下有期徒刑、拘役或科或併科新臺幣六十萬元以下罰金 (C)處三年以下有期徒刑、拘役或科或併科新臺幣三十萬元以下罰金 (D)處五年以下有期徒刑、拘役或科或併科新臺幣六十萬元以下罰金。

(　　) 11. 依據商業會計法第四十條內容規定電子方式有關「內部控制、輸入資料之授權與簽章方式、會計資料之儲存、保管、更正及其他相關事項」之辦法，須由下列何機關定之 (A)直轄市政府定之 (B)鄉（鎮）公所定之 (C)公司自行定之 (D)中央主管機關定之。

( ) 12. 我國商業會計法規定，會計基礎應採用 (A)聯合基礎 (B)現金收付制 (C)混合制 (D)權責發生制。

( ) 13. 我國實務上所採用的傳票屬於 (A)記帳憑證 (B)內部憑證 (C)外來憑證 (D)原始憑證。

( ) 14. 對獨資之營利事業，下列何者應登帳 (A)以資本主名義向他人借款 (B)以資本主名義購車供企業使用 (C)子女婚慶之餐費支出 (D)與客戶簽約取得代理權。

( ) 15. 依商業會計法規定，企業之主要帳簿為 (A)分類帳及明細分類帳 (B)備查簿與分類帳 (C)日記簿及日計表 (D)序時帳簿及分類帳簿。

( ) 16. 企業組織通常可分為 (A)股份有限公司、兩合公司、有限公司及無限公司 (B)獨資、合夥及公司 (C)股份有限公司及兩合公司 (D)股份有限公司、兩合公司及有限公司。

( ) 17. 帳冊的記載應符合 (A)業主的指示 (B)商業會計法規定 (C)投資者及債權人的指示 (D)稅法規定。

( ) 18. 買賣業會計是屬於 (A)政府會計 (B)營利會計 (C)非營利會計 (D)成本會計。

( ) 19. 財務會計最主要目的是 (A)提供公司管理當局財務資訊，以制訂決策 (B)提供投資人、債權人決策所需的參考資訊 (C)強化公司內部控制與防止舞弊 (D)提供稅捐機關核定課稅所得之資料。

( ) 20. 帳冊的記載應符合 (A)商業會計法規定 (B)業主的指示 (C)投資者及債權人的指示 (D)稅法規定。

( ) 21. 台中公司有關資料如下：銷貨收入$410,000，銷貨運費$40,000，銷貨折讓$5,000，銷貨退回$15,000。假設毛利率為 30%，則銷貨成本為 (A)$252,000 (B)$238,000 (C)$273,000 (D)$266,000。

( ) 22. 佳音公司每年的年終獎金會於次年度一月十日發放，則下列敘述何者正確 (A)因為是年終獎金，因此企業可彈性處理，可於發生當年度十二月記錄薪資費用，亦可選擇於次年度一月認列為一月份之薪資費用 (B)無論採權責發生基礎或現金基礎，皆應於次年度一月份認列為一月份之薪資費用 (C)因為是年終獎金，通常於次年度才知道應發放多少年終獎金，因此應認列為次年度一月份之薪資費用 (D)如採權責發生基礎，則年終獎金應於發生當年度十二月記錄薪資費用。

(　　) 23. 在會計總帳作業中，會計期間之設定應為　(A)依法規規定　(B)依企業本身採用的會計期間　(C)七月制　(D)曆年制。

(　　) 24. 依我國商業會計法之規定，企業編製之報表，應於會計年度決算程序終了後，至少保存　(A)十年　(B)廿年　(C)五年　(D)十五年。

(　　) 25. 依商業會計法規定，企業之主要帳簿為　(A)分類帳及明細分類帳　(B)備查簿與分類帳　(C)日記簿及日計表　(D)序時帳簿及分類帳簿。

(　　) 26. 企業組織通常可分為　(A)股份有限公司、兩合公司、有限公司及無限公司　(B)獨資、合夥及公司　(C)股份有限公司及兩合公司　(D)股份有限公司、兩合公司及有限公司。

(　　) 27. 依據「商業使用電子方式處理會計資料辦法」，會計資料處理作業手冊應載明事項不包含　(A)商店採用各式之會計方法　(B)輸入、輸出資料之格式　(C)會計項目代號與其中文名稱對照表　(D)以電子方式處理會計資料之操作程序。

(　　) 28. 依「商業使用電子方式處理會計資料辦法」規定，下列何者非商業使用會計軟體之基本功能應包括內容　(A)建立客戶基本資料　(B)會計分錄之過帳　(C)會計資料之檢查及控制　(D)會計項目之建檔。

(　　) 29. 依現行一般公認會計原則規定，專利權之認列將　(A)減少無形資產　(B)增加費用　(C)增加不動產廠房及設備　(D)增加無形資產。

(　　) 30. 我國商業會計法規定，會計基礎應採用　(A)聯合基礎　(B)現金收付制　(C)混合制　(D)權責發生制。

(　　) 31. 我國實務上所採用的傳票屬於　(A)記帳憑證　(B)內部憑證　(C)外來憑證　(D)原始憑證。

## 103 年度

(　　) 32. 企業應根據何者記載，方能允當的表達企業之會計所得　(A)公平交易法　(B)業主指示　(C)稅法規定　(D)一般公認會計原則。

(　　) 33. 下列何者無誤　(A)應付費用和預付費用同屬於負債類項目　(B)預付費用已過期的部分屬於負債，未過期部分屬資產　(C)某公司於期末漏記應付租金，使得淨利多計，資產少計　(D)我國商業會計法規定會計基礎平時採用現金基礎入帳者，年終決算時應依權責基礎調整之。

( 　 ) 34. 商業支出超過下列何種金額以上者，應使用匯票、本票、支票、劃撥或其他經主管機關核定之支付工具或方法，並載明受款人　(A)一仟萬　(B)一佰萬　(C)一萬　(D)十萬。

( 　 ) 35. 下列敘述何者為非　(A)營業人自用或贈送的貨物、勞務，可免徵營業稅　(B)交際費之進項稅額，不得扣抵銷項稅額　(C)我國現行營業稅計算係採稅額相減法　(D)出售土地不必繳納營業稅。

( 　 ) 36. 賒銷商品在單式傳票下，應編製幾張傳票　(A)四張　(B)一張　(C)二張　(D)三張。

( 　 ) 37. 過帳時，分類帳所記載之日期為　(A)過帳日期　(B)記入日記簿日期　(C)傳票核准日期　(D)交易發生日期。

( 　 ) 38. 交易事項對財務報表之精確性無重大影響者　(A)可登帳亦可不登　(B)仍應精確處理　(C)不予登帳　(D)可權宜處理。

( 　 ) 39. 帳簿中所用「同上」之符號規定為　(A)@　(B)∨　(C)＃　(D)〃。

( 　 ) 40. 會計事項應按發生次序逐日登帳，至遲不得超過幾個月　(A)三個月　(B)一個月　(C)二個月　(D)四個月。

( 　 ) 41. 用以證明會計人員責任的憑證，稱為　(A)會計憑證　(B)原始憑證　(C)記帳憑證　(D)對外憑證。

( 　 ) 42. 下列何者不屬於營利會計　(A)政府會計　(B)成本會計　(C)銀行會計　(D)公用事業會計。

( 　 ) 43. 依稅法規定，預期信用減損損失之計提，不得超過應收帳款及應收票據總額的　(A)5%　(B)1%　(C)2%　(D)3%。

( 　 ) 44. 企業應根據何者記載，方能允當的表達企業之會計所得　(A)公平交易法　(B)業主指示　(C)稅法規定　(D)一般公認會計原則。

( 　 ) 45. 商業支出超過下列何種金額以上者，應使用匯票、本票、支票、劃撥或其他經主管機關核定之支付工具或方法，並載明受款人　(A)一仟萬　(B)一佰萬　(C)一萬　(D)十萬。

( 　 ) 46. 下列敘述何者為非　(A)營業人自用或贈送的貨物、勞務，可免徵營業稅　(B)交際費之進項稅額，不得扣抵銷項稅額　(C)我國現行營業稅計算係採稅額相減法　(D)出售土地不必繳納營業稅。

（　）47.下列何者不屬於營利會計　(A)政府會計　(B)成本會計　(C)銀行會計　(D)公用事業會計。

（　）48.依稅法規定，預期信用減損損失之計提，不得超過應收帳款及應收票據總額的　(A)5%　(B)1%　(C)2%　(D)3%。

（　）49.下列何者不具有法人資格　(A)合夥　(B)無限公司　(C)股份有限公司　(D)有限公司。

（　）50.商業會計用來記載財務性質之交易及事項的主體為　(A)企業　(B)投資者　(C)資本主　(D)合夥人。

（　）51.帳冊的記載應符合　(A)稅法規定　(B)業主的指示　(C)投資者及債權人的指示　(D)商業會計法規定。

（　）52.下列何者為會計人員可從事之行為　(A)故意使應保存之會計憑證、會計帳簿報表滅失毀損　(B)依會計事項之經過，造具記帳憑證　(C)偽造或變造會計憑證、會計帳簿報表內容或毀損其頁數　(D)以明知為不實之事項，而填製會計憑證或記入帳冊。

（　）53.依據商業會計法第四十條內容規定電子方式有關「內部控制、輸入資料之授權與簽章方式、會計資料之儲存、保管、更正及其他相關事項」之辦法，須由下列何機關定之　(A)中央主管機關定之　(B)鄉（鎮）公所定之　(C)直轄市政府定之　(D)公司自行定之。

（　）54.我國商業會計法規定，會計基礎應採用　(A)現金收付制　(B)混合制　(C)權責發生制　(D)聯合基礎。

（　）55.下列何者之會計不屬於營利會計　(A)中華航空　(B)臺灣大學　(C)台中客運　(D)土地銀行。

（　）56.依我國商業會計法之規定，企業編製之報表，應於會計年度決算程序終了後，至少保存　(A)十五年　(B)廿年　(C)五年　(D)十年。

（　）57.下列何者不具有法人資格　(A)合夥　(B)無限公司　(C)股份有限公司　(D)有限公司。

（　）58.商業會計用來記載財務性質之交易及事項的主體為　(A)企業　(B)投資者　(C)資本主　(D)合夥人。

（　）59.帳冊的記載應符合　(A)稅法規定　(B)業主的指示　(C)投資者及債權人的指示　(D)商業會計法規定。

（　）60. 下列何者爲會計人員可從事之行爲　(A)故意使應保存之會計憑證、會計帳簿報表滅失毀損　(B)依會計事項之經過，造具記帳憑證　(C)僞造或變造會計憑證、會計帳簿報表內容或毀損其頁數　(D)以明知爲不實之事項，而填製會計憑證或記入帳冊。

（　）61. 依據商業會計法第四十條內容規定電子方式有關「內部控制、輸入資料之授權與簽章方式、會計資料之儲存、保管、更正及其他相關事項」之辦法，須由下列何機關定之　(A)中央主管機關定之　(B)鄉（鎮）公所定之　(C)直轄市政府定之　(D)公司自行定之。

（　）62. 我國商業會計法規定，會計基礎應採用　(A)現金收付制　(B)混合制　(C)權責發生制　(D)聯合基礎。

（　）63. 買賣業會計是屬於　(A)非營利會計　(B)營利會計　(C)成本會計　(D)政府會計。

（　）64. 依我國商業會計法之規定，企業編製之報表，應於會計年度決算程序終了後，至少保存　(A)十五年　(B)廿年　(C)五年　(D)十年。

## 範圍 06：職業安全衛生

## 108 年度

（　）1. 防止噪音危害之治本對策爲何？　(A)消除發生源　(B)實施特殊健康檢查　(C)使用耳塞、耳罩　(D)實施職業安全衛生教育訓練。

（　）2. 不當抬舉導致肌肉骨骼傷害，或工作點/坐具高度不適導致肌肉疲勞之現象，可稱之爲下列何者？　(A)感電事件　(B)不安全環境　(C)被撞事件　(D)不當動作。

（　）3. 依勞動基準法規定，雇主應置備勞工工資清冊並應保存幾年？　(A)10 年　(B)5 年　(C)2 年　(D)1 年。

（　）4. 對於脊柱或頸部受傷患者，下列何者非爲適當處理原則？　(A)如無合用的器材，需 2 人作徒手搬運　(B)速請醫師　(C)不輕易移動傷患　(D)向急救中心聯絡。

（　）5. 依 107.6.13 新修公布之公職人員利益衝突迴避法（以下簡稱本法）規定，公職人員甲與其關係人下列何種行爲不違反本法？　(A)甲要求受其監督之機關聘用兒子乙　(B)關係人丁經政府採購法公告程序取得甲服務機關之年

度採購標案　(C)配偶乙以請託關說之方式，請求甲之服務機關通過其名下農地變更使用申請案　(D)甲承辦案件時，明知有利益衝突之情事，但因自認為人公正，故不自行迴避。

## 107 年度

(　　) 6. 安全帽承受巨大外力衝擊後，雖外觀良好，應採下列何種處理方式？　(A)油漆保護　(B)送修　(C)廢棄　(D)繼續使用。

(　　) 7. 廚房設置之排油煙機為下列何者？　(A)吹吸型換氣裝置　(B)整體換氣裝置　(C)排氣煙囪　(D)局部排氣裝置。

(　　) 8. 經勞動部核定公告為勞動基準法第84條之1規定之工作者，得由勞雇雙方另行約定之勞動條件，事業單位仍應報請下列哪個機關核備？　(A)當地主管機關　(B)勞動檢查機構　(C)勞動部　(D)法院公證處。

(　　) 9. 依職業安全衛生教育訓練規則規定，新僱勞工所接受之一般安全衛生教育訓練，不得少於幾小時？　(A)1　(B)2　(C)3　(D)0.5。

## 106 年度

(　　) 10. 事業單位勞動場所發生職業災害，災害搶救中第一要務為何？　(A)24小時內通報勞動檢查機構　(B)災害場所持續工作減少損失　(C)搶救罹災勞工迅速送醫　(D)搶救材料減少損失。

(　　) 11. 下列何者非屬法定勞動檢查結果之處理？　(A)公告違法事業單位　(B)移送司法機關偵辦　(C)停工　(D)警告。

(　　) 12. 減輕皮膚燒傷程度之最重要步驟為何？　(A)儘速用清水沖洗　(B)立即刺破水泡　(C)在燒傷處塗抹麵粉　(D)立即在燒傷處塗抹油脂。

## 範圍 07：工作倫理與職業道德

## 108 年度

(　　) 1. 當發現公司的產品可能會對顧客身體產生危害時，正確的作法或行動應是(A)透過管道告知媒體或競爭對手　(B)儘量隱瞞事實，協助掩飾問題　(C)立即向主管或有關單位報告　(D)若無其事，置之不理。

(　　) 2. 請問下列何者非為個人資料保護法第3條所規範之當事人權利？　(A)請求停止蒐集、處理或利用　(B)請求補充或更正　(C)請求刪除他人之資料(D)查詢或請求閱覽。

( )　3.筱珮要離職了，公司主管交代，她要做業務上的交接，她該怎麼辦？ (A)應該將承辦業務整理歸檔清楚，並且留下聯絡的方式，未來有問題可以詢問她 (B)把以前的業務資料都刪除或設密碼，讓別人都打不開 (C)盡量交接，如果離職日一到，就不關他的事 (D)不用理它，反正都要離開公司了。

## 107 年度

( )　4.公司發起每人一台平板電腦，從買來到現在，業務上都很少使用，為了讓它有效的利用，所以將它拿回家給親人使用，這樣的行為是 (A)可以的，因為不用白不用 (B)不可以，因為這是公司的財產，不能私用 (C)不可以的，因為使用年限未到，如果年限到便可以帶回家 (D)可以的，因為反正放在那裡不用它，是浪費資源。

( )　5.下列有關技術士證照及證書的使用原則之敘述，何者錯誤? (A)個人專業技術士證照或證書，只能用於符合特定專業領域及執業用途 (B)取得技術士證照或專業證書後，仍需繼續積極吸收專業知識 (C)專業證書取得不易，不應租予他人營業使用 (D)為了賺取外快，可以將個人技術證照借予他人。

( )　6.引導時，引導人應走在被引導人的 (A)左或右前方 (B)左或右後方 (C)正前方 (D)正後方。

( )　7.關於侵占罪之概念，下列何者錯誤？ (A)事後返還侵占物可免除責任 (B)員工不能將向客戶收取之貨款先行用於支付自己親屬之醫藥費 (C)員工私自將公司答謝客戶之禮盒留下供己使用，即會構成 (D)員工將公司財物由持有變成據為己有之時即已構成。

## 106 年度

( )　8.請問下列何者「不是」個人資料保護法所定義的個人資料？ (A)網路暱稱 (B)姓名 (C)職業 (D)通訊地址。

( )　9.與公務機關有業務往來構成職務利害關係者，下列敘述何者正確？ (A)與公務機關承辦人飲宴應酬為增進基本關係的必要方法 (B)高級茶葉低價售予有利害關係之承辦公務員，有價購行為就不算違反法規 (C)機關公務員藉子女婚宴廣邀業務往來廠商之行為，並無不妥 (D)將餽贈之財物請公務員父母代轉，該公務員亦已違反規定。

( 　 ) 10.公司訂定誠信經營守則時，不包括下列何者？　(A)禁止適當慈善捐助或贊助　(B)禁止不誠信行爲　(C)禁止提供不法政治獻金　(D)禁止行賄及收賄。

( 　 ) 11.下列何者「非」屬於以不正當方法取得營業秘密？　(A)擅自重製　(B)還原工程　(C)引誘他人違反其保密義務　(D)賄賂。

## 範圍 08：環境保護

### 108 年度

( 　 ) 1.亂丟香菸蒂，此行爲已違反什麼規定？　(A)廢棄物清理法　(B)刑法　(C)民法　(D)毒性化學物質管理法。

( 　 ) 2.遛狗不清理狗的排泄物係違反哪一法規？　(A)毒性化學物質管理法　(B)空氣污染防制法　(C)水污染防治法　(D)廢棄物清理法。

( 　 ) 3.在生物鏈越上端的物種其體內累積持久性有機污染物（POPs）濃度將越高，危害性也將越大，這是說明 POPs 具有下列何種特性？　(A)高毒性　(B)持久性　(C) 半揮發性　(D)生物累積性。

( 　 ) 4.陳先生到機車行換機油時，發現機車行老闆將廢機油直接倒入路旁的排水溝，請問這樣的行爲是違反了　(A)道路交通管理處罰條例　(B)職業安全衛生法　(C) 廢棄物清理法　(D)飲用水管理條例。

### 107 年度

( 　 ) 5.外食自備餐具是落實綠色消費的哪一項表現？　(A)回收再生　(B)環保選購　(C)降低成本　(D)重複使用。

( 　 ) 6.下列何者是農田土壤受重金屬汙染後最普遍使用之整治方法？　(A)全面挖除被汙染土壤，搬到他處處裡除汙完畢再運回　(B)以機械將表層汙染土壤與下層未受汙染土壤上下充分混合　(C)以植生萃取　(D)藉由萃取劑淋溶、洗出等作用帶走或稀釋。

( 　 ) 7.下列何者不是溫室效應所產生的現象？　(A)造成全球氣候變遷，導致不正常暴雨、乾旱現象　(B)氣溫升高而使海平面上升　(C)造成臭氧層產生破洞　(D)海溫升高造成珊瑚白化。

( 　 ) 8.下列何者屬地下水超抽情形？　(A)地下水抽水量「超越」天然補注量　(B)地下水抽水量「低於」天然補注量　(C)天然補注量「超越」地下水抽水量　(D)地下水抽水量「低於」降雨量。

範圍 09：節能減碳

## 108 年度

( ) 1.臺灣電力公司電價表所指的夏月用電月份（電價比其他月份高）是爲　(A)5/1～8/31　(B)4/1～7/31　(C)7/1～10/31　(D)6/1～9/30。

( ) 2.如果水龍頭流量過大，下列何種處理方式是錯誤的？　(A)直接調整水龍頭到適當水量　(B)直接換裝沒有省水標章的水龍頭　(C)加裝節水墊片或起波器　(D)裝可自動關閉水龍頭的自動感應器。

( ) 3.一般桶裝瓦斯（液化石油氣）主要成分爲　(A)丙烷　(B)甲烷　(C)辛烷　(D)乙炔及丁烷。

( ) 4.用電熱爐煮火鍋，採用中溫 50%加熱，比用高溫 100%加熱，將同一鍋水煮開，下列何者是對的？　(A)高溫 100%加熱比較省電　(B)中溫 50%加熱比較省電　(C)兩種方式用電量是一樣的　(D)中溫 50%加熱，電流反而比較大。

## 107 年度

( ) 5.「度」是水費的計量單位，你知道一度水的容量大約有多少？　(A)3 立方公尺的水量　(B)1 立方公尺的水量　(C)3000 個 600cc 的寶特瓶　(D)2,000 公升。

( ) 6.溫室氣體排放量：指自排放源排出之各種溫室氣體量乘以各該物質溫暖化潛勢所得之合計量，以　(A)六氟化硫（$SF_6$）　(B)甲烷（$CH_4$）　(C)二氧化碳（$CO_2$）　(D)氧化亞氮（$N_2O$）當量表示。

( ) 7.爲了節能與降低電費的需求，家電產品的正確選用應該如何？　(A)選用高功率的產品效率較高　(B)優先選用取得節能標章的產品　(C)設備沒有壞，還是堪用，繼續用，不會增加支出　(D)選用能效分級數字較高的產品，效率較高，5 級的比 1 級的電器產品更省電。

( ) 8.家人洗澡時，一個接一個連續洗，也是一種有效的省水方式嗎　(A)否，這跟省水沒什麼關係，不用這麼麻煩　(B)否，因爲等熱水時流出的水量不多　(C)有可能省水也可能不省水，無法定論　(D)是，因爲可以節省等熱水流出所流失的冷水。

# 附錄三　會計丙級學科題庫解答

### 會計基本概念 108 年度

| 題號 | 1 | 2 | 3 | 4 | 5 | 6 | 7 | 8 | 9 | 10 |
|---|---|---|---|---|---|---|---|---|---|---|
| 解答 | C | A | A | D | A | B | D | C | A | A |
| 題號 | 11 | 12 | 13 | | | | | | | |
| 解答 | D | D | B | | | | | | | |

### 會計基本概念 107 年度

| 題號 | 14 | 15 | 16 | 17 | 18 | 19 | 20 | 21 | 22 | 23 |
|---|---|---|---|---|---|---|---|---|---|---|
| 解答 | A | A | B | B | A | C | A | A | B | D |
| 題號 | 24 | 25 | 26 | 27 | 28 | | | | | |
| 解答 | C | A | C | A | B | | | | | |

### 會計基本概念 106 年度

| 題號 | 29 | 30 | 31 | 32 | 33 | 34 | 35 | 36 | 37 | 38 |
|---|---|---|---|---|---|---|---|---|---|---|
| 解答 | C | A | A | A | C | D | D | B | C | B |
| 題號 | 39 | 40 | 41 | 42 | 43 | 44 | 45 | | | |
| 解答 | A | C | D | D | D | D | A | | | |

### 會計基本概念 105 年度

| 題號 | 46 | 47 | 48 | 49 | 50 | 51 | 52 | 53 | 54 | 55 |
|---|---|---|---|---|---|---|---|---|---|---|
| 解答 | B | A | C | A | B | D | D | A | C | C |
| 題號 | 56 | 57 | 58 | 59 | 60 | 61 | 62 | | | |
| 解答 | A | D | D | C | D | C | A | | | |

### 會計基本概念 104 年度

| 題號 | 63 | 64 | 65 | 66 | 67 | 68 | 69 | 70 | 71 | 72 |
|---|---|---|---|---|---|---|---|---|---|---|
| 解答 | C | A | A | B | B | A | D | A | A | D |
| 題號 | 73 | 74 | 75 | 76 | 77 | 78 | 79 | 80 | 81 | 82 |
| 解答 | A | B | C | B | C | C | C | C | C | B |
| 題號 | 83 | 84 | 85 | 86 | 87 | 88 | 89 | 90 | 91 | 92 |
| 解答 | D | C | D | D | B | A | D | C | D | C |
| 題號 | 93 | 94 | 95 | 96 | 97 | 98 | 99 | 100 | 101 | 102 |
| 解答 | B | D | B | A | B | C | C | C | B | B |
| 題號 | 103 | 104 | 105 | 106 | 107 | 108 | 109 | 110 | 111 | 112 |
| 解答 | B | A | D | B | C | B | D | A | A | B |

| 題號 | 113 | 114 | 115 | 116 | 117 | 118 | 119 | 120 | 121 | 122 |
|------|-----|-----|-----|-----|-----|-----|-----|-----|-----|-----|
| 解答 | C | A | C | A | C | B | C | B | C | C |
| 題號 | 123 | 124 | 125 | 126 | 127 | 128 | 129 | 130 | 131 | 132 |
| 解答 | B | D | C | A | D | D | B | B | D | C |
| 題號 | 133 | 134 | 135 | 136 | 137 | 138 | 139 | 140 | 141 | 142 |
| 解答 | A | A | D | C | B | C | B | A | C | A |
| 題號 | 143 | 144 | 145 | 146 | 147 | 148 | 149 | 150 | 151 | 152 |
| 解答 | D | D | C | D | A | D | B | A | C | A |

## 會計基本概念 103 年度

| 題號 | 153 | 154 | 155 | 156 | 157 | 158 | 159 | 160 | 161 | 162 |
|------|-----|-----|-----|-----|-----|-----|-----|-----|-----|-----|
| 解答 | C | B | D | A | B | C | A | B | B | C |
| 題號 | 163 | 164 | 165 | 166 | 167 | 168 | 169 | 170 | 171 | 172 |
| 解答 | D | D | D | D | C | A | A | A | D | C |
| 題號 | 173 | 174 | 175 | 176 | 177 | 178 | 179 | 180 | 181 | 182 |
| 解答 | C | C | D | C | C | C | C | B | C | D |
| 題號 | 183 | 184 | 185 | 186 | 187 | 188 | 189 | 190 | 191 | 192 |
| 解答 | B | D | C | D | A | D | A | B | C | D |
| 題號 | 193 | 194 | 195 | 196 | 197 | 198 | 199 | 200 | 201 | 202 |
| 解答 | A | D | C | C | C | B | C | C | A | B |
| 題號 | 203 | 204 | 205 | 206 | 207 | 208 | 209 | 210 | 211 | 212 |
| 解答 | B | A | B | C | C | A | A | C | D | A |
| 題號 | 213 | 214 | 215 | 216 | 217 | 218 | 219 | 220 | 221 | 222 |
| 解答 | B | B | A | A | B | A | A | C | C | D |
| 題號 | 223 | 224 | 225 | 226 | 227 | 228 | 229 | 230 | 231 | |
| 解答 | C | D | D | A | B | B | A | A | B | |

## 平時會計處理程序 108 年度

| 題號 | 1 | 2 | 3 | 4 | 5 | 6 | 7 | 8 | 9 | 10 |
|------|---|---|---|---|---|---|---|---|---|----|
| 解答 | D | C | D | D | A | A | A | C | B | B |
| 題號 | 11 | 12 | 13 | 14 | 15 | 16 | 17 | 18 | 19 | 20 |
| 解答 | C | C | D | D | D | D | B | A | C | A |

## 平時會計處理程序 107 年度

| 題號 | 21 | 22 | 23 | 24 | 25 | 26 | 27 | 28 | 29 | 30 |
|------|----|----|----|----|----|----|----|----|----|----|
| 解答 | A | C | B | C | C | C | B | D | A | C |
| 題號 | 31 | 32 | 33 | 34 | 35 | 36 | | | | |
| 解答 | A | D | C | B | C | C | | | | |

## 平時會計處理程序 106 年度

| 題號 | 37 | 38 | 39 | 40 | 41 | 42 | 43 | 44 | 45 | 46 |
|---|---|---|---|---|---|---|---|---|---|---|
| 解答 | A | B | B | C | D | C | C | D | A | D |
| 題號 | 47 | 48 | 49 | 50 | 51 | 52 | 53 | 54 | 55 | 56 |
| 解答 | B | B | A | B | A | D | D | D | C | D |
| 題號 | 57 | | | | | | | | | |
| 解答 | C | | | | | | | | | |

## 平時會計處理程序 105 年度

| 題號 | 58 | 59 | 60 | 61 | 62 | 63 | 64 | 65 | 66 | 67 |
|---|---|---|---|---|---|---|---|---|---|---|
| 解答 | B | D | C | B | A | C | B | A | D | B |
| 題號 | 68 | 69 | 70 | 71 | 72 | 73 | 74 | 75 | 76 | 77 |
| 解答 | C | D | C | C | D | D | B | A | B | D |
| 題號 | 78 | 79 | | | | | | | | |
| 解答 | C | A | | | | | | | | |

## 平時會計處理程序 104 年度

| 題號 | 80 | 81 | 82 | 83 | 84 | 85 | 86 | 87 | 88 | 89 |
|---|---|---|---|---|---|---|---|---|---|---|
| 解答 | A | D | B | C | A | C | B | C | A | C |
| 題號 | 90 | 91 | 92 | 93 | 94 | 95 | 96 | 97 | 98 | 99 |
| 解答 | A | C | C | D | D | B | B | C | D | C |
| 題號 | 100 | 101 | 102 | 103 | 104 | 105 | 106 | 107 | 108 | 109 |
| 解答 | B | A | D | C | A | A | A | A | A | A |
| 題號 | 110 | 111 | 112 | 113 | 114 | 115 | 116 | 117 | 118 | 119 |
| 解答 | C | C | D | C | D | B | D | C | B | C |
| 題號 | 120 | 121 | 122 | 123 | 124 | 125 | 126 | 127 | 128 | 129 |
| 解答 | A | B | D | A | A | C | D | A | D | B |
| 題號 | 130 | 131 | 132 | 133 | 134 | 135 | 136 | 137 | 138 | 139 |
| 解答 | C | C | D | A | D | C | A | B | A | A |
| 題號 | 140 | 141 | 142 | 143 | 144 | 145 | 146 | 147 | 148 | 149 |
| 解答 | A | A | D | D | C | B | C | C | D | C |
| 題號 | 150 | 151 | 152 | 153 | 154 | 155 | 156 | 157 | 158 | 159 |
| 解答 | A | A | A | C | A | C | D | B | B | C |

## 平時會計處理程序 103 年度

| 題號 | 160 | 161 | 162 | 163 | 164 | 165 | 166 | 167 | 168 | 169 |
|------|-----|-----|-----|-----|-----|-----|-----|-----|-----|-----|
| 解答 | A | B | A | D | D | B | D | B | D | D |
| 題號 | 170 | 171 | 172 | 173 | 174 | 175 | 176 | 177 | 178 | 179 |
| 解答 | C | D | D | C | C | C | A | C | D | D |
| 題號 | 180 | 181 | 182 | 183 | 184 | 185 | 186 | 187 | 188 | 189 |
| 解答 | A | D | D | C | C | C | D | C | C | C |
| 題號 | 190 | 191 | 192 | 193 | 194 | 195 | 196 | 197 | 198 | 199 |
| 解答 | B | C | A | B | D | C | B | D | C | C |
| 題號 | 200 | 201 | 202 | 203 | 204 | | | | | |
| 解答 | C | C | C | C | A | | | | | |

## 期末會計處理 108 年度

| 題號 | 1 | 2 | 3 | 4 | 5 | 6 | 7 | 8 | 9 | 10 |
|------|---|---|---|---|---|---|---|---|---|----|
| 解答 | C | C | B | A | A | D | B | D | B | C |
| 題號 | 11 | 12 | 13 | 14 | 15 | 16 | 17 | 18 | 19 | 20 |
| 解答 | D | A | A | A | A | D | C | D | A | B |

## 期末會計處理 107 年度

| 題號 | 21 | 22 | 23 | 24 | 25 | 26 | 27 | 28 | 29 | 30 |
|------|----|----|----|----|----|----|----|----|----|----|
| 解答 | B | B | C | C | C | D | B | A | C | C |
| 題號 | 31 | 32 | 33 | 34 | 35 | 36 | 37 | 38 | | |
| 解答 | A | D | A | C | A | B | B | D | | |

## 期末會計處理 106 年度

| 題號 | 39 | 40 | 41 | 42 | 43 | 44 | 45 | 46 | 47 | 48 |
|------|----|----|----|----|----|----|----|----|----|----|
| 解答 | D | C | A | B | D | B | B | C | B | B |
| 題號 | 49 | 50 | 51 | 52 | 53 | 54 | 55 | 56 | 57 | |
| 解答 | D | B | B | A | A | B | B | A | A | |

## 期末會計處理 105 年度

| 題號 | 58 | 59 | 60 | 61 | 62 | 63 | 64 | 65 | 66 | 67 |
|------|----|----|----|----|----|----|----|----|----|----|
| 解答 | A | B | A | C | A | C | B | B | B | C |
| 題號 | 68 | 69 | 70 | 71 | 72 | 73 | 74 | 75 | 76 | 77 |
| 解答 | D | B | C | D | B | C | D | B | D | D |
| 題號 | 78 | 79 | 80 | 81 | 82 | | | | | |
| 解答 | D | D | A | B | A | | | | | |

## 期末會計處理 104 年度

| 題號 | 83 | 84 | 85 | 86 | 87 | 88 | 89 | 90 | 91 | 92 |
|------|-----|-----|-----|-----|-----|-----|-----|-----|-----|-----|
| 解答 | C | C | A | D | A | A | D | B | D | A |
| 題號 | 93 | 94 | 95 | 96 | 97 | 98 | 99 | 100 | 101 | 102 |
| 解答 | D | A | B | A | B | C | B | A | A | D |
| 題號 | 103 | 104 | 105 | 106 | 107 | 108 | 109 | 110 | 111 | 112 |
| 解答 | D | A | B | C | B | C | A | B | D | C |
| 題號 | 113 | 114 | 115 | 116 | 117 | 118 | 119 | 120 | 121 | 122 |
| 解答 | B | B | C | C | C | D | B | C | A | D |
| 題號 | 123 | 124 | 125 | 126 | 127 | 128 | 129 | 130 | 131 | 132 |
| 解答 | B | B | B | D | A | B | C | B | C | A |
| 題號 | 133 | 134 | 135 | 136 | 137 | 138 | 139 | 140 | 141 | 142 |
| 解答 | B | A | A | B | D | A | A | D | C | A |
| 題號 | 143 | 144 | 145 | 146 | 147 | 148 | 149 | 150 | 151 | 152 |
| 解答 | B | B | A | C | A | D | B | A | A | A |
| 題號 | 153 | 154 | 155 | 156 | 157 | 158 | 159 | 160 | 161 | 162 |
| 解答 | C | B | A | D | C | C | B | D | B | A |
| 題號 | 163 | 164 | 165 | 166 | 167 | 168 | 169 | 170 | 171 | 172 |
| 解答 | D | C | D | C | B | D | D | B | B | C |
| 題號 | 173 | 174 | 175 | 176 | 177 | 178 | 179 | 180 | 181 | 182 |
| 解答 | C | D | B | C | A | D | B | A | B | B |
| 題號 | 183 | 184 | 185 | 186 | 187 | 188 | 189 | 190 | 191 | 192 |
| 解答 | C | B | C | B | B | A | A | C | B | D |
| 題號 | 193 | 194 | 195 | 196 | 197 | 198 | 199 | 200 | 201 | 202 |
| 解答 | A | C | A | D | C | A | B | A | A | A |
| 題號 | 203 | 204 | 205 | 206 | 207 | 208 | 209 | 210 | 211 | 212 |
| 解答 | A | A | B | C | B | A | B | D | D | A |
| 題號 | 213 | 214 | 215 | 216 | 217 | 218 | 219 | | | |
| 解答 | B | C | B | A | B | D | B | | | |

## 期末會計處理 103 年度

| 題號 | 220 | 221 | 222 | 223 | 224 | 225 | 226 | 227 | 228 | 229 |
|------|-----|-----|-----|-----|-----|-----|-----|-----|-----|-----|
| 解答 | C | B | A | A | C | A | D | C | D | B |
| 題號 | 230 | 231 | 232 | 233 | 234 | 235 | 236 | 237 | 238 | 239 |
| 解答 | B | A | D | B | C | A | C | B | A | A |
| 題號 | 240 | 241 | 242 | 243 | 244 | 245 | 246 | 247 | 248 | 249 |
| 解答 | B | A | C | B | C | A | D | C | D | D |

| 題號 | 250 | 251 | 252 | 253 | 254 | 255 | 256 | 257 | 258 | 259 |
|------|-----|-----|-----|-----|-----|-----|-----|-----|-----|-----|
| 解答 | D | B | A | A | C | D | B | C | B | D |
| 題號 | 260 | 261 | 262 | 263 | 264 | 265 | 266 | 267 | 268 | 269 |
| 解答 | A | D | D | B | C | D | A | C | A | D |
| 題號 | 270 | 271 | 272 | 273 | 274 | 275 | 276 | 277 | 278 | 279 |
| 解答 | C | D | C | A | D | D | C | D | B | B |
| 題號 | 280 | 281 | 282 | 283 | 284 | 285 | 286 | 287 | 288 | 289 |
| 解答 | A | D | A | A | B | D | B | B | D | D |
| 題號 | 290 | 291 | 292 | 293 | 294 | 295 | 296 | 297 | 298 | 299 |
| 解答 | D | A | D | D | A | B | D | B | A | B |
| 題號 | 300 | 301 | 302 | 303 | 304 | 305 | 306 | 307 | 308 | 309 |
| 解答 | A | D | C | D | C | A | D | D | C | D |
| 題號 | 310 | 311 | 312 | 313 | 314 | 315 | 316 | 317 | 318 | 319 |
| 解答 | B | B | A | A | D | A | A | A | B | B |
| 題號 | 320 | 321 | 322 | 323 | 324 | 325 | 326 | 327 | 328 | 329 |
| 解答 | B | D | D | D | D | C | D | B | D | A |
| 題號 | 330 | 331 | | | | | | | | |
| 解答 | B | D | | | | | | | | |

## 會計資訊系統概念 108 年度

| 題號 | 1 | 2 | 3 | 4 | 5 | 6 | 7 | 8 | 9 | |
|------|---|---|---|---|---|---|---|---|---|--|
| 解答 | B | C | A | A | B | C | D | C | B | |

## 會計資訊系統概念 107 年度

| 題號 | 10 | 11 | 12 | 13 | 14 | 15 | 16 | 17 | 18 | 19 |
|------|----|----|----|----|----|----|----|----|----|----|
| 解答 | D | D | A | D | A | A | B | A | B | C |
| 題號 | 20 | 21 | 22 | | | | | | | |
| 解答 | D | A | D | | | | | | | |

## 會計資訊系統概念 106 年度

| 題號 | 23 | 24 | 25 | 26 | 27 | 28 | 29 | 30 | 31 | 32 |
|------|----|----|----|----|----|----|----|----|----|----|
| 解答 | B | C | B | B | D | D | D | A | C | D |
| 題號 | 33 | 34 | 35 | 36 | | | | | | |
| 解答 | D | A | D | A | | | | | | |

## 會計資訊系統概念 105 年度

| 題號 | 37 | 38 | 39 | 40 | 41 | 42 | 43 | 44 | 45 | 46 |
|------|----|----|----|----|----|----|----|----|----|----|
| 解答 | B | D | D | C | A | C | D | B | A | A |
| 題號 | 47 | 48 | 49 | | | | | | | |
| 解答 | B | D | B | | | | | | | |

## 會計資訊系統概念 104 年度

| 題號 | 50 | 51 | 52 | 53 | 54 | 55 | 56 | 57 | 58 | 59 |
|------|----|----|----|----|----|----|----|----|----|----|
| 解答 | B | A | A | D | B | C | A | B | A | B |
| 題號 | 60 | 61 | 62 | 63 | 64 | 65 | 66 | 67 | 68 | 69 |
| 解答 | D | D | B | D | D | D | A | C | A | A |
| 題號 | 70 | 71 | 72 | 73 | 74 | 75 | 76 | 77 | 78 | 79 |
| 解答 | A | B | A | B | D | A | B | B | C | A |
| 題號 | 80 | 81 | 82 | 83 | 84 | 85 | 86 | 87 | 88 | 89 |
| 解答 | C | B | A | D | D | A | D | C | C | D |
| 題號 | 90 | 91 | 92 | 93 | 94 | 95 | 96 | 97 | 98 | 99 |
| 解答 | D | A | C | A | B | A | B | D | B | B |
| 題號 | 100 | 101 | 102 | 103 | 104 | 105 | 106 | 107 | 108 | 109 |
| 解答 | B | A | A | D | B | C | B | A | B | A |
| 題號 | 110 | 111 | 112 | | | | | | | |
| 解答 | D | B | D | | | | | | | |

## 會計資訊系統概念 103 年度

| 題號 | 113 | 114 | 115 | 116 | 117 | 118 | 119 | 120 | 121 | 122 |
|------|-----|-----|-----|-----|-----|-----|-----|-----|-----|-----|
| 解答 | B | B | B | C | B | A | D | A | D | C |
| 題號 | 123 | 124 | 125 | 126 | 127 | 128 | 129 | 130 | 131 | 132 |
| 解答 | C | C | A | B | B | B | C | B | A | D |
| 題號 | 133 | 134 | 135 | 136 | 137 | 138 | 139 | 140 | 141 | 142 |
| 解答 | A | D | C | C | A | C | B | B | B | A |
| 題號 | 143 | 144 | 145 | 146 | 147 | 148 | 149 | 150 | 151 | 152 |
| 解答 | C | D | A | B | C | C | B | C | B | B |
| 題號 | 153 | 154 | 155 | 156 | 157 | 158 | 159 | | | |
| 解答 | A | C | D | A | B | C | C | | | |

## 相關法令之規定 108 年度

| 題號 | 1 | 2 | | | | | | | | |
|------|---|---|---|---|---|---|---|---|---|---|
| 解答 | D | A | | | | | | | | |

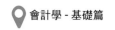

## 相關法令之規定 107 年度

| 題號 | 3 | 4 | | | | | | | | |
|------|---|---|---|---|---|---|---|---|---|---|
| 解答 | C | C | | | | | | | | |

## 相關法令之規定 106 年度

| 題號 | 5 | | | | | | | | | |
|------|---|---|---|---|---|---|---|---|---|---|
| 解答 | C | | | | | | | | | |

## 相關法令之規定 105 年度

| 題號 | 6 | 7 | | | | | | | | |
|------|---|---|---|---|---|---|---|---|---|---|
| 解答 | D | D | | | | | | | | |

## 相關法令之規定 104 年度

| 題號 | 8 | 9 | 10 | 11 | 12 | 13 | 14 | 15 | 16 | 17 |
|------|---|---|----|----|----|----|----|----|----|----|
| 解答 | D | D | D | D | D | A | B | D | B | B |
| 題號 | 18 | 19 | 20 | 21 | 22 | 23 | 24 | 25 | 26 | 27 |
| 解答 | B | B | A | C | D | B | A | D | B | A |
| 題號 | 28 | 29 | 30 | 31 | | | | | | |
| 解答 | A | D | D | A | | | | | | |

## 相關法令之規定 103 年度

| 題號 | 32 | 33 | 34 | 35 | 36 | 37 | 38 | 39 | 40 | 41 |
|------|----|----|----|----|----|----|----|----|----|----|
| 解答 | D | D | B | A | C | D | D | D | C | C |
| 題號 | 42 | 43 | 44 | 45 | 46 | 47 | 48 | 49 | 50 | 51 |
| 解答 | A | B | D | B | A | A | B | A | A | D |
| 題號 | 52 | 53 | 54 | 55 | 56 | 57 | 58 | 59 | 60 | 61 |
| 解答 | B | A | C | B | D | A | A | D | B | A |
| 題號 | 62 | 63 | 64 | | | | | | | |
| 解答 | C | B | D | | | | | | | |

## 職業安全衛生 108 年度

| 題號 | 1 | 2 | 3 | 4 | 5 | | | | | |
|------|---|---|---|---|---|---|---|---|---|---|
| 解答 | A | D | B | A | B | | | | | |

## 職業安全衛生 107 年度

| 題號 | 6 | 7 | 8 | 9 | | | | | | |
|------|---|---|---|---|---|---|---|---|---|---|
| 解答 | C | D | A | C | | | | | | |

## 職業安全衛生 106 年度

| 題號 | 10 | 11 | 12 | | | | | | | |
|------|----|----|----|---|---|---|---|---|---|---|
| 解答 | C | D | A | | | | | | | |

## 工作倫理與職業道德 108 年度

| 題號 | 1 | 2 | 3 | | | | | | | |
|------|---|---|---|---|---|---|---|---|---|---|
| 解答 | C | C | A | | | | | | | |

## 工作倫理與職業道德 107 年度

| 題號 | 4 | 5 | 6 | 7 | | | | | | |
|------|---|---|---|---|---|---|---|---|---|---|
| 解答 | B | D | A | A | | | | | | |

## 工作倫理與職業道德 106 年度

| 題號 | 8 | 9 | 10 | 11 | | | | | | |
|------|---|---|----|----|---|---|---|---|---|---|
| 解答 | A | D | A | B | | | | | | |

## 環境保護 108 年度

| 題號 | 1 | 2 | 3 | 4 | | | | | | |
|------|---|---|---|---|---|---|---|---|---|---|
| 解答 | A | D | D | C | | | | | | |

## 環境保護 107 年度

| 題號 | 5 | 6 | 7 | 8 | | | | | | |
|------|---|---|---|---|---|---|---|---|---|---|
| 解答 | D | B | C | A | | | | | | |

## 節能減碳 108 年度

| 題號 | 1 | 2 | 3 | 4 | | | | | | |
|------|---|---|---|---|---|---|---|---|---|---|
| 解答 | D | B | A | C | | | | | | |

## 節能減碳 107 年度

| 題號 | 5 | 6 | 7 | 8 | | | | | | |
|------|---|---|---|---|---|---|---|---|---|---|
| 解答 | B | C | B | D | | | | | | |

# 會計丙級學科題庫詳解

| 頁數 | 題號 | 解答 |
|------|------|------|
| B-2 | 17. | 1,000×0.8＝800 |
| B-3 | 31. | 1,000×0.75×0.8×0.9＝540 |
| B-3 | 32. | 50,000×(1－2%)＝49,000 |
| B-5 | 49. | 100,000＋25,000－30,000＋X＝85,000，X＝－10,000 |
| B-5 | 52. | 350,000－300,000＝50,000期末權益，期初權益＝150,000<br>150,000＋收益$50,000－ 費損X＝50,000<br>費損X＝150,000 |
| B-11 | 137. | 租金收入　　　　1,000<br>　　利息費用　　　　　1,000 |
| B-13 | 155. | 進貨　　290,000<br>　　現金　　　　　290,000<br>∵尾數讓免屬於商業折扣不入帳 |
| B-13 | 156. | 期初權益＋收益－費損＝期末權益<br>X＋8,000－4,000＝24,000<br>期末資產＝期末負債＋期末權益<br>60,000＝36,000＋24,000<br>∴X＝24,000＋4,000－8,000＝20,000 |
| B-14 | 163. | 暫付款　　　4,000<br>　　薪資支出　　　　4,000 |
| B-14 | 165. | 期初資產＝期初負債＋期初權益<br>350,000＝100,000＋250,000<br>期末資產＝期末負債＋期末權益<br>470,000＝250,000＋220,000<br>∴期末權益＝220,000 |

| B-15 | 175. | 銷貨淨額－銷貨毛利＝銷貨成本<br>100,000－20,000＝80,000<br>成本率＝銷貨成本/銷貨淨額＝80,000/100,000＝80% |
|---|---|---|
| B-15 | 179. | 50,000×(1－2%)＝49,000 |
| B-19 | 1. | (350,000－5,000)/6＝50,000<br>50,000×3＝150,000<br>350,000－150,000＝200,000 |
| B-19 | 6. | 10,000×(1－20%)＝8,000<br>8,000×(1－3%)＝7,760 |
| B-19 | 8. | 20,000－5,000＝15,000<br>15,000×1/2×1%＝75 |
| B-21 | 31. | (350,000－50,000)/6＝50,000<br>50,000×3＝150,000<br>350,000－150,000＝200,000 |
| B-24 | 64. | 24,500/(1－2%)＝25,000 |
| B-26 | 79. | 20,000－5,000＝15,000　15,000×1/2＝7,500　7,500×1%＝75 |
| B-27 | 89. | 10,000－1,000＝9,000<br>9,000×X%＝180<br>X＝2% |
| B-27 | 92. | 1,890×1/2＝945<br>郵電費　　945<br>業主往來　945<br>　　現金　　　　1,890 |
| B-27 | 97. | 100/10/1 應收帳款　　　　150,000<br>　　　　　銷貨收入　　　　　　150,000<br>　10/5　現金　　　　97,000<br>　　　　銷貨折扣　　　3,000<br>　　　　應收帳款　　　　　　100,000<br>　　　　100,000×(1－3%)＝97,000 |

| | | |
|---|---|---|
| | | 10/15　29,400/(1－2%)＝30,000<br>10/15　現金　　　　29,400<br>　　　銷貨折扣　　　　600<br>　　　　應收帳款　　　　　　30,000<br>150,000－100,000－30,000＝20,000＃ |
| B-28 | 99. | 6,000×(1－10%)＝5,400<br>5,400×2%＝108<br>進貨　　　　5,400<br>　應付帳款　　　　5,400<br><br>應付帳款　　　5,400<br>　現金　　　　　5,292<br>　進貨折扣　　　　108 |
| B-29 | 113. | $98×X%×30/365＝$2<br>X＝24.83% |
| B-29 | 115. | 補記：<br>應付帳款　　　450<br>　進貨折讓　　　　450 |
| B-29 | 118. | 資產　　　200<br>資產　　　100<br>　負債　　　　300 |
| B-29 | 120. | 50,000－500＝49,500<br>49,500/9＝5,500　（除盡）<br>49,500/11＝4,500　（除盡） |
| B-29 | 121. | 　　預收佣金　　　　　　現金<br>　　　初 12,000　　　　4,000<br>4,000　末 8,000　　　　　?<br>　　　　　　　　　　　25,000<br>預收佣金　　　4,000<br>　佣金收入　　　　4,000<br>現金　　　21,000<br>　佣金收入　　　　21,000 |
| B-30 | 125. | 24,000×12%×3/12＝720 |

| B-30 | 126. | 進貨　　　　　290,000　　　　　　　<br>　　現金　　　　　　　　　290,000 |
|---|---|---|
| B-30 | 128. | 流動比率＝流動資產/流動負債＝3<br>流動資產＝3×200,000＝600,000<br>存貨＝600,000×25%＝150,000<br>速動資產＝600,000－150,000－50,000＝400,000 |
| B-30 | 131. | 6,000×(1－10%)＝5,400<br>5,400×(1－2%)＝5,292<br>應付帳款　　　　　5,400<br>　　現金　　　　　　　　　5,292<br>　　進貨折讓　　　　　　　　108 |
| B-31 | 142. | 100,000＋2,000＋1,500＋1,000＝104,500 |
| B-32 | 144. | 2＝98×X%×(40－10)/365<br>X＝24.83% |
| B-32 | 153. | 10,000－1,000＝9,000<br>9,000×折扣率＝180<br>折扣率＝180/9,000＝2% |
| B-32 | 154. | (10,000－2,000)/5,000＝8,000/5,000＝1.6 |
| B-32 | 155. | 1,890×1/2＝945<br>郵電費　　　　　945<br>業主往來　　　　945<br>　　現金　　　　　　　1,890 |
| B-33 | 159. | 100/10/1　應收帳款　　　　150,000<br>　　　　　　　　銷貨收入　　　　　　150,000<br>10/5　　97,000/(1－3%)＝100,000<br>　　　　現金　　　　　　97,000<br>　　　　銷貨折讓　　　　3,000<br>　　　　　　應收帳款　　　　　　100,000<br>10/15　29,400/(1－2%)＝30,000<br>　　　　現金　　　　　　29,400<br>　　　　銷貨折讓　　　　　600<br>　　　　　　應收帳款　　　　　　30,000<br>10/25　150,000－100,000－30,000＝20,000 |

| | | |
|---|---|---|
| B-33 | 163. | $3,800＋X－5,300＝13,500$ 銷貨成本<br>進貨淨額 $＝13,500＋5,300－3,800＝15,000$<br>進貨＋ 進貨費用 $＝15,000$<br>進貨＋$1,000＝15,000$<br>進貨 $＝14,000$ |
| B-33 | 164. | 昨日：                  本日：<br><br>現金                   現金<br>                                           支付 1,000<br>     10,000                 9,000 |
| B-33 | 166. | 進貨             290,000<br>     現金                      290,000 |
| B-34 | 177. | $50,000×(1－2\%)＝49,000$ |
| B-35 | 181. | $10,000×1/5＝2,000$<br>$10,000－2,000＝8,000$<br>$8,000×(1－3\%)＝7,760$ |
| B-35 | 187. | 6/15     進貨            70,000<br>          應付帳款              70,000<br>6/25     應付帳款       70,000<br>          現金                69,300<br>          進貨折讓            700 |
| B-35 | 189. | $28,000×10\%＝2,800$<br>租金支出            28,000<br>     現金                 25,200<br>     代收款－所得稅        2,800 |
| B-36 | 194. | $10,000×1/5＝2,000$<br>$10,000－2,000＝8,000$<br>$8,000×3\%＝240$<br>$8,000－240＝7,760$ |

| B-37 | 201. | 同 B-35　第 187 題 |
|------|------|------|
| B-37 | 1. | $1/(1+25\%)=33\%$ |
| B-38 | 9. | 預收貨款　　30,000<br>　　銷貨收入　　　　30,000<br>應收帳款　　630,000<br>　　銷貨收入　　　　630,000<br>現　　　金　680,000<br>　　應收帳款　　　　680,000<br>$100,000+630,000-680,000=50,000$（期末應收帳款） |
| B-38 | 11. | 文具用品　　10,000<br>　　用品盤存　　　　10,000<br>$60,000-50,000=10,000$ |
| B-38 | 15. | $110,000+102,000-4,000=208,000$ 可供銷售商品<br>$150,000/(1+25\%)=120,000$<br>$208,000-120,000=88,000$ |
| B-39 | 20. | $30,000\times12\%\times2/12=600$ |
| B-39 | 24. | $X+104,000+3,840-7,360-61,520=67,040$<br>$X=28,080$ |
| B-40 | 34. | $26,000+500,000-30,000-10,000+20,000=506,000$ |
| B-40 | 35. | $600,000\times1.5\%=9,000$　$9,000-2,500=6,500$ |
| B-41 | 36. | $308,600-20,000-500=288,100$ |
| B-41 | 37. | $40\%/(1+40\%)=29\%$ |
| B-42 | 49. | <table><tr><th colspan="2">現金</th><th colspan="2">利息收入</th><th colspan="2">應收利息</th><th colspan="2">應收利息</th></tr><tr><td>5,000</td><td></td><td></td><td>2,000</td><td>初5,000</td><td>5,000</td><td></td><td>初4,000</td></tr><tr><td>69,000</td><td></td><td></td><td>4,000</td><td>2,000</td><td></td><td>4,000</td><td></td></tr><tr><td>2,000</td><td></td><td></td><td>69,000</td><td>2,000</td><td></td><td></td><td>2,000</td></tr><tr><td>76,000</td><td></td><td></td><td>75,000</td><td></td><td></td><td></td><td></td></tr></table> |

| B-42 | 53. | 72,000－12,000＝60,000<br>42,000/60,000＝70%成本率<br>毛利率＝1－70%＝30% |
|---|---|---|
| B-43 | 60. | 存貨低估17,000，銷貨成本則高估17,000，造成淨利低估。<br>－34,000＋17,000＝－17,000 |
| B-43 | 61. | (410,000－5,000－15,000)×(1－30%)＝273,000 |
| B-44 | 71. | 180,000×(1－40%)＝108,000 108,000＋14,000＝122,000 |
| B-44 | 72. | 200,000×3%＝6,000 |
| B-44 | 74. | (35,000－5,000)/4＝7,500 7,500×2＝15,000 35,000－15,000＝20,0000 |
| B-44 | 76. | 45,000×1%＝4,500 4,500＋1,500＝6,000 |
| B-44 | 77. | (X－5,000)/5×6/12＝10,000 X＝105,000 |
| B-45 | 79. | (350,000－50,000)/6＝50,000 50,000×3＝150,000<br>350,000－150,000＝200,000 |
| B-45 | 80. | 15,000/(15,000＋5,000)＝0.75 |
| B-45 | 82. | 期初存貨＋進貨－期末存貨＝銷貨成本<br>假設進貨＝YY－25,000＝400,000Y＝425,000<br>應付帳款付現數＝425,00＋36,000－65,000＝396,000 |
| B-45 | 83. | 1,200,000×2%＝24,000（銷貨百分比法）<br>300,000×2%＋6,000＝12,000（應收帳款餘額法）<br>24,000－12,000＝12,000 |
| B-45 | 85. | 300,000×1/2＝150,000<br>1/1　現金　　　　　　　　300,000<br>　　　顧問收入　　　　　　　　　　300,000<br>12/31 顧問收入　　　　　　150,000<br>　　　預收顧問收入　　　　　　　　150,000 |

| B-46 | 88. | 用品盤存 / 文具用品 / 現金 |
|------|-----|---|

用品盤存　　　　　　　文具用品　　　　　　　現金

初 60,000　　　　　　　30,000　　　　　　　　30,000
　　　　　10,000　　　 10,000
50,000

12/31　文具用品　　　　10,000
　　　　　　用品盤存　　　　　10,000

---

| B-46 | 94. | $45,000 \times 12\% \times 1/12 = 450$ |
|------|-----|---|

| B-46 | 96. | $10,000 - 2,000 = 8,000$<br>$8,000/5,000 = 1.6$ |
|------|-----|---|

B-46　98.

工作底稿（部分）

| 會計項目 | 財務狀況表 | |
|---|---|---|
| | 借方金額 | 貸方金額 |
| 辦公設備 | 4,000 | |
| 累計折舊－辦公設備 | | 4,000 |

---

| B-47 | 100. | $18,000 - 3,000 = 15,000$<br>$15,000 \times (1 - 25\%) = 11,250$ |
|------|------|---|

| B-47 | 106. | $100,000 - 20,000 = 80,000$<br>$80,000/100,000 = 80\%$ |
|------|------|---|

B-47　107.

$60,000 + 750,000 - 20,000 + 30,000 - 60,000 = 銷貨成本 = 760,000$

$820,000 - 20,000 = 800,000$ 銷貨淨額

$(800,000 - 760,000)/800,000 = 5\%$

---

B-47　110.

$3,000,000 \times 1\% = 30,000$

12/31　預期信用減損損失　　　　　　　30,000
　　　　　　備抵損失－應收帳款　　　　　　30,000

---

B-48　111.

$30,000 \times 12\% \times 2/12 = 600$

12/31　利息費用　　　　600
　　　　　　應付利息　　　　　600

| B-48 | 117. | 增購：<br>文具用品 30,000<br> 現金 30,000<br>$60,000-50,000=10,000$<br>12/31 文具用品 10,000<br> 用品盤存 10,000 |
|---|---|---|
| B-48 | 118. | $24,000×1/3=8,000$<br>$24,000-8,000=16,000$ |
| B-49 | 122. | $X+104,000-7,360+3,840-61,520=67,040$<br>$X=28,080$ |
| B-49 | 123. | $100,000+5,000=105,000$<br>$(105,000-10,000)/10=9,500$<br>$9,500×5=47,500$<br>$105,000-47,500=57,500$ # |
| B-49 | 128. | $(100,000-20,000)/100,000=80\%$ |
| B-49 | 129. | 期末權益$=60,000-36,000=24,000$<br>$X+8,000-4,000=24,000$<br> $X=20,000$ |
| B-50 | 131. | $(600,000-0)/6=100,000$<br>12/31 折舊 100,000<br> 累計折舊－機器設備 100,000<br>必須於年底作調整分錄 |
| B-50 | 135. | 原： 預收租金  改正後： 預收租金<br>　　　　　 9,800　　　　　 5,300 ∣ 9,800<br>　　　　　　　　　　　　　 4,500<br>12/31 預收租金 5,300<br> 租金收入 5,300 |

| B-50 | 136. | 假設銷貨退回＝1X<br>銷貨收入－銷貨退回＝銷貨淨額<br>銷貨淨額－銷貨成本＝銷貨毛利<br>9X－1X－5.6X＝2.4X<br>銷貨成本＝期初存貨＋進貨淨額－期末存貨<br>假設期末存貨＝1Y<br>銷貨成本＝10,000＋Y＋6Y－Y<br>5.6X＝10,000＋6Y<br>10,000＋Y＝1/3*6Y<br>Y＝10,000（期末存貨）<br>期初存貨＝10,000＋期末存貨<br>期初存貨＝20,000<br>進貨淨額＝20,000*3＝60,000<br>銷貨成本＝20,000＋60,000－10,000＝70,000＝5.6X<br>∴X＝12,500<br>銷貨總額$12,500*9＝112,500 |
|---|---|---|
| B-50 | 137. | 備抵損失－應收帳款　　　銷貨收入<br>600　3,000　　250,000<br>2,400<br>12/31　預期信用減損損失　　3,000<br>　　　備抵損失－應收帳款　　3,000<br>250,000×損失率＝3,000<br>損失率＝3,000/250,000＝1.2% |
| B-50 | 138. | 用品盤存　　用品盤存<br>　　　多記 3,000<br>正確 1,000　少記 1,000　多記 2,000 |

| B-51 | 140. | $200,000 \times 3\% = 6,000$ <br><br> 備抵損失 <br> 4,000 \| 10,000 <br> 　　　\| 6,000 |
|------|------|------|
| B-51 | 142. | 利息費用　　　　　4,000 <br> 　　應付利息　　　　　　　4,000 <br> 預付租金　　　　　6,000 <br> 　　租金支出　　　　　　　6,000 <br> 調整前淨利$32,000 <br> $32,000 - 4,000 + 6,000 = 34,000$ # |
| B-51 | 144. | $600,000 \times 1.5\% - 2,500 = 9,000 - 2,500 = 6,500$ <br> 12/31　預期信用減損損失　　　6,500 <br> 　　　　　備抵損失　　　　　　　6,500 |
| B-51 | 149. | <table><tr><td>Dr.</td><td>Cr.</td></tr><tr><td>錯誤:應付帳款＋10,000</td><td>正確: 應付帳款＋10,000</td></tr><tr><td>多記 20,000</td><td>少記 10,000</td></tr></table> $20,000/2 = 10,000$ |
| B-52 | 152. | 正確：應收帳款　　　　10,000 <br> 　　　　銷貨收入　　　　　　10,000 <br> 誤記：現金　　　　　1,000 <br> 　　　　銷貨收入　　　　　　　1,000 <br> ∴Dr.及 Cr.皆差 9,000 |
| B-52 | 157. | 銷貨毛利＝25%銷貨成本 <br> 初存$110,000＋進貨 102,000－進貨退出 4,000－期末存貨 X＝銷貨成本 <br> 銷貨淨額　　　125%　　$150,000 <br> 減：　銷貨成本　100%　　　120,000 <br> 銷貨毛利　　　25%　　　　30,000 <br> 銷貨成本＝$120,000 <br> 銷貨毛利＝$120,000×25%＝30,000 <br> 150,000/125%＝120,000 |

| B-52 | 159. | 用品盤存　　　　　　　12/31 文具用品　　　　　450<br>初 950 ｜　　　　　　　　　　　用品盤存　　　　　　　450<br>　　　　　　　　<br>末 500 ｜ |
|------|------|---|
| B-53 | 162. | 備抵損失－應收帳款<br>　　　　　600 ｜ 3,000<br>　　　　　　　　｜ 2,400<br>12/31 預期信用減損損失　　　　　3,000<br>　　　　備抵損失－應收帳款　　　　　3,000<br>250,000×損失率＝3,000<br>損失率＝1.2% |
| B-53 | 163. | 600,000＋150,000－150,000－30,000＋200,000＝770,000 |
| B-53 | 164. | 應收帳款　　　　預收貨款　　　　銷貨收入　　　　現金<br>初100,000 ｜ 680,000　30,000 ｜ 30,000　　　｜ 30,000　680,000 ｜<br>530,000 ｜　　　　　　　｜　　　　　　｜ 630,000<br>末 50,000 ｜　　　　　　　｜ 0　　　　　｜ 660,000 |
| B-53 | 166. | 備抵損失－應收帳款　　　　　　應收帳款<br>　　　　　　　｜ 4200<br>　　　1,400 ｜ 3,000　　　　　1,400 ｜<br>　　　　　　　｜ 5,800<br><br>備抵損失－應收帳款　　1,400<br>　　應收帳款　　　　　　1,400 |
| B-53 | 167. | (105,000－10,000)/10＝9,500<br>9,500×5＝47,500 累計折舊<br>105,000－47,500＝57,500 |
| B-53 | 168. | (35,000－5,000)/4＝7,500 |

| | | |
|---|---|---|
| | | 7,500×2＝15,000 累計折舊<br>35,000－15,000＝20,000 |
| B-54 | 173. | 用品盤存　　　　　　　　　文具用品<br>　60,000　｜　　　　　　30,000<br>　　　　　｜ 10,000　　10,000<br>　50,000　｜<br>12/31 文具用品　　10,000<br>　　　　　用品盤存　　　　　10,000 |
| B-54 | 174. | 24,000×1/3＝8,000<br>24,000－8,000＝16,000<br>12/31 預付租金　　　　　16,000<br>　　　　租金支出　　　　　　　16,000 |
| B-54 | 175. | 10,000×3%＋200＝500 |
| B-54 | 178. | 初存＋104,000－7,360＋3,840－61,520＝67,040<br>初存＝28,080 |
| B-54 | 179. | (105,000－10,000)/10＝9,500 每年折舊額<br>9,500×5＝47,500 第 6 年初累計折舊<br>105,000－47,500＝57,500 |
| B-55 | 182. | (100,000－20,000)/100,000＝80% |
| B-55 | 185. | (600,000－0)/6＝100,000<br>每年須提折舊 100,000，所以期末無須調整是錯誤。 |
| B-55 | 189. | 9,800－5,300＝4,50<br>12/31 預收租金　　　　　5,300<br>　　　　　租金收入　　　　　　5,300<br>　　　預收租金<br>　　　　　｜ 原 9,800<br>　　　　　｜ 5,300<br>　　　　　｜ 末 4,500 |
| B-56 | 191. | 同 B-50 第 136 題 |

| B-56 | 192. | 同 B-53 第 162 題 |
|---|---|---|
| B-56 | 196. | 200,000×3%＝6,000<br>6,000＋4,000＝10,000<br>12/31 預期信用減損損失　　　　　　10,000<br>　　　　備抵損失－應收帳款　　　　　　10,000<br><br>　備抵損失－應收帳款<br>　　4,000 ｜<br>　　　　　　　10,000<br>　　　　　　　6,000　　期末餘額 |
| B-56 | 198. | 12/31 利息費用　　　　4,000<br>　　　　應付利息　　　　　　4,000<br>　　　預付租金　　　　6,000<br>　　　　租金支出　　　　　　6,000<br>　　32,000－4,000＋6,000＝34,000<br>　　∵費損類會使淨利減少 |
| B-56 | 199. | 600,000×1.5%＝9,000<br>9,000－2,500＝6,500<br>12/31 預期信用減損損失　　　　6,500<br>　　　　備抵損失－應收帳款　　　　6,500 |
| B-57 | 201. | 1/1　　現金　　　　　　300,000<br>　　　　預收顧問收入　　　　　　300,000<br>12/31 預收顧問收入　　　150,000<br>　　　　顧問收入　　　　　　　150,000 |
| B-57 | 204. | 45,000×12%×1/12＝450 |
| B-57 | 206. | 12/31 折舊　　　　　　　　400<br>　　　　累計折舊－辦公設備　　　　400<br>∵調整時不需動用到辦公設備項目，所以仍維持於帳上$4000 |
| B-57 | 208. | (18,000－3,000)×(1－25%)＝11,250 |
| B-57 | 209. | 應付費用　　　　　正確：　　應付費用　　　　　預付費用 |

| | | |
|---|---|---|
| | | 誤記 1,000 ／ 600 ／ 600 ／ 1,000<br>錯誤 400<br>∴借方少計 600，貸方少記 600 |
| B-58 | 212. | | 項目 | 淨利 |<br>|---|---|<br>| 預期信用減損損失高估$50 | 虛減 50 |<br>| 利息費用 2,000 誤記佣金支出 | 同屬費損類不影響 |<br>| 期末存貨 4,520 誤記 4,250 | 虛減 270 |<br>30,600＋50＋270＝30,920 |
| B-58 | 214. | (100,000－20,000)/100,000＝80% |
| B-58 | 217. | 3,000,000×1%＝30,000<br>∵按銷貨收入法，不須考慮備抵損失，是否有餘額。 |
| B-58 | 218. | 30,000×12%×2/12＝600<br>12/31　利息費用　　　　600<br>　　　　應付利息　　　　　　600 |
| B-59 | 222. | 同 B-53 第 166 題 |
| B-59 | 224. | 2,000,000×1%＝20,000<br>12/31 預期信用減損損失　　　20,000<br>　　　備抵損失－應收帳款　　　　20,000 |
| B-59 | 225. | 同 B-48 第 117 題 |
| B-59 | 226. | 12/31 保險費　　　15,000<br>　　　預付保險費　　　15,000<br>預付保險費：60,000／15,000；45,000　　保險費：15,000 |
| B-60 | 228. | 10,000×2＝20,000<br>20,000×5＝100,000<br>100,000＋5,000＝105,000 |

| B-60 | 229. | 預付廣告費 / 廣告費 |
|---|---|---|

預付廣告費

| 12,500 | 7,000 |
|---|---|
| 5,500 | |

廣告費

| 2,000 | |
|---|---|
| 7,000 | |
| 9,000 | |

∴廣告費應為$9,000

---

| B-60 | 231. | |
|---|---|---|

用品盤存

| 3X | |
|---|---|
| X | |

文具用品

| 3,600 | |
|---|---|
| 6X | |

$3X+3,600-6X=X$

$3,600=4X$

$X=900$

---

| B-60 | 233. | |
|---|---|---|

正確：

用品盤存

| 800 | 600 |
|---|---|
| 200 | |

文具用品

| 400 | |
|---|---|
| 600 | |
| 1,000 | |

錯誤：

用品盤存

| 800 | |
|---|---|
| 600 | |
| 1,400 | |

文具用品

| 400 | 600 |
|---|---|
| | 200 |

∴Dr.多 200，Cr.多 200

---

| B-61 | 238. | 同 B-53 第 166 題 |
|---|---|---|

---

| B-61 | 239. | |
|---|---|---|

$46,000×3/4=34,500$ 預收收入

現金　　　　　46,000

　　預收收入　　　　34,500

　　XX 收入　　　　11,500

應收收入　　　7,200

　　XX 收入　　　　7,200

　　11,500＋7,200＝18,700＃

---

| B-61 | 241. | |
|---|---|---|

$60,000-36,000=24,000$ 期末權益

期初權益＋8,000－4,000＝24,000

期初權益＝20,000＃

| B-61 | 242. | $2,000,000 \times 1\% = 20,000$<br>不須考慮備抵損失餘額 |
|---|---|---|
| B-61 | 245. | $60,000 - 50,000 = 10,000 \#$ |
| B-61 | 246. | 保險費 　　　15,000<br>　　預付保險費 　　　15,000 |
| B-61 | 247. | 本期購入<br>　　用品盤存 　　　1,760<br>　　　現金 　　　　　1,760<br>12/31 文具用品 　　2,060<br>　　　用品盤存 　　　　2,060<br><br>　　　用品盤存　　　　　　　　文具用品<br>　　840　　　　　　｜　　2,060　｜<br>　1,760　｜　2,060　｜<br>　　540　｜ |
| B-62 | 248. | 7/1~12/31 折舊 10,000<br>$10,000 \times 2 = 20,000$ 每年折舊<br>$20,000 \times 5 = 100,000$<br>$100,000 + 5,000 = 105,000$ |
| B-62 | 249. | $350,000 = L + 250,000$<br>　　$L = 100,000$<br>　　$470,000 = (100,000 + 150,000) +$ 期末權益<br>　　期末權益 $= 220,000$ |
| B-62 | 250. | 溢列應付利息 600，所以必須作沖銷分錄<br>更正：應付利息 　　　600<br>　　　利息費用 　　　　600<br>費損減少於 Cr.，負債減少於 Dr. |
| B-62 | 251. | 同 B-60 第 229 題 |

| B-62 | 255. | 銷貨淨額－銷貨毛利＝銷貨成本<br>　　100,000－20,000＝80,000<br>成本率＝銷貨成本/銷貨淨額＝80,000/100,000＝80% |
|---|---|---|
| B-63 | 259. | 3,800＋進貨＋10,000－5,300＝13,500<br>進貨＝14,000 |
| B-63 | 263. | 同 B-60 第 233 題 |
| B-63 | 265. | 現金<br>　10,000 ｜ 1,000<br>　　9,000 ｜ |
| B-63 | 267. | 26,000×6%＝1,560<br>薪資支出　　　26,000<br>　現金　　　　　　　24,440<br>　代收款　　　　　　　1,560 |

| B-63 | 269. | 項目 | 淨利 |
|---|---|---|---|
| | | 多計折舊 800 | 少計 800 |
| | | 多計佣金收入 100 | 多計 100 |
| | | 影響 | 少計 700 |

| B-64 | 272. | 銷貨成本＝X<br>　　毛利＝40%X<br>銷貨收入＝140%X<br>毛利率＝40%/140%＝29% |
|---|---|---|
| B-64 | 274. | 期末存貨多計 1,000，使淨利多計\$1,000，因此淨利應修正為 7,200－1,000＝6,200＃ |
| B-64 | 275. | 先虛後實<br>12/31 預付保險費　　21,000<br>　　　保險費　　　　　　21,000 |

| | | |
|---|---|---|
| | | 先實後虛<br>12/31 保險費　　　　　3,000<br>　　　　　　預付保險費　　　　　　　3,000<br>21,000＋3,000＝24,000<br>24,000/24≒1,000<br>10/1~12/31 三個月<br>1,000×3＝3,000<br>10/01 起保，每個月$1,000 |
| B-64 | 276. | 同 B-58 第 212 題 |
| B-64 | 277. | 錯誤：貸方為累計費用—用品盤存$10,000，無此會計項目。 |
| B-65 | 280. | 9/1 預付保險費　　　24,000<br>　　　　　現金　　　　　　　　24,000<br>24,000/12＝2,000<br>9/1~12/31　4 個月$8,000<br>12/31 保險費　　　　　　　　8,000<br>　　　　　預付保險費　　　　　　　8,000 |
| B-65 | 281. | 速動比率＝速動資產/流動負債＝15000/15000<br>(15,000＋0)/(流動負債＋5,000)＝15,000/20,000＝0.75<br>∵存貨非為速動資產 |
| B-65 | 282. | 44,800－3,000＝41,800<br>41,800×1%＝418<br>12/31 預期信用減損損失　　　　　418<br>　　　　備抵損失－應收帳款　　　　　418 |
| B-65 | 284. | 銷貨淨額－銷貨毛利＝銷貨成本<br>100,000－20,000＝80,000<br>成本率＝銷貨成本/銷貨淨額＝80,000/100,000＝80% |

| B-65 | 287. | 正確：應付帳款 1,000 ／ 現金 1,000 差 0 ；錯誤：應付帳款 100 ／ 現金 1,000 ；差 900 ∴借方多計 900 |
|---|---|---|
| B-65 | 288. | $72,000 - 12,000 = 60,000$<br>$(60,000 - 42,000)/60,000 = 30\%$ |
| B-65 | 290. | 用品盤存：初 840、1,760、末 540、貸 2,060；文具用品 2,060<br>購入時：<br>用品盤存　　1,760<br>　現金　　　　　1,760<br>12/31 文具用品　2,060<br>　用品盤存　　　2,060 |
| B-66 | 292. | $5,000,000 - 5,000 = 4,995,000$<br>$4,995,000/9 = 555,000$<br>$4,995,000/111 = 45,000$ |
| B-66 | 295. | 題項｜淨利<br>期末存貨多計 1,600｜多計 1,600<br>折舊多計 2,000｜少計 2,000<br>利息費用少計 500｜多計 500<br>合計｜多計 100 |
| B-66 | 298. | $1,200,000 \times 2\% = 24,000$<br>備抵損失－應收帳款　400｜24,000　餘 23,600 |

上記 287 題圖示：

正確：　應付帳款　　　現金
　　　　　｜1,000　　　｜1,000
差 900
錯誤：　應付帳款　　　現金
　　　　　｜100　　　　｜1,000　　差 0

∴借方多計 900

| B-66 | 299. | $(18,000-3,000)\times(1-25\%)=11,250$ |
|---|---|---|
| B-67 | 301. | 同 B-63 第 269 題 |
| B-67 | 304. | 同 B-64 第 272 題 |
| B-67 | 306. | 同 B-64 第 274 題 |
| B-67 | 308. | 同 B-58 第 212 題 |
| B-68 | 312. | 9/1　預付保險費　　　24,000<br>　　　　現金　　　　　　　　24,000<br>12/31 保險費　　　　8,000<br>　　　　預付保險費　　　　　8,000 |
| B-68 | 315. | 同 B-65 第 282 題 |
| B-68 | 318. | 同 B-62 第 255 題 |
| B-69 | 321. | 同 B-65 第 288 題 |
| B-69 | 323. | 同 B-65 第 290 題 |
| B-69 | 325. | 28,000*15%＝4,200<br>　　租金支出 28,000<br>　　　　現金　　　23,800<br>　　　　代扣所得稅　4,200 |
| B-69 | 327. | 1/2 預付租金　　　30,000(資產＋)<br>　　　現金　　　　　30,000(資產－) |
| B-69 | 329. | 450,000×1%＝4,500<br>4,500＋1,500＝6,000<br>12/31 預期信用減損損失　　　　6,000<br>　　　備抵損失－應收帳款　　　6,000 |
| B-70 | 330. | 同 B-66 第 295 題 |

# 參考文獻

1. 伍忠賢(2017)。圖解財務報表分析。台北：書泉。

2. 李宗黎、林蕙真(2020)。會計學－理論與應用(第十一版)。台北：証業。

3. 杜榮瑞、薛富井、蔡彥卿、林修葳(2017)。會計學概要(第六版)。台北：東華。

4. 林惠貞(2020)。主題式會計事務(人工記帳、資訊)丙級技能檢定學科滿分題庫。新北市：千華數位文化。

5. 許啓智(2004)。看懂財務報表學習地圖。台北：早安財經文化。

6. 馬君梅等著(2020)。會計學(第五版再修訂)。台北：新陸。

7. 曹淑琳、王坤龍、鄭立仁(2016)。會計學概論。台北：高立。

8. 馮拙人(2006)。財務報表分析(95年版)。新北市：弘揚圖書。

9. 盧文隆(2020)。財務報表分析。台北：三民。

10. 嚴玉珠、陳安均(2003)。財務報表分析。台北：高立。

11. 嚴玉珠(2005)。會計學原理(上)(下)。台北：五南。

12. 公開資訊觀測站：https://mops.twse.com.tw/mops/web/index

13. 安永聯合會計師事務所：https://www.ey.com/zh_tw

14. 安侯建業聯合會計師事務所：https://home.kpmg/tw/zh/home.html

15. 資誠聯合會計師事務所：https://www.pwc.tw/

16. 勤業眾信聯合會計師事務所：https://www2.deloitte.com/tw/tc.html

17. 證券暨期貨市場發展基金會：http://www.sfi.org.tw/

國家圖書館出版品預行編目資料

會計學. 基礎篇 / 鄭凱文, 陳昭靜編著. --
四版. -- 新北市：全華圖書, 2019.07
　　面　；　公分
　參考書目：面
　ISBN 978-986-503-204-3(平裝)
1.會計學
495.1　　　　　　　　　　108012587

# 會計學－基礎篇（第四版）

作者 / 鄭凱文、陳昭靜

發行人 / 陳本源

執行編輯 / 呂昱潔

封面設計 / 簡邑儒

出版者 / 全華圖書股份有限公司

郵政帳號 / 0100836-1 號

印刷者 / 宏懋打字印刷股份有限公司

圖書編號 / 0805003

四版二刷 / 2022 年 09 月

定價 / 新台幣 420 元

ISBN / 978-986-503-204-3 (平裝)

全華圖書 / www.chwa.com.tw

全華網路書店 Open Tech / www.opentech.com.tw

若您對本書有任何問題，歡迎來信指導 book@chwa.com.tw

---

**臺北總公司(北區營業處)**
地址：23671 新北市土城區忠義路 21 號
電話：(02) 2262-5666
傳真：(02) 6637-3695、6637-3696

**南區營業處**
地址：80769 高雄市三民區應安街 12 號
電話：(07) 381-1377
傳真：(07) 862-5562

**中區營業處**
地址：40256 臺中市南區樹義一巷 26 號
電話：(04) 2261-8485
傳真：(04) 3600-9806(高中職)
　　　(04) 3601-8600(大專)

得　分

會計學－基礎篇

CH01
會計之基本假設與原則

班級：_____
學號：_____
姓名：_____

選擇題

（　）1. 會計職業不包含下列何者　(A)會計師　(B)公司會計人員　(C)科技部門研究人員　(D)政府部門會計人員。

（　）2. 管理資訊系統中何者為資訊之最終處理系統　(A)製造資訊系統　(B)會計資訊系統　(C)行銷資訊系統　(D)人力資源系統。

（　）3. 我國商業會計法規定，會計基礎應採用　(A)現金收付制　(B)混合制　(C)權責基礎制　(D)以上皆可。

（　）4. 會計人員在系統開發的過程中，可以擔任不同的角色，執行不同的功能，下列哪一個角色無法擔任　(A)系統使用者　(B)系統顧問　(C)系統設計人員　(D)一般會計人員。

（　）5. 何者不是會計恆等式之基本要素　(A)資產　(B)負債　(C)權益　(D)給董事長報告書。

（　）6. 以未經處理形式所呈現的事實或數據稱為　(A)資料　(B)資訊　(C)系統　(D)回饋。

（　）7. 下列敘述何者不正確　(A)資產＝負債＋權益　(B)股東投資，權益增加　(C)收益大於費損，稱本期淨利　(D)收益大於費損，稱本期淨損。

（　）8. 下列何者之會計不屬於營利會計　(A)台灣大學　(B)台中客運　(C)中華航空　(D)土地銀行。

（　）9. 民國109年3月20日漢家商店業主代支付本商店2月份水電瓦斯費$15,000，則　(A)資產減少，權益減少　(B)資產減少，費損增加　(C)資產減少，負債減少　(D)費損增加，權益增加。

(　　) 10.下列何者不屬於營利會計　(A)公用事業會計　(B)政府會計　(C)銀行會計　(D)成本會計。

(　　) 11.何者不屬於綜合損益表之內容　(A)其他綜合損益　(B)股利　(C)收益　(D)費損。

(　　) 12.商業會計的主要功用是　(A)僅記收益與費損　(B)僅記現金收付　(C)僅記債權與債務　(D)提供財務資訊給有關人員作決策參考。

(　　) 13.為爭取收入而消耗之成本稱為　(A)資產　(B)負債　(C)收益　(D)費損。
【97、100會計丙檢改編】

(　　) 14.下列敘述何者正確　(A)營利會計是指平時記載交易事項，並定期結算損益　(B)營利會計對會計交易事項均加以記載，但並未定期結算損益或無須結算損益　(C)公用事業會計為非營利會計　(D)政府機關亦使用營利會計。

(　　) 15.會計恆等式之要素包括有　(A)資產類　(B)負債類　(C)權益類　(D)以上皆是。

(　　) 16.會計部門即將建置一套有關會計帳務系統，則應由誰決定此會計資訊系統的資訊需求　(A)電腦化執行委員會　(B)總經理　(C)董事長　(D)會計主管。

(　　) 17.商業會計事務不得委由何者辦理？　(A)商業設置之會計人員　(B)會計師　(C)依法取得代他人處理會計事務之人　(D)其他代客記帳業者。
【96、99會計丙檢】

(　　) 18.會計資訊系統使用者權限之界定應由何人負責最佳　(A)資訊部門人員　(B)使用者本身　(C)銷售主管　(D)總經理。

(　　) 19.以銀行存款購買運輸設備成本，會使資產總額　(A)增加　(B)減少　(C)不變　(D)不一定。

(　　) 20.財務會計最主要的目的是　(A)強化公司內部控制與防止舞弊　(B)提供稅捐機關核定課稅所得之資料　(C)提供投資人、債權人決策所需的參考資訊　(D)提供公司管理當局財務資訊，以制定決策。

得分

**全華圖書** (版權所有，翻印必究)
**會計學－基礎篇**
**CH2**
會計之基本假設與原則

班級：＿＿＿＿＿＿＿＿
學號：＿＿＿＿＿＿＿＿
姓名：＿＿＿＿＿＿＿＿

## 選擇題

(　　) 1. 下列何者與攸關性有關　(A)重要性　(B)中立性　(C)完整性　(D)忠實表述。

(　　) 2. 劃分會計期間之目的為　(A)便於計算損益　(B)防止內部舞弊　(C)有助於分工合作　(D)反應幣值漲跌。

(　　) 3. 下列何者並非是財務報導的目的　(A)評估投資及授信未來之現金流量的資訊　(B)有關企業之個體經濟資源，對資源的請求權以及其變動的資訊　(C)協助有助於投資與授信決策的資訊　(D)以上均為財務報導的目的。

(　　) 4. 何種會計基礎無法正確表達當年損益　(A)現金收付制　(B)應計基礎　(C)權責基礎　(D)聯合基礎。

(　　) 5. 會計上採用應計基礎與下列何項原則較符合　(A)收入實現原則　(B)充分揭露原則　(C)配合原則　(D)穩健原則。

(　　) 6. 收入認列原則表示收入應該何時認列　(A)當收到現金時　(B)當賺得收入時　(C)於每月底時　(D)於支付所得稅時。

(　　) 7. 會計上在研判應於「接到訂單，或在運交貨物時」，記錄銷貨收入的問題，係依何種原則判定　(A)會計期間假設　(B)穩健原則　(C)收入實現原則　(D)配合原則。

(　　) 8. 嚕嚕咪商店的房屋與機器設備分別採用不同的折舊提列方法　(A)違反可比性　(B)違反時效性　(C)違反可瞭解性　(D)並不違反一般公認會計原則。

(　　) 9. 配合原則為下列何者提供指導準則　(A)費損　(B)資產　(C)權益　(D)負債。

(　　) 10. 下列敘述何者是正確的　(A)所謂的自動化，意謂人工的處理將完全消失　(B)管理循環的順序，依序是規劃→執行→評估→控制　(C)資訊的攸關性是指資訊與資料的關係而言　(D)策略規劃階層所需要的資訊範圍較作業控制階層所需範圍為廣。　　　　　　　　　　　　　　　　　　　【會計資訊系統概念】

(請沿虛線撕下)

( ) 11.會計期間假設係指　(A)費損與收益配合　(B)收益應於賺得的會計期間認列　(C)可以將企業的經濟壽命區分成會計期間　(D)日曆年度應與會計年度一致。

( ) 12.曆年制又稱為　(A)半年制　(B)一月制　(C)非曆年制　(D)十月制。

【會計基本概念】

( ) 13.財務報表上通常不以清算價值為評價基礎，係基於　(A)會計期間假設　(B)繼續經營假設　(C)穩健原則　(D)充分揭露原則。

( ) 14.交易事項對財務報表之精確性無重大影響者　(A)可登帳亦可不登　(B)仍應精確處理　(C)不予登帳　(D)可權宜處理。

( ) 15.一般公認會計原則有助於會計人員所編製的財務報表　(A)符合管理當局的需求　(B)足夠正確免於錯誤　(C)顯示企業具有償債能力及獲利能力　(D)具有攸關性、可靠性、比較性及可瞭解性。

( ) 16.財務報表的報告單位為企業，指的是　(A)充分揭露原則　(B)經濟個體假設　(C)配合原則　(D)會計期間假設。

( ) 17.選擇不高估資產及淨利之方法，為何種限制　(A)穩健原則　(B)重要性原則　(C)充分揭露原則　(D)配合原則。

( ) 18.下列那一項觀念指出會計資訊不為圖利某人，而刻意篩選過　(A)中立性　(B)會計期間假設　(C)比較性　(D)一致性原則。

( ) 19.企業聘雇員工，除列支薪資支出外，還須要認列承諾給付之退休金作為當期費用，是基於　(A)配合原則　(B)穩健原則　(C)收入實現原則　(D)充分揭露原則。

( ) 20.餐廳碗盤等資產，平常不提折舊，等換新時再以舊設備成本作折舊費用，係符合　(A)穩健原則　(B)收入實現原則　(C)重要性原則　(D)行業特性限制。

得 分

會計學－基礎篇

CH3

會計交易之入門

班級：＿＿＿＿＿＿＿＿
學號：＿＿＿＿＿＿＿＿
姓名：＿＿＿＿＿＿＿＿

## 選擇題

(　　)1. 有關收入項目之敘述，下列何者正確　(A)增加記在貸方　(B)減少記在借方　(C)正常餘額是貸方餘額　(D)以上皆是。

(　　)2. 日記簿是每一企業的　(A)正式帳簿　(B)補助帳簿　(C)備忘記錄　(D)非正式帳簿。　　　　　　　　　　　　　　　　　　　　　　　　　　【99會計丙檢】

(　　)3. 下列哪些會計項目正常餘額是貸方　(A)負債　(B)普通股股本　(C)收益及保留盈餘　(D)以上皆是。　　　　　　　　　　　　　　　　　　　　　【100會計丙檢】

(　　)4. 用以證明交易事項發生的憑證，稱為　(A)會計憑證　(B)原始憑證　(C)記帳憑證　(D)傳票。　　　　　　　　　　　　　　　　　　　　　　　　　【99會計丙檢】

(　　)5. 日記簿記錄的時間應為　(A)每日一次　(B)每月一次　(C)每一科目記錄一次　(D)每筆交易隨即記錄。　　　　　　　　　　　　　　　　　　【96、98會計丙檢】

(　　)6. 下列何者為對外憑證　(A)客戶的退貨單　(B)購貨發票　(C)銷貨發票　(D)銀行送金簿存根聯。　　　　　　　　　　　　　　　　　　　　　　【97會計乙檢】

(　　)7. 分錄所用之會計項目，應與分類帳帳戶名稱　(A)完全不一致　(B)不完全一致　(C)完全一致　(D)視情況而增減。　　　　　　　　　　　　　　【96會計丙檢】

(　　)8. 賒購商品，定價$6,000，商業折扣10%，現金折扣2%，在折扣期間內付款時應　(A)借記應付帳款$5,880　(B)貸記應付帳款$5,292　(C)貸記現金$5,292　(D)借記現金$5,292。

(　　)9. 旅費誤記為交際費，則試算表借貸雙方金額　(A)仍然相等　(B)借方小於貸方　(C)借方大於貸方　(D)同額增加。

(　　)10.代業主支付私人汽車的汽油費應　(A)借記其他費用　(B)借記業主往來　(C)貸記其他費用　(D)貸記業主往來。　　　　　　　　　　　　　【97會計丙檢】

（請沿虛線撕下）

(　　)11.只有一個借方科目和二個貸方科目之分錄為　(A)單項分錄　(B)簡單分錄　(C)多項式分錄　(D)回轉分錄。　　　　　　　　　　【95、99會計丙檢】

(　　)12.分析交易以作分錄時，首應注意　(A)金額之計算　(B)會計項目之選用　(C)複式簿記原理　(D)借貸法則之應用。　　　　　　　【97會計丙檢】

(　　)13.記帳憑證保管期限屆滿，應經下列何人核准始得銷毀　(A)主辦會計人員　(B)經辦會計人員　(C)經理人　(D)代表商業之負責人。　　【97會計乙檢】

(　　)14.直接更正記帳數字錯誤的方法　(A)用橡皮擦　(B)用褪色墨水　(C)塗改　(D)用雙紅線全部註銷，並將正確數字寫在上面。

　　　　　　　　　　　　　　　　　　　　　　【97、98、99、100會計丙檢】

(　　)15.將交易事項依借貸法則，區分借貸，記入日記簿之工作稱為　(A)調整　(B)過帳　(C)試算　(D)分錄。　　　　　　　　　　　　【96會計丙檢】

(　　)16.日記簿之類頁欄，其功用下列何者錯誤　(A)每一交易事項內容　(B)避免重複過帳　(C)可瞭解其去路，便於日後查閱　(D)避免遺漏過帳。【100會計丙檢】

(　　)17.營利事業設置之日記簿，或小規模營利事業之進項登記簿，應按會計事項發生之次序逐日登帳，最遲不得超過幾天　(A)三十日　(B)十五日　(C)十日　(D)二個月。　　　　　　　　　　　　　　　　　　　　　【97會計乙檢】

(　　)18.某商店年初之資產總額為$350,000，年底增加至$470,000，負債增加$150,000，年初之權益為$250,000，則年底之權益為　(A)$220,000　(B)$320,000　(C)$300,000　(D)$200,000。

(　　)19.原始憑證已具備傳票的格式者，可不必編製傳票，以原始憑證代替記帳憑證稱為　(A)複式傳票　(B)套寫傳票　(C)總傳票　(D)代傳票。【100會計丙檢】

(　　)20.旺昌管理顧問公司於年初收到中星公司支付之$300,000現金，同意未來2年擔任該公司的財務諮詢顧問。旺昌管理顧問公司當年度綜合損益表上可承認的顧問收益為　(A)$0　(B)$100,000　(C)$150,000　(D)$300,000。

得　分

會計學－基礎篇

CH4

會計交易之作業程序

班級：＿＿＿＿＿＿＿＿

學號：＿＿＿＿＿＿＿＿

姓名：＿＿＿＿＿＿＿＿

## 選擇題

( )1. 預收收入屬於哪張財務報表　(A)綜合損益表收益類　(B)財務狀況表資產類　(C)財務狀況表負債類　(D)保留盈餘表之減項。

( )2. 下列何者屬於調整分錄之類型　(A)預付費用　(B)應收收入　(C)預收收入　(D)以上皆是。

( )3. 下列哪一會計項目在結帳分錄過帳後的餘額是零　(A)預收收入　(B)用品盤存　(C)預付廣告費　(D)佣金支出。

( )4. 哪種會計項目會出現在結帳後試算表　(A)虛帳戶　(B)實帳戶　(C)綜合損益表之項目　(D)以上皆是。

( )5. 流動資產項目應以何種順序表示　(A)字母筆劃　(B)流動性　(C)耐用年限　(D)金額大小。

( )6. 期末因疏失，公司未將應計利息之調整分錄，此將會有何種影響　(A)淨利高估　(B)資產高估　(C)淨利低估　(D)資產低估。

( )7. 下列那一會計項目會出現於結帳後試算表　(A)用品盤存　(B)利息收入　(C)租金收入　(D)以上皆非。

( )8. 下列那一個帳戶是虛帳戶　(A) 收益帳戶　(B)費損帳戶　(C)股利帳戶　(D)以上皆是。

( )9. 根據借貸法則，下列何者屬於收益減少與資產減少　(A)溢收的佣金收入以現金退還客戶　(B)利息收入轉入本期損益　(C)溢收的佣金收入尚待退還　(D)佣金收入誤為利息收入。　【96會計乙檢】

( )10.雙式簿記　(A)僅記錄交易事項發生之原因或結果之一者的記帳方式　(B)無法表達交易事實的全貌為缺點，簡單、易懂為其優點　(C)無法展現交易事實的全貌　(D)為建立均衡性的表達，對每一交易事項發生所涉及的各科目，均詳加記錄其因果關係的記帳方式。　【98會計丙檢】

（請沿虛線撕下）

(　　) 11. 會計循環就是　(A)會計組織　(B)會計年度　(C)會計程序　(D)經濟循環。

【100會計丙檢】

(　　) 12. 依據會計項目的性質及層級加以分類，是屬於何種會計項目編碼方法　(A)記憶編號法　(B)流水編號法　(C)小數編號法　(D)類級編號法。　【100會計丙檢】

(　　) 13. 證明交易事項發生的憑證，稱之為　(A)會計憑證　(B)原始憑證　(C)記帳憑證　(D)傳票。

(　　) 14. 分錄主要作用是　(A)表達經營成果　(B)交易之記錄　(C)會計項目的分類　(D)收益與費損的劃分。　【96、99會計乙檢】

(　　) 15. 記帳憑證保管期限屆滿，應經下列何人核准始得銷毀　(A)主辦會計人員　(B)經辦會計人員　(C)經理人　(D)代表商業之負責人。　【97會計乙檢】

(　　) 16. 分錄所用之會計項目，應與分類帳帳戶名稱　(A)完全不一致　(B)不完全一致　(C)完全一致　(D)視情況而增減。　【96會計丙檢】

(　　) 17. 只有一個借方科目和二個貸方項目之分錄為　(A)單項分錄　(B)簡單分錄　(C)多項式分錄　(D)回轉分錄。　【95、99會計丙檢】

(　　) 18. 購入商品$20,000，付現$12,000，餘款暫欠，此筆交易為　(A)現金交易　(B)單項交易　(C)轉帳交易單項交易　(D)混合交易。

(　　) 19. 運輸設備成本減累計折舊後之餘額稱為　(A)市場價值　(B)帳面價值　(C)成本價值　(D)清算價值。

(　　) 20. 直接更正記帳數字錯誤的方法　(A)用橡皮擦　(B)用褪色墨水　(C)塗改　(D)用雙紅線全部註銷，並將正確數字寫在上面。　【97、98、99、100會計丙檢】

得　分

**全華圖書**（版權所有，翻印必究）

會計學－基礎篇

CH5

財務報表之深入解析

班級：＿＿＿＿＿＿＿＿
學號：＿＿＿＿＿＿＿＿
姓名：＿＿＿＿＿＿＿＿

選擇題

（　　）1. A公司今年度每股盈餘為$10，每股可配之股利$6，而今年底每股帳面金額是
$72，每股市價是$90，則該公司股票之本益比為　(A) 7.2倍　(B) 9倍　(C)
12倍　(D) 15倍。

（　　）2. 企業償付短期負債的能力是以何者評估　(A)流動比率　(B)速動比率　(C)存
貨週轉率　(D)以上皆是。

（　　）3. 比較一企業的資料，是以何者作為比較基礎　(A)產業的平均數　(B)公司內
部資料　(C)公司與公司之間　(D)以上皆對。

（　　）4. A公司在20X1年、20X2年、20X3年的銷貨淨額分別為$600,000、$660,000
與$720,000。若以20X1年為基期，則20X3年的趨勢百分比為多少　(A) 87%
(B) 118%　(C) 120%　(D) 150%。

（　　）5. 在財務報表分析中，比率分析所受到的限制是　(A)財務報表分析是用歷史成
本入帳　(B)財務報表分析對未來作準確預測不具準確性　(C)會計處理大部
分採用估計方法　(D)以上皆是。

（　　）6. 以何者評估企業之存貨管理效率性之指標　(A)存貨週轉率　(B)存貨平均週
轉天數　(C)以上(A)與(B)皆非　(D)以上(A)與(B)皆是。

（　　）7. 假設存貨週轉率比去年上升，但今年度的應收帳款週轉率卻較去年降低的最
大因素可能為何　(A)應收帳款金額減少，但存貨數量增加　(B)存貨數量雖
減少，但應收帳款金額卻增加　(C)銷貨量降低　(D)以上皆非。

（　　）8. 假設某公司本年底資產負債表中流動資產包括有現金$200,000，銀行存款
$1,300,000，有價證券$280,000，應收款項$2,480,000，存貨$540,000，預
付費用$160,000，而流動負債有$4,000,000，則速動比率為　(A) 0.89　(B)
0.995　(C) 1.065　(D) 2.400。

（　）9. 流動資產$400,000、非流動資產$600,000，權益$800,000，負債比率為　(A) 200%　(B) 80%　(C) 50%　(D) 20%。

（　）10. 銷貨總額$308,600，銷貨退回$20,000，銷貨折讓$500，銷貨運費$8,000，銷貨淨額為　(A)$284,100　(B)$288,100　(C)$304,600　(D)$329,100。

（　）11. A公司今年度銷貨收入為$800,000，銷貨成本$560,000，銷貨退回$160,000，銷貨運費$20,000，期末存貨$40,000，期初存貨$120,000，則存貨週轉率為　(A) 7次　(B) 9次　(C) 10次　(D) 12次。

（　）12. 下列那一項目於計算可供銷售商品總額時不適用　(A)進貨　(B)進貨費用　(C)期初存貨　(D)期末存貨。

（　）13. 假設甲公司流動資產大於流動負債，則以短期應收票據償付應付帳款會造成下述何項影響　①營運資金不變　②營運資金增加　③流動比率降低　④流動比率增加　(A)①③　(B)①④　(C)②③　(D)②④。　【100財稅人員升等】

（　）14. 台中商店流動比率為2，速動比率為1，若以現金預付貨款後，將使　(A)流動比率下降　(B)速動比率下降　(C)兩種比率均下降　(D)兩種比率均不變。

（　）15. 試問下列那種方法，可有效縮短營業週期（Operating Cycle）　①提高存貨週轉率　②提高存貨週轉天數　③提高應收帳款週轉率　④降低應收帳款週轉天數　(A)①②④　(B)①②③　(C)②③④　(D)①③④。　　【102記帳士】

（　）16. 銷貨毛利率降低的可能原因　(A)漏記進貨　(B)漏記銷貨　(C)所購商品誤記為銷管費用　(D)高估銷貨。

（　）17. 企業短期償債能力之大小可由下列何者加以測定　(A)流動資產與長期負債　(B)流動資產與流動負債　(C)固定資產與流動負債　(D)銷貨淨額與銷貨毛利。

（　）18. 毛利率25%，銷貨收入$18,000，銷貨退回$3,000，則銷貨成本為　(A)$11,250　(B)$3,750　(C)$15,000　(D)$5,000。

（　）19. 若流動資產大於流動負債，則以現金償還應付帳款會造成下列何種影響　(A)營運資金增加　(B)營運資金減少　(C)流動比率減少　(D)流動比率增加。

（　）20. 某公司速動資產$15,000，流動負債$15,000，今有一筆交易使存貨及應付帳款各增加$5,000，則其速動比率為　(A) 0.8　(B) 0.75　(C) 1.33　(D) 1。